工程地震动输入
——从传统抗震设防到韧性提升

温瑞智　冀　昆　任叶飞　著

地震出版社

图书在版编目（CIP）数据

工程地震动输入/温瑞智，冀昆，任叶飞著. —北京：地震出版社，2021.5
ISBN 978-7-5028-5314-3

Ⅰ.①工… Ⅱ.①温… ②冀… ③任… Ⅲ.①工程地震 Ⅳ.①P315.91

中国版本图书馆 CIP 数据核字（2021）第 086840 号

地震版　**XM4111/P**（6065）

工程地震动输入——从传统抗震设防到韧性提升

温瑞智　冀　昆　任叶飞　著

责任编辑：王　伟
责任校对：凌　樱

出版发行：地震出版社

　　　　　北京市海淀区民族大学南路 9 号　　　　　　邮编：100081

　　　　　销售中心：68423031　68467991　　　　　传真：68467991

　　　　　总 编 办：68462709　68423029

　　　　　编辑二部（原专业部）：68721991

　　　　　http://seismologicalpress.com

　　　　　E-mail：68721991@ sina. com

经销：全国各地新华书店

印刷：河北文盛印刷有限公司

版（印）次：2021 年 5 月第一版　2021 年 5 月第一次印刷

开本：787×1092　1/16

字数：461 千字

印张：18

书号：ISBN 978-7-5028-5314-3

定价：138.00 元

序

地震动受到发震机制、传播路径和场地效应等多个因素影响，具有不确定性，这种不确定性会进一步传递到工程承灾体动力响应中。因此，合理地确定地震动输入是现代工程结构抗震设防的重要研究工作。

1940 年 5 月 18 日美国帝国谷 $M6.9$ 地震中，加州南部的埃尔森特罗观测到具有里程碑意义的地震动记录。1962 年新丰江大坝坝体观测到我国首条强地震动记录。在地震动记录匮乏的年代，我国的地震工程与土木工程学者对这些经典的地震动记录如获至珍。例如，在 1976 年唐山地震的余震中获得的迁安滦河桥基岩台强地震动记录、天津医院获得的软土场地记录等，许多经典的结构设计理念与抗震分析方法都以此作为地震动输入基准来验证。随着强震动观测技术的不断进步，地震动记录数量大幅增加，世界范围内积累的强震动记录已达数十万条。工程抗震领域现在已不再仅依赖数条强震动记录，但又提出了一个迫切需要解决的问题：如何在海量的强震动记录中科学选择合适的工程地震动输入呢？

本书没有过于拘泥于方法细节的具体讨论，而是从工程地震输入的服务对象或需求出发，系统研究并搭建了从传统宏观抗震设防到性态地震工程直至韧性提升的多层次工程地震动输入选取体系，以地震动参数匹配为核心问题，循序渐进将最新的研究成果展现给读者，这种研究思路无疑是具有启发性和指导性的。

本书研究内容颇具特色，从地震工程的角度强调了现有强震动记录的科学使用，澄清了一些工程及研究人员理解不够深刻的地震动参数概念，强调地震动元数据和科学处理的重要性。对我国抗震规范中强震动记录选取的规定条款进行了分析，充分吸收和体现最新的研究成果，给出了易于被工程人员接受的地震动选取操作流程。以地震动输入为切入点实现衔接地震动危险性分析和结构性态分析两大环节，为摆脱目前抗震分析中"重结构分析，轻地震机理"的窘境提出了可能的解决方案。

　　本书作者在地震工程领域深耕多年，在强震动观测、地震区划、工程抗震分析等多个方向均有丰富的教学、科研与工程实践经验。全书结构完整、脉络清晰、行文叙述流畅，内容覆盖了不同工程需求下的地震动输入相关研究成果，既可以为工程从业人员提供实践指导，也可以为相关研究人员提供理论参考。

吕西林

中国工程院院士

前　　言

　　随着我国社会经济的快速发展，防震减灾理念也正处于深刻变革的阶段，减轻地震灾害风险工作显得更加重要，社会对防震减灾救灾也提出了更高的要求。地震动输入作为衔接地震领域和工程领域的重要纽带同样面临着新的挑战。

　　几十年来，地震动的研究大多基于观测数据的统计分析，正逐渐从经验型向半经验半理论型方向发展，复杂场地和城市工程环境强地震动场的研究也有一定进展。我国一般建筑物的抗震设计以"小震不坏、中震可修、大震不倒"为抗震设防目标，地震输入分别对应于地震动参数区划图中的常遇地震动、基本地震动和罕遇地震动。性态抗震设计地震动输入需要控制建筑物的破坏状态，即实现性态水平可控，除了保证人民生命财产安全外，还要实现经济损失最小。现代城市新型结构的应用以及新型减隔震技术的涌现，对地震动速度、位移参数以及长周期地震动参数都提出了需求，城乡韧性抗震设防对地震动输入的多概率、宽频带、多参数等方面也提出了迫切要求。地震动输入和控制性参数以及设防标准的研究长期以来主要针对单体工程结构，发展能够反映城市工程功能的地震动控制性参数及设防标准是目前发展的必然趋势。

　　地震发震机制、传播过程、地质地层构造的复杂性，使得准确模拟不同场地下的地震动时程具有一定难度。合理的选择观测地震动记录作为输入依然是目前结构弹塑性时程分析中不可或缺的基础环节，同时不同功能需求下的抗震设防对强震动记录的选取与应用，也提出了不同层次的要求。如何合理有效地利用现有观测记录，满足不同需求下的记录选取，成为我国工程地震领域与结构抗震分析领域目前亟待共同解决的问题。我国数字强震动观测台网自2008年全面运行以来，积累了一大批具有工程价值的强震动记录，为后续地震动输入研究提供了大量宝贵的观测数据，强震动记录选取和输入已成为国内外广泛关注的课题。

　　本书重点以实际观测的地震动作为研究对象，针对不同层次需求的地震动输入开展研究：以符合抗震规范要求作为基本需求，服务于一般建筑结构的抗震设防工作；基于地震安全性评价产出，考虑场地的具体地震环境与目标危险性水平，服务于重大建设工程和可能发生严重次生灾害的建设工程；研究与地震动危险性分析和结构易损性分析的衔接，服务于性态地震工程；探讨服务于韧性抗震需求的地震输入，建立满足我国多层次抗震设防需求的记录选取体系。本书在现有国内外最新强震动记录数据库的基础上，考虑我国强震动记录的积累现状，注重了实际工程的需求，强调地震动输入的理论成果与工程应用实践能够有机结合起来，是国内从地震工程角度系统论述强震动工程输入的重要专著。

本书主要内容源于以下科研项目的部分成果：国家重点研发计划项目（2017YFC1500800）、国家自然科学基金（51778589 & 51908518）、地震行业基金（201208014）资助、黑龙江省自然科学基金联合引导项目（LH2020E022）、中国地震局工程力学研究所所长基金（2019B09）、黑龙江省自然科学基金优秀青年项目（YQ2019E036）、黑龙江省头雁行动计划、黑龙江省留学归国人员优先资助项目。

长期以来，谢礼立院士对作者从事地震工程研究的工作给与了指导、支持与鼓励，尤其是对本书的撰写提出了"认真写、负责写；认真改、负责改"的要求。感谢课题组的尹建华博士、李琳博士、朱晓炜、毕熙荣、宗成才、张颖楚、宣继赛、徐朝阳、汪维依、彭仲等研究生参与了本书部分内容的研究工作。此外，感谢哈尔滨工业大学吕大刚教授、李爽教授、于晓辉副教授，河北工业大学王东升教授，同济大学周颖教授，加拿大 Ecole Polytechnique de Montreal 大学的 Najib Bouaanani 教授，中国地震局工程力学研究所地震作用与地震区划团队的公茂盛、陶正如、胡进军、杜轲、周宝峰、王宏伟、王晓敏等老师，以及解全才老师在相关研究中提出了许多宝贵意见。感谢公茂盛研究员及徐龙军教授在成书过程中对书稿的仔细校对修改，作者受益良多。本书的相关成果得到中国地震局地震工程与工程振动重点实验室的大力支持，在此一并表示衷心的感谢。

作者开展本项研究始于2008年参与汶川地震强震动记录的处理工作，转眼已十余载，这十余年也是地震动输入受到广泛关注和相关成果层出不穷的阶段。作者由于水平有限，错误和疏漏之处难免，衷心希望本书的思路可以起到抛砖引玉的作用。敬请有关专家和读者批评指正！

2020.10.1

目　　录

第一章　绪　论

1.1　研究现状

如何合理选择适合的强震动记录数据作为结构地震反应分析的输入一直是国内外地震工程领域内至关重要的问题之一。在结构动力时程分析中，地震动输入涉及地震工程和结构工程两个研究领域，是二者的桥梁与纽带。研究表明，结构非线性反应对输入强震动记录的选取非常敏感，地震动的离散性远大于结构建模中不确定性本身带来的离散性，而不同地区的地震机制不同，地震动特性也不同，不同超越概率下地震动强度也存在差异。因此，研究地震动输入对工程抗震评估具有重大意义，如何根据不同需求在海量的国内外强震动记录数据库中合理选取地震动输入是当前的主要研究热点。

"十五"期间，我国完成了"中国数字强震动台网"建设，形成了近 2000 个自由场固定台站的台网规模。台网自 2007 年全面运行以来，获取了一大批具有工程应用价值的强震动记录，如 2008 年汶川 8.0 级地震、2013 年芦山 7.0 级地震、2014 年鲁甸 6.5 级地震等，为我国强震动记录应用提供了大量宝贵的观测数据。美国、日本、欧洲等历经数十年也积累了相对完备且数量可观的记录数据，陆续建设了开放式的强震动数据库。目前地震动的输入已经可以完全不依赖于几条典型强震动记录及人造波作为结构时程分析输入（如 EL-Centro 波、Taft 波、迁安波、天津波、卧龙波等）。

随着我国土木工程建设和工程项目规模的发展，新型，重、特大工程的建设对抗震防灾工作提出了许多新的要求，如超高层建筑的涌现、大跨度桥梁的落成、海上风电结构的发展、第四代核电站的相继规划建设等，有的甚至已经超出欧美等国家的抗震技术标准和设计依据。因此，不建议一味地遵循、沿袭国外抗震标准思路，必须充分估计当前和未来一段时间我国工程结构的发展特点及抗震所需，建立起基于实测强震动数据的工程地震动输入确定方法及工具，并将其应用于工程实践，科学合理地确定满足工程多样性以及特殊性的要求。

目前，已有的强震动记录选取和调整的方法并没有形成系统的体系，也未能应用在实际结构设计等工程场合指导结构工程师选取强震动记录。这种情况下，在结构抗震设计中由于不合理的地震动输入问题将会导致因结构的过度设计而浪费或者因结构设计不足而破坏。我国蓬勃建设的重大建筑工程除了要求记录选取结果满足所在地区的基础抗震设防要求外，还希望可以与所在场址的地震概率危险性分析结果很好匹配，进而与最新一代性态地震工程的全概率决策模型衔接，这些都对工程地震动输入选取提出了更高的要求。

我国在地震动输入与工程应用方面面临以下问题：

1. 未能充分利用现有的强震动记录数据

我国强震动记录缺少系统的处理和必要的元数据信息整理工作。目前工程及科研人员仍然以 PEER 或者日本台网数据作为主要参考，国内记录局限于汶川地震等少数几次破坏地震事件中的少数几条典型记录。面向全社会的共享强震动记录数据在用于工程的记录输入方面仍然存在欠缺和不足，国内数字强震动记录的数据挖掘工作并不深入。同时，一些结构工程研究人员对地震动参数概念理解不深刻，对强震动处理方式不清晰，忽视了地震动元数据和预处理的重要性。

2. 普遍忽视地震动输入工作的面向对象差异

我国现有地震动输入研究工作往往忽视应用对象层次的差异。研究工作与工程实践中的记录选取、抗震设计以及地震危险性区划下的记录选取工作均存在较大差距，目前多数给出半经验半理论的记录选取思路，忽视了选取流程的操作性，结果不易被工程人员接受。我国基于场址设定地震的强震动记录选取工作距离工程实践也尚有一段距离，未充分吸收和体现最新的研究成果。这限制了其工程实践推广，也导致地震动输入工作较难形成完整的理论体系。

3. 未能发挥强震动记录的纽带桥梁功能

目前我国不断涌现的重大工程更加细化强调设定地震在强震动记录选取的作用，需要强震动记录具有场地危险性特征。虽然基于性态的抗震设计理念已在国内外得到了快速发展和认可，但针对新一代性态工程全概率地震风险分析框架下的强震动记录选取工作在我国尚未充分开展。以地震动输入为切入点进行地震动不确定性建模，实现地震动危险性分析、地震需求分析以及地震易损性分析的相互衔接是需要重点解决的问题。同时，地震动输入也是在韧性城乡研究中十分重要的基础性环节。

此外，由于国外与我国在地震危险性分析，结构抗震分析等方面均存在一定差异，直接盲目照搬国外强震动记录选取方法的成果或结论并不可取，结合我国国情进行实践验证工作也极为重要。

本书从多个方面对地震动输入做了系统研究：在现有国、内外最新强震动记录数据库的基础上，考虑我国强震动记录的积累现状，提出注重工程特性的筛选原则与处理流程，对上述不同层次需求下的强震动记录选取设计对应的流程方案，并从不同角度给出对应方案的评价思路，可为工程地震领域与结构抗震分析领域搭建沟通的桥梁，指导相应强震动记录选取工作的开展与相关准则制定，同时研究成果对于我国建筑抗震工程发展、地震风险损失控制、基于性态地震工程和韧性城乡的研究均具有重大意义。

1.2　内容安排

地震动输入工作随着观测数据积累和结构抗震理论发展而不断与时俱进，不能忽略应用的对象差异而盲目套用。本书目标研究对象的不同，强震动记录选取的强调重点也是逐层递进的：地震动输入最常见也是最基础的层次是为了估计结构地震响应均值服务，实现强震动记录与目标谱的匹配即可实现，抗震规范目标谱的匹配就是该层次的主要应用对象；对于考虑场址危险性特性的重要建筑工程来说，强调设定地震在地震动输入中的作用，需要强震动记录所匹配的目标谱的谱型能够体现所在场址危险性，实现对目标地震危险性下的结构响应估计。那么除了要求目标谱与待建场址的地震危险性一致相容外，同时还要求记录数据集本身可以与目标均值与标准差实现匹配，而研究对象也从结构响应均值估计过渡到了对响应指标的分布估计。在新一代性态地震工程和韧性城乡研究中对结构地震响应的分布估计中，作为记录选取依据的地震动强度指标并不仅仅局限于加速度目标谱，同时考虑持时、谱强度等考虑能量累积效应等指标等，最终实现广义概念下的地震响应指标分布估计。本书依据记录选取服务对象的不同将目前强震动记录选取工作分解为三个不同层次并进行逐一研究。层次一：服务于抗震设计规范中的结构时程分析验算，以评估结构在目标地区宏观抗震设防要求下的均值响应作为最终目标。层次二：服务于需要考虑场址具体地震环境与危险性水平的重大建设工程，以设定地震事件作为记录选取的出发点，评估目标结构在某特定地址下不同超越概率下的响应概率分布为最终目标。层次三：服务于性态地震工程，侧重与地震动危险性分析和结构易损性分析的衔接，发挥承上启下的功能。层次三地震动输入研究的基本理念与方法可以直接推广应用到韧性城乡的相关研究中，除了以上要求外，还要做到与不同目标承灾体的韧性量化评估框架相融合；对应的全书研究框架和脉络可参考图 1.2 - 1。

第一章绪论主要介绍工程强震动记录选取的意义与研究思路，第二章针对强震动记录来源与处理这一基础问题进行了概述，第三章到第七章为上述三个层次下强震动记录选取的相关研究工作与内容。

不断积累的强震波形数据是地震动输入的主要记录来源，了解各国记录数据库的相关知识以及相关地震动与场地参数的定义，知晓常见的强震动记录处理方法是进行下一步记录选取的基础。因此第二章将首先对国内外主流的强震动记录数据库的发展概况进行梳理。然后简要介绍强震动记录处理的一般方法与原则，最后梳理了工程常用的地震动影响三要素（震源、传播路径以及场地）参数供读者查阅参考。

对于研究层次一，即面向抗震设计规范的强震动记录选取方法，其本质为使所选用的实际记录反应谱与规范设计谱尽可能接近，以记录的峰值、频谱特性及持时与规范规定接近作为记录选取的控制条件。第三章以我国现行抗震规范弹塑性时程分析中的强震动记录选取方法为主要研究对象。对比了国内外抗震规范强震动记录的相关条款并对比综述了相关研究成果，进而探讨了合理的地震动参数初步筛选范围、调幅区间范围、规范谱匹配方法、记录选取数量与离散性影响等一系列问题，系统地给出适用于我国抗震规范的记录选取流程，并给出了对应的国内外强震动记录数据集选取实例供参考。

对于研究层次二，即基于设定地震的强震动记录选取工作，本书将在第四章和第五章从狭义条件谱和广义条件谱两个角度进行介绍。第四章衔接我国地震概率危险性分析，同时考虑震级、距离和衰减关系的不确定性，包括地震信息解耦、构建与目标场址地震危险性水平相符的记录选取条件均值目标谱和考虑不确定性的强震动记录选取方案等内容。重点关注条件目标谱与我国现有地震概率危险性分析成果与思路的衔接，为重大工程提出同时考虑设定地震危险性水平与结构特性的强震动记录选取流程，并从危险一致性角度来对计算结果进行验证。

第五章在条件均值谱的概念基础上，考虑除加速度反应谱外的广义地震动强度指标的条件分布构建，主要解决广义地震动强度参数矩阵的相关系数矩阵构建，考虑潜源中微元权重

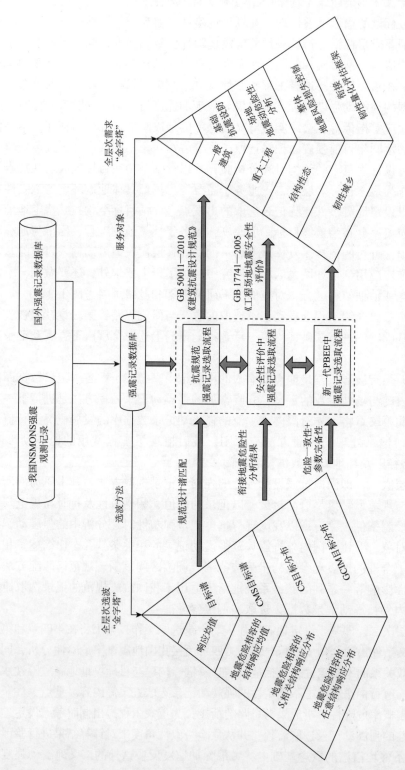

图 1.2-1　全书研究框架和脉络

的中国广义条件目标分布计算等问题，最后以实例形式给出了考虑幅值频谱、持时以及谱强度指标等多个地震动参数指标分布的广义条件谱构建流程与记录选取算例。

第六章着眼于全风险概率框架下性态地震工程中的强震动记录选取，针对传统概率危险性需求曲线计算存在的弊端，以前两章中考虑危险一致性与参数完备性的地震动选取方法作为基础，提出在现有条带法的基础上进行改进，得到与我国地震危险性分析结果衔接的EDP概率危险性曲线的分析计算方法。并采用钢筋混凝土平面框架作为算例与传统云图法的计算结果进行对比，交叉验证计算结果的地震危险一致性。最后提出基于条件均值谱的两种抗倒塌易损性分析方法。

第七章对韧性城乡中的地震动输入工作做了研究和展望。首先系统梳理了城市抗震韧性量化模型与评估方法，进而从抗震韧性设防标准与目标、重大单体工程抗震韧性分析，以及城市复杂空间场地地震动场三个方面探讨了韧性城乡中的地震动输入工作。最后以我国城市燃气管网为实例，在考虑不确定性的地震动强度场的构建基础上，进行了三维度韧性定量评估。

第二章　强震动记录数据与处理

随着强震动观测技术的快速发展和台网布设的日趋完善，全世界范围内强震动数据迅速增加。强震动记录是用来研究地震动特性和进行抗震分析的主要数据来源，可谓工程地震学和地震工程学的重要基石。成熟的强震动数据库可以为研究人员提供对应的地震事件元数据、场地元数据以及记录处理参数，地震动记录时程数据可直接用于地震动输入。元数据和处理参数是后续结构抗震分析中需要综合考虑的重要参数，也是解释结构破坏现象和机理的重要依据。在本书后续章节研究内容中，均以本章涉及的强震动记录数据库及相关参数为基础。因此了解国内外主流强震动记录数据库，了解如何获取记录和解析强震动数据，知晓常见的强震动记录处理方法与流程是进行下一步记录应用的关键与基础，也是强震动记录使用人员应当具有的基础知识。本章首先对国内外主流的强震动记录数据库的发展概况与主要记录格式进行梳理，详见 2.1 节。然后在 2.2 节梳理了地震动影响三要素（震源、传播路径以及场地参数）的参数定义，最后 2.3 节介绍了强震动记录处理的一般方法与原则。

2.1　国内外强震动记录数据库

2.1.1　国外强震动记录数据库

1. 美国强震动记录数据库

美国组织开发的强震数据库主要包括太平洋地震工程研究中心（PEER，Pacific Earthquake Engineering Research Center）的下一代衰减关系（NGA，Next Generation Attenuation）数据库（https：//ngawest2. berkeley. edu）、工程强震数据中心（CESMD，Center for Engineering Strong Motion Data）数据库（https：//strongmotioncenter. org）、强震动观测合作组织（COSMOS，Consortium of Organizations for Strong Motion Observation System）数据库（https：//strongmotioncenter. org/vdc/）等，以上数据库均为面向全球范围的强震动记录数据库，且均配套完整的搜索下载界面。NGA 数据库在世界范围内工程和研究使用最为广泛，也是目前结构时程分析主要地震动输入数据来源。该数据库由 PEER 在 1990 年开发的强震数据库基础之上创建，主要部分于 2004 年底建设完成。该数据库包含来自世界范围内 35 个机构 1400 多个台站在 175 个 4.2 级到 7.9 级的浅源地壳地震中记录到的超过 3551 组记录。NGA 数据库由多通道的加速度时程构成，均进行了滤波和（或）基线校正处理并以相同的数据格式存储。此外还配套整理了囊括震源、场地、传播路径以及处理方式等多个方面在内的信息，建立了强震动平面数据库文件（Flatfile）（Chiou et al.，2008；Anecheta et al.，2014）。目前已完成了 NGA-West1、NGA-West2、NGA-East 和 NGA-Sub 共 4 个计划，并开始组织 NGA-West3 计划。国际上地震工程相关研究领域的知名专家学者几乎都参与了该项目，以 Flatfile 数据以及地震动模拟数据为基础，多个研究团队给出了通过同行评议与数据验证的峰值加速度、速度，以及谱加速度的地震动预测方程（GMPE，Ground Motion Prediction Equation）（Power et al.，2008），在国际上有较深的影响。NGA-West1 和 NGA-West2 的 GMPE 适用于活动地壳区浅地壳地震（如美国西部、中国西部地区等），NGA-Sub 则建立了适用于全球俯冲带地震的 GMPE，NGA-East 建立了强震动观测记录稀少的地震活动稳定地区（如北美中东部等地区）的 GMPE。在后续考虑设定地震的强震动记录选取中（详见第四、五章），GMPE 是计算目标地震动危险水平下目标谱的核心依据。

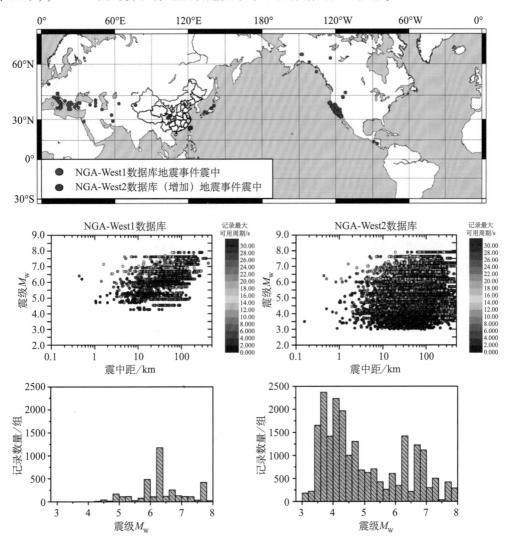

图 2.1-1　NGA-West1 和 NGA-West2 数据库的强震动记录分布及积累情况

2008 年结束的 NGA-West 1 项目共搜集了 3551 组强震动记录；NGA-West 2 数据库（Ancheta et al.，2014）的开发沿用了 NGA-West 1 数据库类似的数据收集策略和处理流程，极大扩充了记录数量，该数据库包含 599 次地震 21366 组记录。NGA-West1 和 NGA-West2 的地震事件分布可参考图 2.1 - 1。NGA-West 2 数据库主要由两部分数据组成，第一部分数据包含 NGA-West 1 中 173 个地震的数据和新增加的 160 个大于 5 级的地震的数据。该数据库增加了 2003 年后包括我国 2008 年汶川地震在内的世界范围内重要浅源地壳地震事件，包含 2003 年伊朗巴姆 6.6 级地震，2004 年加州帕克菲尔德 6.0 级地震，2009 年意大利拉奎拉 6.3 级地震，2010 年墨西哥巴哈地震，2010 年新西兰达菲尔德 7.0 级地震，2011 年新西兰基督城 6.3 级地震和 4 个 2000 年到 2008 年间的发生 6.6~6.9 级的日本浅源地震。第二部分数据包括 1998~2011 年 266 个加州 3.0~5.45 级的中小地震的数据，由两个数据库的地震事件的各震级事件数量对比可以看出 NGA-West2 增补的记录很大部分都来自这一部分中小地震数据。NGA-West2 和 NGA-West1 数据库是目前世界范围内使用最广、影响最大的两个数据集，在技术和科研等领域均发挥了重要作用。不仅是目前主要工程地震输入所依据的主要数据库，绝大多数的工程输入记录选取的重要成果都是基于该数据库推导或计算得到的。

　　NGA 数据库可通过网站（https：//ngawest2. berkeley. edu）搜索并下载符合条件的加速度、速度、位移时程、反应谱，详实的地震事件和场地等元数据可在配套的 Flatfile 文件（.xls 格式）查阅。可以按照数据库记录的编码（RSN）进行精确查询，也可以按照地震事件名称（Event name）或者台站名称（Station name）进行模糊查询。作为搜索依据的地震信息及场地信息包括：断层类型、震级区间、R_{jb} 距区间、断层距区间（震级与距离定义参阅 2.2.2 节），30m 钻孔剪切波速、D_{s595} 显著持时。其中还设置了是否包含速度脉冲型记录的选项，为满足某些用户考虑近断层地震动的特殊需求。由于以记录反应谱作为主要的记录选取依据，在多维地震动输入时需要对考虑选取记录的方向问题。NGA 数据库给出了四种类型的反应谱类型供多维输入时记录选取，包括 SRSS（水平反应谱平方和开平方根），Sa_RotD50, Sa_RotD100 以及几何平均谱。在指定任意多条强震动记录选取结果的平均谱中，提供了几何平均和算术平均两种计算方法。

　　NGA-West1 和 NGA-West2 的记录头文件格式略有不同。详尽的台站场地与地震事件信息可以查阅配套的 Flatfile 文件，记录时程文件中仅在前四行头文件中提供了必须的地震台站名称以及记录采样点数和时间间隔信息，从第五行开始是记录的加速度时程数据，按行从左往右依次读取即可。

表 2.1 - 1　美国 PEER 数据库加速度记录数据文件格式说明

行号	记录示例	解释
1	PEER NGA STRONG MOTION DATABASE RECORD	记录来源
2	Loma Prieta, 10/18/1989, Hollister-SAGO Vault, 270	地震名称（一般是地点）；发震日期；台站名称；数字（270）代表记录分量的方向（除了数字外，部分记录命名为 E（EW）、N（NS）、UP，代表水平东西向，水平南北向和竖直方向）
3	ACCELERATION TIME SERIES IN UNITS OF G	加速度记录（单位 g）

续表

行号	记录示例	解释
4	NPTS= 5938，DT= .0050 SEC	记录点数，记录时间间隔
5	.1337694E-02　.1338170E-02　.1338725E-02 .1339352E-02　.1340054E-02 .1340828E-02　.1341678E-02　.1342621E-02 .1343689E-02　.1344855E-02 ……	记录加速度时程（1 行 5 列，按行从左往右依次读取）

2. 日本 KiK-net 和 K-NET 数据库

1995 年阪神地震后，日本防灾科学研究所（NIED，The National Research Institute for Earth Science and Disaster Resilience）开始建设两个强震台网 K-NET（Kinoshita，1998）和 KiK-net（Kiban-Kyoshin net）（Aoi et al.，2010）。NIED 在自由地表安装了 1000 多个强震加速度计组成 K-NET，台间距约 20km，NIED 还建设了约 700 个由地表和井下加速度计组成的 KiK-net。上述台站的分布情况如图 2.1-2 所示。绝大多数 K-NET 台站坐落在美国抗震设计指导计划（NEHRP，National Earthquake Hazards Reduction Program）（BSSC，1997）分类中的 D 类场地（$180<V_S<360m/s$）或者 E 类场地上（$V_S<180m/s$）。KiK-net 自由地表台站绝大多数坐落在风化基岩或者薄沉积层上（C：$360<V_S<760m/s$）。KiK-net 井下台主要坐落在 NEHRP 方法分类的 A 类场地（$V_S>1500m/s$）或者 B 类场地（$760<V_S<1500m/s$）。绝大多数井的深度在 100~200m。强震数据可在几分钟内发布到网站共享。利用通过地球局域网（EarthLAN）发送来的每个 KiK-net 台站连续计算的强震动参数每 5s 生成实时地震动图（加速度、实时烈度、反应谱）并上传到网站。在利用到时后的 60s 的数据计算出烈度数值后，K-NET 将观测到地震事件的地震烈度在两分钟内传送到数据中心。利用 K-NET 和 KiK-net 的观测数据采用优化的德劳内三角剖分插值得到地震动参数分布图（PGA、PGV、反应谱、仪器烈度），每个台站的波形图件、反应谱图和地震动分布图基本同时上传到网站。经人工检查的数据并除去噪音记录和震源信息相关的记录后（震后几个小时或者几天）上传波形数据和一系列相关图件到到数据共享网站上。该网站（http：//www.kyoshin.bosai.go.jp/）提供了类似 NGA-West1 数据库的检索功能，可以进行单个（多个）条件筛选，地震动检索下载等功能。从 1996 年日本防灾科学研究所开始运行管理 K-NET 和 KiK-net 以来，截至 2009 年底，两个强震台网记录了 7441 次地震接近 287487 组强震动记录。日本强震台网由于布设间距密集，大小震级事件均归档，钻孔数据详尽可靠，是科研人员进行地震动研究尤其是场地效应研究等的重要数据库，也是工程抗震时程分析的可靠输入来源。这些记录通过实时数据共享对日本的减灾规划，抗震设计乃至世界范围内的科学研究贡献很大。

日本 KiK-net 和 K-NET 的加速度记录数据文件包括头段信息和数据两部分，其格式均以 ASCII 的格式给出。头段信息行数为 16 行，给出了台站、地震事件等记录的相关信息。18 行为数据段的起始。表 2.1-2 给出数据文件的格式以供参考。需要注意的是，日本台网的记录数据需要在使用前进行调幅和零线校正。调幅系数即比例放缩系数在第 14 行给出，零线校正采用记录减去事前记录（P 波前）的均值或者减去前 10s 或者整条记录的均值。

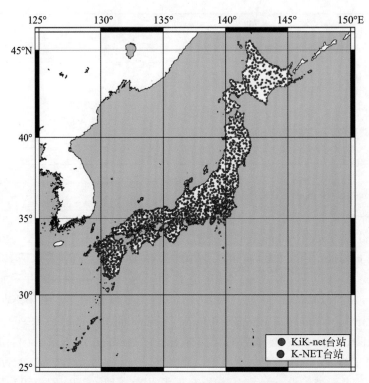

图 2.1-2 日本 KiK-net 和 K-NET 数据库的强震动台站分布

表 2.1-2 日本 KiK-net 和 K-NET 加速度记录数据文件格式说明

记录示例		内容解释
1. Origin Time	2018/09/06 03：08：00	第一行 发震时间 年、月、日、时、分、秒
2. Lat.	42.7	第二行 震中纬度
3. Long.	142.0	第三行 震中经度
4. Depth.（km）	40	第四行 震源深度
5. Mag.	6.7	第五行 震级
6. Station Code	ABSH01	第六行 台站编码
7. Station Lat.	44.5276	第七行 台站纬度
8. Station Long.	142.8444	第八行 台站经度
9. Station Height（m）	5	第九行 台站高程
10. Record Time	2018/09/06 03：08：41	第十行 地震年、月、日、时、分、秒，记录开始时间
11. Sampling Freq（Hz）	100Hz	第十一行 取样频率
12. Duration Time（s）	176	第十二行 持时

续表

记录示例		内容解释
13. Dir.	2	第十三行　方向
14. Scale Factor	2940（gal）/6170270	第十四行　放缩比例系数
15. Max. Acc.（gal）	1.906	第十五行　最大峰值加速度
16. Last Correction	2018/09/06 03：08：26	
17. Memo.		…
18. 282869　282869　282868　282865　282867 282870　282869　282868		第十八行　加速度时程记录 （一行 8 列，逐行从左往右读取）
19. 282868　282868　282868　282868　282868 282867　282869　282870		

3. 欧洲强震动记录共享平台

由于欧洲国家众多，强震动观测体系较为复杂，不同的国家和地区基本均独立运营观测台网，本书仅简要介绍目前几个较有代表性的跨欧洲数据共享库。1998~2002 年创建了互联网版欧洲强震数据库（ISESD，Internet-Site for European Strong-Motion Data；http：//www. isesd. hi. is/ESD_Local/frameset. htm），截至 2002 年 11 月 26 日该数据库收录了 856 次地震中 691 个台站记录到的经过一致处理和格式化的跨欧洲的 2213 组强震动记录。2010~2014 年，在欧洲委员会的第 7 个框架项目中的 NERA 项目支持下建立了泛欧洲工程强震数据库（ESM，The Pan-European Engineering Strong Motion）。一方面，ESM 采用了最先进的技术方案来共享数据；同时，ESM 保存了 2000 年以前主要由模拟仪器记录的强震动数据。除了上述两个数据库外，欧洲快速原始强震数据库（PRSM，The Puerto Rico Strong Motion Seismic Network）是一个可以在欧洲地中海区域发生大于 3.5 级地震后几分钟内能够提供地震动参数信息和波形数据的新数据库系统（http：//www. orfeus-eu. org/rrsm/index. html）。这些数据共享平台需要一定的时间延迟后发布经过审查的处理过的强震动数据。PRSM 数据库可以快速开放访问不依赖于人工处理的原始波形数据和元数据。用户可以查询地震信息、地震动参数，选择和下载地震动时程。实时 PRSM 数据库在 2014 年 9 月开始，对发生于 2005 年 1 月后的所有大于 4.5 级的地震和 2012 年以后所有大于 3.5 级地震的数据进行离线再处理。PRSM 的主要特征包含以下两点：①近实时自动填充数据库。②处理所有在线强震数据和测震数据。截至 2016 年 2 月 9 日，PRSM 数据库收录了 2045 个地震的强震数据，最大地震是 2014 年爱琴海 6.9 级地震。数据库中收录 1475 个台站，其中包含 620 个强震台。除了这些欧洲数据共享数据库外，还有意大利的加速度归档项目（ITACA，The Italian Accelerometric Archive；http：//www. itsak. gr/），土耳其国家强震台网项目（T-NSMP，The Turkey National Semiconductor Metrology Program；http：//kyhdata. deprem. gov. tr/2K/kyhdata_v4. php）等也较有影响力。

2.1.2　我国大陆强震动记录数据库

中国强震动观测始于1962年，经过50多年的发展，已经建成了由1390个自由地表固定台站、310个烈度速报台站、12个专业台阵和200台流动观测台站组成的国家数字强震动观测台网（NSMONS，The National Strong Motion Observation Network System）。国家强震动台网中心（CMNC，China Strong Motion Network Centre）是在强震及工程震害基础资料数据库建设的基础上发展而来，从2002年起作为国家地震科学数据共享中心的强震动分中心，逐步地完善网站系统并逐年补充数据，该数据共享网站（www.csmnc.net.cn）为广大科技人员提供网上强震动数据下载和工程震害数据服务，拥有大量的用户。国家强震动台网中心负责整个地震系统强震动观测数据的汇集、处理、存储和共享。在2007年底"十五"数字地震网络项目项目完成后，国家强震动台网中心先后处理出版了汶川8.0级地震未校正加速度记录、汶川8.0级地震余震固定台站观测未校正加速度记录、汶川8.0级地震余震流动台站观测未校正加速度记录、2007~2009年强震动固定台站观测未校正加速度记录、2010~2011年强震动固定台站观测未校正加速度记录、芦山7.0级地震强震动固定台站观测未校正加速度记录、2012~2013年强震动固定台站观测未校正加速度记录。截至2015年底，国家强震

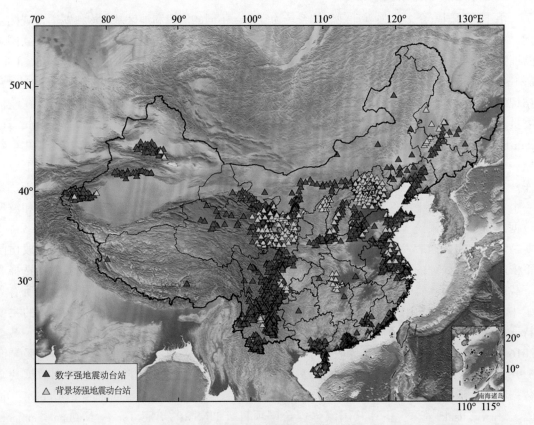

图2.1-3　我国数字强震台网台站分布

动台网中心共出版《中国强震动记录汇报》18 集，汇集和处理强震动数据集 48 个，加速度记录 31360 条，其中大于 10Gal（cm/s²）的强震动记录有 12005 条，最大加速度为 1.005g。该数据库是目前中国大陆可通过互联网共享的唯一的强震动数据库。

　　大多数强震动记录主要来源于南北地震带以及天山地震带，东部地区获得的强震动记录较少。这些强震动记录收集于大约 1000 次 M2.0~8.0 地震，其中自由场地强震动记录震级—数量分布如图 2.1－4 所示，多数强震动记录在中等震级地震（M4.0~5.9）中获得，其中 M4.0~4.9 地震的强震动记录接近半数，不低于 7.0 级地震的强震动记录主要来自于 2008 年 M_S8.0 汶川地震和 2013 年 M_S7.0 芦山地震。尽管强震动观测台网记录到的地震很多，但是多数地震（大约 66%）触发强震动台站不超过 5 个。不同 PGA 范围的单分量强震动记录数量分布如图 2.1－5 所示，绝大多数强震动记录的 PGA 不超过 10cm/s²，PGA 超过 50cm/s² 的强震动记录不足总记录的 1/10，其中 2013 年 M_S7.0 芦山地震中距离震中 10km 的宝兴地办台（051BXD）记录东西分量的 PGA 达到 1005.3cm/s²，这是我国首次公认获得超过 1g 的自由场加速度记录。由于种种客观因素，国内相关工程技术人员对于我国强震动记录库的利用并不充分，一般仅考虑几次典型破坏性地震的某几条典型地震动（如汶川地震的卧龙波等）。

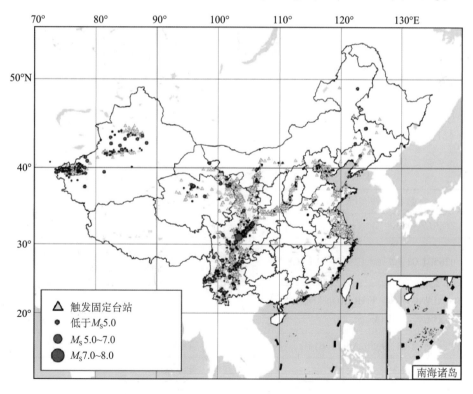

图 2.1－4　2007~2015 年我国数字强震台网强震动记录分布情况

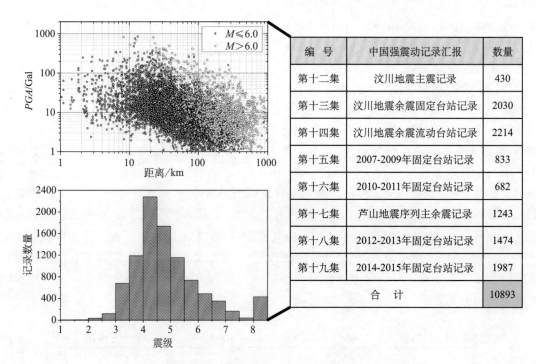

图 2.1-5　我国已发布部分强震动记录数据集（2007~2015 年）

我国未校正加速度记录数据文件*dat 文件包括头段和数据两部分，其格式均以 ASCII 的格式给出。头段行数为 14 行，空 1 行后为数据段的起始。表 2.1-3 给出数据文件的格式和相应解释以供参考。

表 2.1-3　我国未校正加速度记录数据文件格式说明

数据文件实例	内容解释
第一行　ZGZ02050601	第一行　记录编号
第二行　020501 02-05-06 12-47-20 UTC	第二行　地震编号，地震年、月、日、时、分、秒，标准时间（UTC 时间）
第三行　XIANGTANG EARTHQUAKE, LUAN XIAN, CHINA	第三行　地震名称、地点、国别
第四行　EPICENTER 39.562N 118.614E	第四行　震中纬度、经度
第五行　DEPTH 10KM	第五行　震源深度
第六行　MAG.6.0 （M_L）	第六行　震级

* 可通过电子邮箱（datashare@seis.ac.cn 或 csmnc@iem.ac.cn）申请。

数据文件实例	内容解释
第七行　STATION：ZHONGGUANCUN（91ZGC）39. 800N 116. 267EJP	第七行　台站名称（代码），台站纬度、经度
第八行　INSTRUMENT TYPE：ETNA	第八行　仪器型号
第九行　OBSERVING POINT：G	第九行　测点位置
第十行　COMP. V	第十行　测量方向
第十一行　UNCORRECTED ACCCELERATION U-NIT：CM/SEC/SEC	第十一行　产品数据名称、物理单位
第十二行　NO. OF POINTS：30000 EQUALLY SPACED INTERVALS OF：. 005 SEC	第十二行　采样点数、采样时间间隔
第十三行　PEAK VALUE：-35. 746 AT 35. 56 SEC DURATION：120 SEC	第十三行　峰值加速度、峰值加速度发生时间、记录长度
第十四行　PRE-EVENT TIME：20 SEC SITE CONDITION：soil	第十四行　预存储时间（事前时间）、场地条件（基岩/土层/结构）
第十五行　. 000 . 000 -. 060 . 000 . 060 . 000 . 000 . 000	第十五行　加速度记录（逐行从左往右依次读取）…
第十六行　. 060 . 000 . 000 . 000 . 000 . 000 . 060 . 000	第十六行

2. 2　地震及场地参数

2. 2. 1　断层参数

地震参数包括发震时刻、震中经纬度、震源深度、地震震级或地震能量、震源机制解和震源动力学参数等。震级是描述地震释放能量大小的参数，目前常用震级参数按照测定方法可以分为两类。一是传统震级，包括地方震级 M_L、面波震级 M_S、体波震级 M_b 等。M_L、M_S 和 M_b 都是根据特定频率范围的地面运动定义的震级，小地震的 P 波和 S 波频率以高频成分为主，而大地震面波的频率以低频成分为主。通常，对于 4. 5 级以下未能激发面波的地震，只能测定地方性震级 M_L；对于 4. 5 级以上浅源地震，在震中距大于 250km 的地震台站能够记录到面波，P 波也是清晰震相，适合测定面波震级 M_S；而对于中源地震、深源地震和地下核爆，记录波形面波不发育，适合测定体波震级 M_b。也就是说，不同的震级适用的地震类型是不同的。二是现代震级，主要指矩震级 M_W。主要因为传统震级都存在"震级饱和"现象，而矩震级 M_W 则是直接由描述地震总能量的参数地震矩 M_0 定义的一种震级。相比于其他震级，矩震级 M_W 与地震物理过程之间的关系更加直接，并且不存在随着地震释放能量增大而出现饱和的现象，是目前认为较为科学合理的震级量度。但是矩震级的测定方法相对复杂，在短时间测定存在难度，传统震级仍是很多国家观测机构数据发布的主要震级定义形式。需要指出的是，震级标度由于其物理意义的差异是不能统一和互换的；实际工作中，往往会根据不同的需求给出不同震级之间转换的经验公式。但是这些经验公式只能给出不同震级之间关系的总体趋势，对于某一具体的地震来讲，根据经验公式得到的转换值与实测值存在偏差，这一点在使用时应当额外注意。

表征断层破裂面的几个基本参数包括破裂面长度、宽度、破裂面至地表的最短距离、走向、倾角、滑移角以及滑移量。图 2.2-1 为各断层参数的示意图。通过对活动断裂分布、地表破裂、长周期测震记录、强震动记录、地壳运动观测数据等的反演确定震源破裂的有限断层模型，给出破裂面基本参数。由于研究所采用的基础资料及研究方法的不同，不同学者确定的地震有限断层模型（尤其是对于大地震）的结果也不尽相同。

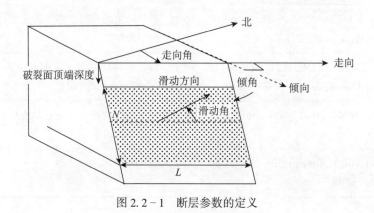

图 2.2-1　断层参数的定义

2.2.2　距离参数

距离参数是描述地震动衰减的重要参数，用于表征地震动从震源传播到场点过程中由于几何扩散和非弹性衰减导致的地震动幅值的减小。目前常见的距离参数有：

（1）震中距 R_{epi}：观测点到震中的距离。

（2）震源距 R_{hyp}：观测点到震源（断层破裂面的起始破裂点）的距离。

（3）断层距 R_{rup}：观测点到断层破裂面的最短距离。

（4）Joyner-Boore 距离 R_{JB}：观测点到断层在地表水平投影的最短距离。

（5）反映上下盘特征的距离 R_x：观测点到断层破裂面上边缘地表水平投影的垂直距离，观测点位于倾角一侧时，R_x 大于零，表示观测点在上盘；反之，R_x 小于零，表示观测点在下盘。

R_{epi}的优点在于地震发生后能够方便快速的获取，可广泛应用于地震应急；缺点在于没有考虑震源深度的影响。R_{hyp}虽考虑了震源深度的影响，但点源破裂的假设仅在研究破裂规模不大的小震的远场时可以成立。（3）～（5）三种距离的定义基于震源破裂面的设定，其示意图如图 2.2 - 2 所示，R_{rup} 仅考虑了断层破裂的长度，而 R_{JB} 则同时体现了断层破裂的长度与宽度，更适用于破裂尺度较大的大震下的距离描述。

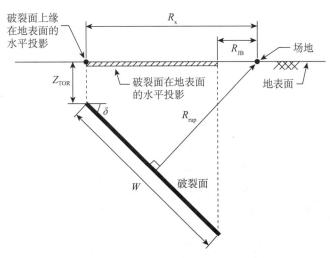

图 2.2 - 2　关于不同距离的定义

2.2.3　场地类别

地震现场调查表明不同场地条件的震害有明显的差别，因此明确所使用记录的场地类别，确保与承灾体所在场地没有较大差异是必要的。场地类别的确定方法主要有两种：基于钻孔或者测井资料的直接法和基于地质、地形、地震动等资料的间接法。各国的抗震设计规范多采用单一指标或多指标划分场地类别，通常划分为 2~5 类。美国规范和欧洲规范基本相同，以地表 30m 内的等效剪切波速（V_{S30}）作为主要划分依据，搭配标贯击数、不排水抗剪强度等指标进行分类，其工程基岩面剪切波速定义为 760m/s；日本规范以土质岩性和场地特征周期作为指标将场地简单划分为 3 类（硬土、中硬土和软土）。我国自《建筑抗震设计规范》（GBJ 11—89）规定采用等效剪切波速和覆盖土层厚度双指标划分场地类别以来，其基本思路一直沿用至今，在 2010 年抗震规范中将原 I 类场地又细分为两个亚类，增加了岩石场地类别 I0。中外抗震规范场地类别指标的差异主要体现在以下方面：首先，我国抗震规范中计算采用双指标法，除了剪切波速度外还要考虑覆盖土层厚度。此外，土层等效剪切波速计算深度不超过 20m，对于滨海或其他特殊地区，如果土层计算深度过浅，可能会无法充分考虑覆盖土层下软弱土层对场地的影响。对于仅给出 20m 深度钻孔资料的台站，可以采用速度梯度延拓方法将不足 30m 的钻孔剪切波速延拓到 30m，进而计算 V_{S30}。另一个重要差异体现在基岩面剪切波速的定义上，我国一般以 500m/s 来作为基岩面剪切波速并以此标定覆盖土层厚度，低于国外抗震规范的相关要求。传统的抗震规范指标法存在不同场地类别分类的边界跳跃问题和无法反映覆盖土层中软夹层影响。

随着区域地质及地形地貌调查资料的愈加丰富，学者建立了地质数据和地貌数据与 V_{S30} 以及对应的场地类别经验关系，如 Wald and Allen（2007）收集了世界各国的钻孔资料建立

的地形坡度与 V_{S30} 之间的经验关系，参照 NEHRP 中 B、C、D、E 四种场地类别的地形坡度值经验范围，将其应用到了强震台站场地分类上（Allen and Wald，2009）。该类方法可以用于钻孔资料缺失场址的类别快速判断与参考，但是分类结果并不精细，适用于较大面积区域的整体场地类别估计，无法细致反映具体局部场地情况。另一种场地分类方法以卓越周期作为主要判断依据，可以采用地脉动或强震动记录谱比法进行估计。该方法在中国大陆的具体应用将在第三章做详细讨论。

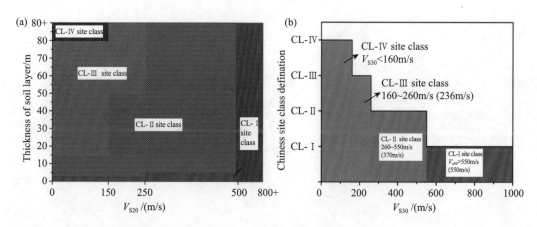

图 2.2 - 3　我国《建筑大抗震设计规范》（GB 50011—2010）场地分类及与 NEHRP 规范分类对应关系

2.3　强震动记录处理流程

强震仪的发展经历了两个阶段：模拟式和数字式。数字式强震仪出现在 20 世纪 80 年代，该类强震仪最大的优点是配有内置的数模转换器，消除了由于数字化过程而引入的噪声。数字仪器具有高动态范围，在较高频率处提供了更可靠的地震动信息，时间分辨率也更高。数字强震动记录要更加完整，数据质量有明显的改善，关于初始基线的不确定性也大大地降低了。但是模拟强震动记录中存在的高频与低频段的噪声依然保留在数字强震动记录中，只是得到了不同程度的削弱。记录过程中的低频误差包括：仪器自身的局限性、环境背景噪声、记录条件的改变以及处理方法的不同。其中仪器自身的局限性包括：仪器的响应误差、仪器分辨率的有限性、采样率的不足、电磁噪声、传感器的磁滞效应等等。背景噪声的加速度要小于地震信号的加速度，但是这些噪声对于位移的影响却不容忽略。因此，作为去除噪声、保留地震动有效信息的关键环节，强震动记录的处理是值得重视的关键性基础工作。但是在建筑结构抗震分析实践中，地震动记录输入之前往往不进行处理，或者直接采用数据库的发布结果，这对于统一处理过的数据库如 PEER 的数据库是没有问题的，但是更多的数据发布机构给出的是未经过处理的原始记录。或者采用商业软件，对所有类型的强震动记录均进行"约定俗成"的滤波和基线校正，并没有考虑过记录处理方式对最后结构响应的可能影响。

本书参考美国 NGA 数据库的强震动记录处理流程，对强震动记录的处理的一般流程以及其中需要注意的要点进行概述。核心步骤分为记录预处理、非因果 Butterworth 滤波，以及多项式基线校正，如图 2.3 - 1 所示。记录预处理通常指对于模拟记录而言，在滤波前需要进行仪器校正，而对于数字强震仪的记录一般无需进行仪器校正。

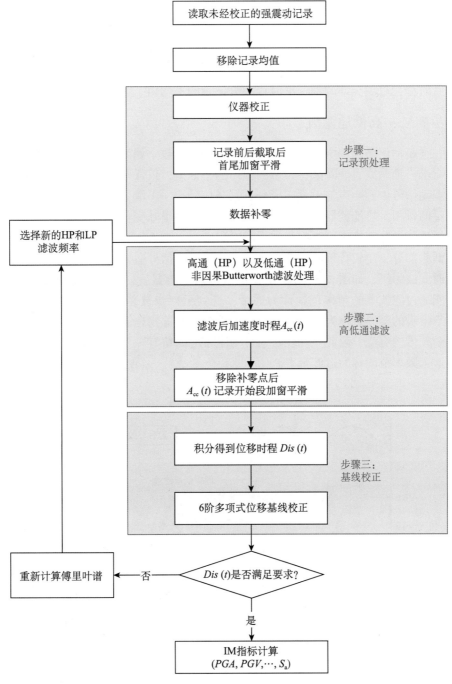

图 2.3 - 1　推荐强震动记录批量处理流程图

2.3.1　步骤一：记录预处理

地震动时程的因果性要求记录到达之前加速度、速度和位移的初始值为零。然而，由于电子噪声和环境脉动的存在，这些初始值并非是零，在位移波形中会产生很大的基线偏移，加速度中一点小的初值在积分位移中会被放大。另外，包括非因果滤波或者补零等操作在内的数据处理也会对初始值产生额外的影响。为了减小趋势项对于信号的影响，需要在记录后找到并恢复零线作为信号幅度值测量的起点。通常认为事前记录视为零均值的随机噪声，求其算术平均值作为曲线的零线，记录的幅值均由采样值减去零线的值而得到。对于无事前记录的加速度时程，可用全部的加速度时程减去记录的平均值。

2.3.2　步骤二：高低通滤波

首先，强震动记录处理中使用最广泛的基础手段为数字滤波器。其本质是：结合具体研究目的和需求，抑制或者滤除某些频带的噪声频率分量，仅保留有价值的信号分量，主要起到滤除地震信号中的噪声与不真实成分，提高信号比，平滑分析数据，抑制干扰信号和分离频率分量的作用。将滤波器频响函数与加速度时程傅里叶变化后的结果在零到折叠频率相乘后，进行逆傅里叶变换即可得到滤波后的时程结果。由于地震动大多数噪音都集中在信号结束的高低频部分，比较合理的降低噪音的方法就是在信号适合的高、低频之间进行带通滤波。以低通滤波为例，如图 2.3-2 所示，信号进入滤波器后，部分频率可以通过，部分则受阻挡。能通过滤波器的频率范围称为通带，受到阻挡或被衰减成很小的频率范围称为阻带，通带与阻带的交界点称为截止频率。由于理想滤波器物理上难以实现频率响应由一个频带到另一个频带的突变，因此，往往在通带与阻带之间留有一个由通带逐渐变化到阻带的频率范围，这个频率范围称为过渡带宽。

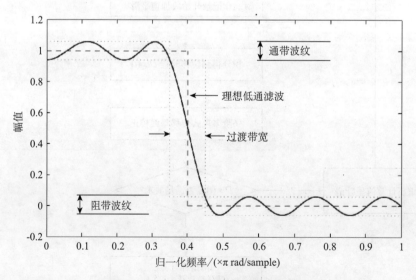

图 2.3-2　低通滤波器频响函数示意图

　　滤波器的种类有很多，其中 Butterworth 滤波器具有最平坦的带通幅值响应。另外时域中的脉冲响应行为要好于 Chebychev 滤波器，响应的衰减部分要好于 Bessel 滤波器，且 Butterworth 滤波器在各种阶数下均更加稳定，因此 Butterworth 滤波器目前广泛用于各国强震动记录数据的批量化处理。Butterworth 滤波器有因果滤波和非因果滤波两种。因果滤波通常是指加速度记录在 t_0 时刻的滤波只与该时刻前的数据有关，而与该时刻后的数据无关。如果记录在 t_0 时刻的滤波还与未来时间点有关，则为非因果滤波。上述两种滤波器频响函数公式如下：

$$\left.\begin{array}{l}
\text{高通因果滤波器：} Y = \dfrac{1}{\prod\limits_{j=1}^{n}\left\{\left[i(f/f_c)\right]^{-1} - \exp\left[\dfrac{i\pi}{2n}(2j-1+n)\right]\right\}} \\[3em]
\text{低通因果滤波器：} Y = \dfrac{1}{\prod\limits_{j=1}^{n}\left\{i(f/f_c) - \exp\left[\dfrac{i\pi}{2n}(2j-1+n)\right]\right\}} \\[3em]
\text{高通非因果滤波器：} Y = \sqrt{\dfrac{(f/f_c)^{2n}}{1+(f/f_c)^{2n}}} \\[2em]
\text{低通非因果滤波器：} Y = \sqrt{\dfrac{1}{1+(f/f_c)^{2n}}}
\end{array}\right\} \quad (2.3-1)$$

式中，n 是 Butterworth 滤波器的阶数；f_c 是滤波器的截止频率。

　　因果滤波的过程采用了由记录开始到记录结束的单向滤波，所以会改变相位谱，主要体现在每个频率成分到达时间的顺序上。因果滤波适用于记录到时信息十分重要的地震预警等场合。相比之下，非因果滤波不会改变记录的相位谱，在整个时域里分别向后和向前两个方向滤波，反向滤波中和了第一次滤波引入的相位变化，滤波过程整体上未造成相位变化，这对于保留对结构弹塑性响应重要的速度时程相位信息十分重要。采用 Butterworth 因果与非因果滤波器对各种时程处理后的弹性和非弹性反应谱影响进行研究，结果表明弹性加速度反应谱对于因果滤波中的拐角频率选择十分敏感，即使远离拐角周期的周期点处反应谱值都会受到明显影响，这种差别在非弹性反应谱会进一步放大，这些都说明因果滤波处理后的强震动记录用于结构弹塑性响应分析本身是存在一定局限性的（Boore and Akkar，2003）。

　　非因果滤波除了改变相位来说，存在以下缺点：非因果滤波需要在滤波前对于原始数据首尾增加一定数量的零。加零的目的不仅仅是为了满足快速傅里叶变换的要求，还为了适应滤波的瞬态，否则可能使得使得滤波后的时程发生畸变。首尾加零后得到的位移时程具有明显的事前低频瞬态，并且尾部会发生不同程度的漂移现象，这种漂移并不是由于低频噪声引起。若要消除该"翘起"，一般需要搭配基线漂移校正技术进行修正。此外，加速度记录的第一个点或最后一个点较大偏移于零时，进行非因果滤波时，首尾端加零的边界处与记录会存在非平稳过渡，滤波后会引进伪频率（泄漏），一般采用余弦瓣函数（cosine taper）用于平滑记录两端与加零区域之间的非连续过渡，通常分别取未加零部分的 5%～10% 范围，对基线初始化后的加速度时程两端分别乘余弦半钟函数来调整加速度记录与加零段之间的平稳过渡，避免滤波后的加速度时程出现明显的毛刺现象。一般来说，Butterworth 高通滤波阶数可以选择 5 阶滤波器，低通滤波器可以选择 4 阶滤波器，实际阶数可根据记录处理情况进行调整。

高通截止频率的合理确定对于客观反映地震动时程及反应谱信息非常关键，尽管国际上给出了很多高通截止频率的确定方法，但是很难找到通用的噪声模型，确定高通截止频率的依据大多都集中在加速度傅里叶幅值谱低频段的形状以及速度和位移时程的基线是否漂移上，主观性较强。

1. 依据信噪比确定截止频率

如果有背景噪声记录，将记录触发前的信号作为噪声，计算记录的信噪比。具体操作流程如下图示意：截取 P 波到时之前和之后的加速度记录作为噪声窗和信号窗，分别计算二者的平滑傅里叶谱后，通过二者傅里叶幅值的交点确定高通和低通截止频率，同时要求信噪比大于 3，即记录的傅里叶幅值谱应当至少高于噪声谱的 2 倍。

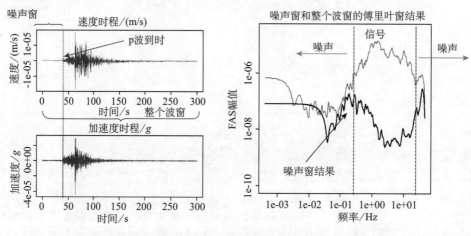

图 2.3 - 3　基于记录信噪比确定高通、低通截止频率示意图

2. 根据震源谱理论确定截止频率

对于数字记录，从较低频率开始，噪声被认为大致以 $1/f$ 向高频段降低，然而，信号通常认为是在 $1/f^2$ 和 f 之间向低频方向降低；在低频段，加速度傅里叶幅值谱衰减正比于 $1/f^2$。噪声的出现会造成傅里叶幅值谱在低频段的翘起。因此，为了获得能够与理论上傅里叶幅值谱在低频段相匹配的趋势，应该根据傅里叶幅值谱的变化趋势来判断截止频率的位置。需要指出的是，以上方法主要还是根据记录的加速度傅里叶幅值谱的特性来确定高通截止频率，由于地震震源机制、震中距和强震台站背景噪声的差异，很难依靠各种加速度傅里叶幅值谱的模型准确的确定高通截止频率，因此该方法仅作为理论参考。

3. 依据速度和位移时程判断截止频率

加速度时程的速度时程和位移时程应当在低频滤波后满足速度时程基本归零，位移时程没有明显的趋势漂移，几乎平行于水平坐标轴，并且数值较小或在合理的范围内。如果出现一条完整的，没有丢尾的记录速度显著没有归零，位移时程尾端出现波动或者较大的残留位移，可以认为该截止频率是不合理的，需要重新选择更高的低频截止频率进行滤波，直至最后满足要求。

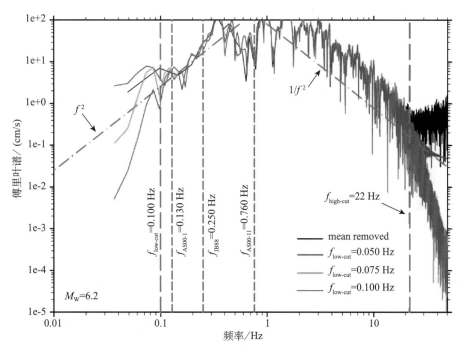

图 2.3 - 4　土耳其记录 19980627135553_0105 不同高通截止频率下的
傅里叶幅值谱（周宝峰，2012）

2.3.3　步骤三：基线漂移校正

理论上，从强震仪记录得到的加速度时程，经过两次积分，就可以得到强震动记录的位移时程。但是由强震仪记录得到的加速度时程往往存在基线漂移，虽然漂移的程度肉眼几乎很难差别，但是经过两次积分得到强震动记录的位移时程会放大漂移。如图 2.3 - 5 所示，EL-Centro 地震动记录在基线校正前后，虽然加速度时程变化肉眼不可察，但是位移时程出现最大值为 136cm 的偏移。

基线偏移主要来源于记录过程中的低频误差，虽然通过低通滤波后可以消除大部分该误差，但并无法彻底消除基线漂移，由于补零，截断等操作都可能导致额外的基线漂移误差。因此在滤波等操作处理后，尤其是进行非因果滤波后，最后一般均要进行基线漂移校正以保证速度时程在结束时归零。在无需考虑残余位移的情况下，最常用和简单的方式即通过多项式拟合速度时程，然后对应的从加速度时程中减去拟合方程的对应阶数微分即可。多项式阶数一般采用一阶线性方程，二阶抛物线方程或者三阶方程。

工程上具有较显著破坏作用的大震近断层强震动记录处理一般需要单独研究。该类记录往往包含着速度脉冲、永久位移等，其处理方式不同于普通中远场地震记录，处理起来也要

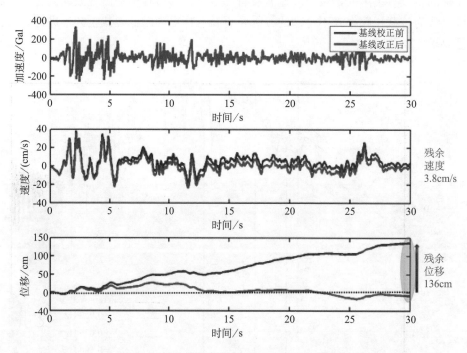

图 2.3－5　EL-Centro 记录基线校正前后的加速度、速度及位移时程对比

更加复杂。近断层脉冲型地震动是指在近断层区域（通常指断层距小于 20～30km 的区域）出现的含有强速度脉冲的地震动。该速度脉冲往往自身周期较长，且蕴含的能量占整个地震动能量的比重很大。多种原因可能导致在近断层区域形成脉冲型地震动。方向性效应（For-ward directivity）和滑冲效应（Fling step）是目前普遍认为的两个主要原因。其中，滑冲效应产生的速度脉冲会伴随明显的地表永久位移。理论上，强震加速度记录在经过二次积分后可以得到合理的最大地表位移及可能发生的永久位移，但是由于强震过程中强震仪所在地表因强烈振动而抬升或倾斜，会导致基线漂移而失真。因此，在强震数据的处理过程中，如果难以消除因强烈振动而导致地表倾斜抬升所带来的基线漂移，则无法获得合理的地表永久位移。判断强震记录永久位移是否存在，一般通过判断位移时程的基线漂移情况和与附近GPS 台站的同震位移进行对比实现。对于强震动记录速度脉冲的识别，可以通过基线校正后的速度时程来主观判断，但却缺少定量的方法来判断。目前使用较广泛的方法是 Baker 提出的基于连续小波变换的识别方法识别近断层地震动的速度脉冲（Baker，2007）。环境背景噪声在通过滤波器消除的同时，也会对记录中的速度脉冲和永久位移造成极大的扭曲。因此在需要考虑地面永久位移或者保留速度脉冲信息时，一般多选用基线拟合技术。尽量避免采用因果或者非因果滤波，以免导致主要速度脉冲段的失真和残余位移丢失。目前的基线校正方法大致分为两类：基于趋势线拟合的分段方法和基于小波变换的方法。感兴趣的读者可以参考相关文献阅读。

参考文献

周宝峰, 2012, 强震观测中的关键技术研究 [D], 中国地震局工程力学研究所

Allen T I and Wald D J, 2009, Short note on the use of high-resolution topographic data as a proxy for sesmic site conditions (V_{S30}) [J], Bulletin of the Seismological Society of America, 99 (2A): 935-943

Ancheta T D, Darragh R B, Stewart J P, Seyhan E, SilvaW J, Chiou B S J, Wooddell K E, Graves R W, Kottke A R, Boore D M et al., 2014, NGA-West 2 database [J], Earthquake Spectra, 30 (3): 989-1005

Aoi S, Obara K, Hori S, Kasahara K, Okada Y, 2010, New strong-motion observation network: KiK-net [J], EOS. Trans. Am. Geophys. Union, 81, F863.2

Baker J W, 2007, Quantitative classification of near-fault ground motions using wavelet analysis [J], Bulletin of the Seismological Society of America, 97 (5): 1486-1501

Bazzurro P, Sjoberg B, Luco N, 2004, Effects of strong motion processing procedures on time histories, elastic and inelastic spectra [C] //Invited workshop on strong-motion record processing, California Strong-Motion Instrumentation Program Pacific Earthquake Engineering Research Center, 203-230

Boore D M and Akkar S, 2003, Effect of causal and acausal filters on elastic and inelastic response spectra [J], Earthquake Engineering and Structural Dynamics, 32 (11): 1729-1748

BSSC (Building Seismic Safety Council), 1997, NEHRP recommended provisions for seismic regulations for new buildings and other structures, Part 1: Provisions (FEMA 302) [S], Building Seismic Safety Council, Washington D. C., USA

Chiou B, Darragh R, Gregor N, Silva W, 2008, NGA project strong-motion database [J], Earthquake Spectra, 24 (1): 23-24

Kinoshita S, 1998, Kyoshin Net (K-NET) [J], Seismological Research Letters, 69 (4): 309-332

Power M, Chiou B, Abrahamson N, Bozorgnia Y, Shantz T, Roblee C, 2008, An overview of the NGA project [J], Earthquake Spectra, 24 (1): 3-21

Wald D J and Allen T I, 2007, Topographic slope as a proxy for seismic site conditions and Amplification [J], Bulletin of the Seismological Society of America, 97 (5): 1379-1395

第三章　面向抗震规范的地震动输入选取

结构弹塑性时程分析被认为是目前计算建筑结构地震响应和评估抗震性能的有效数值模拟方法。在结构模型建立后，地震动输入的选择是影响弹塑性时程分析结果的重要因素。地震动强度、频谱和持时是影响结构弹塑性地震响应的三个主要因素，一般从上述三个因素着手对地震动的选择和数量进行控制。3.1 节首先对国内外抗震规范的天然强震动记录选取规定进行对比，并对记录选取工作的研究思路加以综述；3.2、3.3 节讨论了适合我国抗震规范的地震动参数初选条件，分析了记录选取数量和离散性的影响；3.4 节给出了面向我国抗震规范的记录选取推荐流程与结果；由于记录选取思路相似，3.5 节讨论了基于《中国地震动参数区划图》目标谱以及有效峰值加速度均值目标谱的记录选取流程与结果。

3.1　抗震规范地震动输入选取

3.1.1　国内外抗震规范记录选取条款对比

抗震规范中的强震动记录选取的目标可以概括为：通过尽量少的强震动记录作为弹塑性时程分析的输入，实现对大样本记录输入下结构响应理论期望值的稳定估计。国内外主流抗震规范的基本思路与流程是基本一致的：首先对强震动记录进行地震信息（震源机制，震级，距离）和场地信息等方面的初选，一般以目标场址地震危险性分析的设定地震为依据在一定范围筛选；然后确定该地区在目标设防水平下的设计反应谱，再通过匹配某一周期段的目标反应谱选出符合规范要求数量的记录。除了地震信息的初选控制条件引入的不确定性会传递到后面的结构响应计算结果外，调幅方式和调幅范围、记录选取数量，以及匹配目标谱的相对误差控制条件也会传递到结构最终结果的估计中。各国抗震规范在这些细节要求上并不统一，下面从强震动记录来源、地震动信息、调幅、记录选取数量，以及频谱匹配等多个方面整理了中国和欧洲、美国、新西兰等国内外典型的抗震规范强震动记录选取的一般规定条款和三维输入条款（表 3.1 - 1 和表 3.1 - 2）。

表3.1-1　国内外抗震规范强震动记录选取主要条款对比

规范名称	欧洲抗震规范 Eurocode8 (Part1)	新西兰抗震规范 NZS1170.5: 2004	美国抗震规范 ASCE/SEI 7-10	美国抗震规范 ASCE/SEI 7-16	我国抗震规范 GB 50011—2010
地震参数初选	与目标场址可能发生地震的震源机制，震级，震中距相符以及场地条件相匹配的强震动记录				按照场址的建筑场地类别和设计地震分组
记录来源	天然人造/模拟地自动记录	仅允许天然地震动记录	优先天然地震动记录，不足时人造、模拟记录补充	优先天然地震动记录，不足时模拟记录补充	天然地震动和人造地震动
记录数量	3~6条：响应最大值 7条以上：响应平均值	至少3条 不论输入记录数量，取响应最大值	3~6条：响应最大值 7条以上：响应平均值	11条以上	3条记录：响应最大值 7条以上：响应平均值 选择与振型分解法结果的较大值
调幅方式	PGA调幅 要求不低于目标谱PGA	两步调幅法 调幅系数=$k_1 * k_2$	线性调幅即可	线性调幅或者修改频匹配反应谱，除非近断层速度脉冲等中等特性可保留，不得修改频谱	PGA调幅 允许稍大于目标谱PGA
调幅系数范围	无要求	$0.33 < k_1 < 3.0$ $1.0 < k_2 < 1.3$	无要求	无要求	无要求
持时	无	无	无	无	有效持时为$5T_1 \sim 10T_1$

续表

规范名称	欧洲抗震规范 Eurocode8 (Part1)	新西兰抗震规范 NZS1170.5: 2004	美国抗震规范 ASCE/SEI 7-10	美国抗震规范 ASCE/SEI 7-16	我国抗震规范 GB 50011—2010
目标谱	设计谱	设计谱	一致危险谱	一致危险谱或多条件均值谱包络谱 采用后者时，在目标周期段不得低于设计谱的75%	规范设计谱
频谱匹配	$0.2T_1 \sim 2.0T_1$ 的平均反应谱不低于目标谱90%	$0.4T_1 \sim 1.3T_1$ 的 $$\sqrt{\frac{\sum \left(\lg S_{a_c} - \lg S_{a_t}\right)^2}{n}} < \lg 1.5$$ S_{a_t}: 目标谱 S_{a_c}: 记录反应谱	$0.2T_1 \sim 1.5T_1$ 的平均反应谱不低于目标谱	$[T_a,\ T_b]$ 之间的平均反应谱不低于目标谱 T_a: $0.2T_1$ 与90%质量参与系数振型周期的最小值 T_b: 原则上取 $2T_1$，低于 $2T_1$ 需验证，不低于 $1.5\ T_1$	主要振型周期点平均反应谱与目标谱相差20%以内
离散性控制	无	至少有1条记录高于目标谱	无	无	底部剪力的计算反应结果在振型分解反应结果的65%~135%；底部剪力的计算反应结果平均值在振型分解反应结果的80%~120%

注：T_1 为结构一阶自振周期；k_1、k_2 为反应谱簇调幅系数和反应谱个体的调幅系数，具体定义与计算流程请参考文献（NZS1170.5：2004）。

表3.1-2　国内外抗震规范三维地震动输入条款对比

规范名称	欧洲抗震规范 Eurocode8（Part1）	新西兰抗震规范 NZS1170.5：2004	美国抗震规范 ASCE/SEI 7-10	美国抗震规范 ASCE/SEI 7-16	我国抗震规范 GB 50011—2010
记录来源	不允许单分量记录作为双向输入	不允许单分量记录作为双向输入	来源于同一记录的两个水平分量	来源于同一记录的两个水平分量（对近断层场地，每对水平地震动分量都应旋转到因起到断层的垂直断层和平行断层方向）	无要求
水平地震动输入方向	0°和180°（两次输入）	多次旋转输入，以造成最不利响应的输入结果作为最终结果	多次旋转输入，以造成最不利响应的输入方向结果作为最终结果	多次旋转输入，以造成最不利响应的输入方向的结果作为最终结果	无要求
记录反应谱	水平向记录平方根开平方（SRSS）组合后的反应谱	最大方向记录反应谱	水平向记录平方根平方（SRSS）组合后的反应谱	最大方向记录反应谱	无要求
调幅系数	$0.2T_1 \sim 2.0T_1$ 平均反应谱不低于目标谱的 1.3 倍	所有记录的调幅系数一致 $0.4T_1 \sim 1.3T_1$ 的 $$\sqrt{\frac{\sum \left(\lg S_{a_c} - \lg S_{a_t}\right)^2}{n}} < \lg 1.5$$ S_{a_t}：目标谱 S_{a_c}：记录反应谱	同一记录使用一个调幅系数 $0.2T_1 \sim 1.5T_1$ 平均反应谱不低于目标谱	同一记录使用一个调幅系数 (1) 最大方向谱的平均谱在 $[T_a, T_b]$ 范围内应匹配目标谱于目标谱的 90% (2) 每个方向的平均反应谱应与总平均反应谱相对误差在 10% 以内	无要求
是否允许单分量记录作为双向输入	不允许	不允许	不允许	不允许	无要求

注：有效持时：首次达到加速度时程最大峰值10%到最后一点最后达到最大峰值10%的持续时间。
最大方向记录反应谱：指在目标谱同周期段反应谱较大的水平地震动分量反应谱。

对比结果可知，我国抗震规范与国外抗震规范在记录选取条款的主要差别为以下几点：首先，作为初选条件的地震动影响参数（震级和距离）范围在我国抗震规范中规定较为模糊，虽然规定了采用场地分类与设计地震分组进行初选，但并没有给出具体对应的地震动参数范围，并不利于工程实际操作中选取。加之我国强震数据积累相对有限，实际工程选取强震动记录时，对设防烈度、设计地震分组、场地条件等要求考虑不多。其次，和别国抗震规范较为明确的匹配目标周期范围相比，我国目标谱匹配周期范围没有明确规定；采用平均反应谱与目标谱相对误差来判断记录选取结果，并没有定义下限值，存在最后结果可以通过"较大"和"较小"记录来人为平衡的可能。最后，只有我国抗震规范规定了时程分析结果需要与振型分解反应谱法计算结果进行对比验算，一定程度上控制时程分析结果离散性的同时，某种程度上也影响了时程分析作为结构抗震性能验算手段的客观性。此外，我国抗震规范对于三维地震动输入方面的规定过于模糊和简单，除了三分量幅值比例外，几乎没有可用的操作依据与条款。

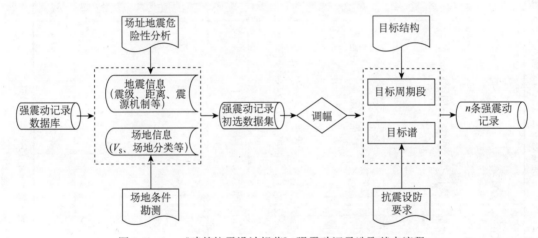

图 3.1-1　《建筑抗震设计规范》强震动记录选取基本流程

美国最新发布的 ASCE/SEI 7-16 抗震规范，较我国在内的别国规范，甚至美国之前的 ASCE/SEI 7-10 版本规范，都对强震动记录选取条款进行了全方位的升级和修订。不仅引入了第四章将详细介绍的条件均值目标谱，同时将记录选取数量的下限提高到了 11 条，针对近断层的强震动记录选取也做了专门的规定，针对修改强震动记录频谱成分进行记录匹配也作了单独的条款规定。此外，针对竖向强震动记录匹配给出了明确的目标谱以及选取流程。新西兰抗震规范在调幅方式、频谱匹配相对误差控制、频谱周期段，以及记录选取数量等方面均较为独特，同时也是唯一仅采用天然强震动记录作为时程分析输入的抗震规范。

3.1.2　抗震规范记录选取技术流程

下面从地震与场地信息初选条件、调幅系数、目标谱谱型匹配及记录选取数量等几个方面对抗震规范目标谱记录选取的流程要素进行分析：

1. 地震与场地信息初选条件

一般来说，工程广泛认可和接受的影响地震动三参数有：震级、震中距以及场地条件，分别用来表征震源、传播路径以及局部场地效应这三个影响要素。这三个参数也是和目前地震危险性分析或者抗震设防要求联系最直接紧密的地震相关参数。虽然很多研究表明地震产生的环境和地震本身的性质也会对地震动记录产生影响，这些参数包括破裂机制、断层、地震波的路径和方向性等。但是确定上述参数依赖复杂的研究和判断，如果在抗震规范的记录选取中充分考虑这些因素，为了均衡其影响必须放宽地震动影响三要素的范围，否则会使得可供选择的强震动记录数量过于稀少。

值得注意的是两类场址：①近断层场址；近断层地震动常具有速度脉冲、永久位移以及破裂的方向性和上、下盘效应等特征。大量震害表明，大幅值的速度脉冲（峰值速度达到 20~30cm/s 以上）是造成结构震害加重的主要原因。当结构自振周期低于速度脉冲周期时（约 1/2 到 1/3），往往延性需求更大，且大变形更会集中在底部楼层（Baker and Cornell.，2008；Iervolino et al.，2012）。而我国量大面广的多层砌体、混凝土框架、砖混建筑等短周期结构，在速度脉冲下很容易由于底部垮塌或严重破坏造成整个结构的坐层和倾斜，以上典型震害在我国 2008 年汶川地震、2014 年云南鲁甸地震、2018 年中国台湾花莲地震等都有集中体现（冀昆等，2014；Ji et al.，2019），其中不乏依据现代抗震规范设计的建筑物，造成了严重人员伤亡。因此除了尽量避让已知的活断层外，对位于或可能位于近断层场址的建筑结构，或者重要建筑结构额外选择近场速度脉冲型记录进行时程分析验算是具有必要性的，这一点在国内规范尚未得到足够重视。美国在最新版抗震规范 ASCE/SEI 7-16 中明确规定了需要考虑近断层效应场址的距离范围，位于可能造成 M_W7 以上发震断层地表投影 15km 内，或造成 M_W6 以上发震断层地表投影 10km 内。②盆地场址；即便是在远离震源的场地，也可能形成对超高层建筑破坏性较强的长周期地震动，长周期地震动引起结构共振已成为国内外盆地内超高层建筑的重要安全隐患（肖从真等，2014；李英民等，2018）。在进行地震动输入验算时，有必要选取或者合成符合场址特点的长周期地震动。

当目标场址通过地震动确定性或概率危险性分析确定了设定地震后，震级和震中距一般情况下采用目标设定地震事件（M，R）一定误差范围（$M\pm\Delta M$，$R\pm\Delta R$）内的结果即可，震级作为优先级最高的强震动记录选取参数浮动区间一般定为 $\pm 0.25M_W$ 到 $\pm 0.20M_W$（Bommer and Acevedo，2004）。比较而言，结构非线性响应与距离参数的相关性一般认为较弱（Shome and Cornell，1998）。场地条件作为地震动特性的影响因素之一，对反应谱幅值和谱型均存在一定影响，在备选记录充足的情况下，可加入场地条件参数对记录选取进行更严格的限制，尽量保证记录的场地条件和目标场址一致。在备选记录较少的情况下，可以对场地条件的约束适当放宽。

基于台站与地震信息的地震动记录选取方法与结构的动力特性无关，并且可以通过选择合理的地震动强度指标减小结构响应的离散性。但是该方法对记录数量的要求较高，同时在筛选时比较依赖工程人员对地震动特性的把握。综上所述，震级—距离—场地虽然不宜单独作为抗震规范记录选取的依据，但是作为依据设计谱进行记录筛选之前的初选条件是必要的，具体约束条件应结合参数重要性、目标结构和实际待选记录数据库容量大小来综合确定。

2. 调幅系数

由于强震动记录数据库的客观数量有限，抗震规范允许通过对记录进行调幅来扩充备选记录数量。但是需要注意的是，对强震动记录是否进行调幅、调幅多大是存在争议的。对较小幅值的记录进行放大调幅，或者对较大幅值的记录缩小，其实都是一种对原有记录的人为修改，可能造成最终响应结果的高估或低估。对于具有速度脉冲等特点的近断层记录，中远场小震记录进行放大调幅后无法体现该特点；而对于远场长周期地震动输入，基于峰值加速度进行调幅会远远高估长周期地震动的长周期成分（李英民等，2018）。这也从侧面说明了事先进行地震动控制信息初选的重要性。

作为依据的地震动参数调幅指标可以大致划分为结构不相关和结构相关两种。与目标结构性质不相关的调幅指标包括峰值加速度（PGA）、有效峰值加速度（EPA）、有效峰值速度（EPV）和最大增量速度（MIV）等指标。与目标结构相关的调幅方式最具有代表性的当属基于结构自振周期 T_1 处反应谱进行 $S_a(T_1)$ 单点调幅以及模态推覆调幅法（MPS）（Kalkan and Chopra，2010）；除了上述依据单一指标进行单周期点调幅外，还可进行周期段调幅或者多点调幅方法通过对相对误差函数求导得到使周期段匹配差别最小的调幅系数，其主要优点是可以考虑多阶振型周期在内的多个周期点，缺点是计算相对复杂，弱化了对自振周期点反应谱值的控制。有学者分别使用地面峰值加速度（PGA）和结构基本振型周期点谱值（$S_a(T_1)$）作为目标值对记录进行调幅，使用 $S_a(T_1)$ 进行调幅后的记录进行结构分析得到的结果比 PGA 调幅更为稳定，需要的记录数量也更少（Shome et al.，1998），但是该研究基于结构形式相对简单的钢框架或者混凝土框架结构作为研究对象。在后面的 20 年，研究陆续指出依据 $S_a(T_1)$ 进行调幅只关注了结构的第一振型，没有考虑到高阶振型参与，以及近场地震动等问题。Kurama and Farrow（2003）提出了使用有效峰值加速度（EPA）、有效峰值速度（EPV）和最大增量速度（MIV）等其他地震动强度指标进行放缩。EPA 与 EPV 指标避免了近断层场址 PGA 在大震下饱和与无法刻画中低频强度的缺点，而 MIV 指标则通过速度的波动变化很好刻画了 PGA 幅值不高，但是具有持时较长速度脉冲的情况。Kalkan and Chopra（2010）提出了模态推覆调幅法（MPS），其思路是使用非弹性单自由度体系等效结构 Pushover 分析的结果，通过位移反应与目标位移反应的误差来判断调幅系数的取值，其物理意义更明确，且可以一定程度上考虑近断层效应带来的潜在较大延性需求。

O'Donnell et al.（2017）基于 720 个缩尺框架的振动台实验结果，从离散性和准确性两个角度对比了基于 $S_a(T_1)$、MIV 以及 MPS 调幅方案下的结构响应。结果表明采用 MIV 调幅方案的结构顶层位移和层间位移角响应结果离散性最小，在结构进入强非线性阶段其准确性是最高的，但是在结构处于低非线性阶段其响应估计的准确性反而不如其余方案。MPS 调幅方案的表现仅次于 MIV 调幅法，结果偏保守；$S_a(T_1)$ 调幅法在低阻尼比下离散性较大，且在对于结构强非线性下的响应估计结果不甚理想。当设防地震动输入水平较高时或者需要考虑近断层效应时，作者建议采用 MIV 或 MPS 调幅方案进行结构抗震性能评估得到更合理的结果，前者不需要确定结构的自振周期即可实现较准确的响应估计，后者在准确估计结构自振周期的前提下可以得到相对保守的结果。

除了调幅方式，另一个值得注意的问题是调幅系数的范围，调幅系数过大会使结构的非线性反应出现偏差，而调幅系数过小往往会导致符合条件的备选记录不足。Luco and Cornell

（2007）则认为比起调幅系数、加速度谱型对输入地震动对结构的影响更大，除非所选记录的谱型与目标谱存在严重差异，否则调幅系数的增大不会对结构反应造成过大影响。

3. 目标谱谱型匹配

谱型匹配，指的是对强震动记录进行地震参数初选后，寻找一组调幅后的加速度记录使其反应谱与目标谱的谱型尽量"一致"。这里的目标谱可以是抗震规范中给出的标准反应谱（或设计加速度目标谱），也可以是场址概率地震危险性分析给出的一致概率谱，或者后文介绍的条件均值谱，应当结合实际应用需求确定对应的匹配目标谱。

各国抗震规范中的设计谱均是多段直线或曲线的简化函数形式，经过了多次地震动反应谱的包络平均，以及对长周期段的人为修正。从物理意义上来说，抗震规范可认为是经验公式抽象化的一致概率谱，代表某个地区的宏观抗震设防水平而不是某条地震动反应谱。受制于目前的强震动记录积累水平和规范谱的谱型非真实性，在进行匹配规范目标谱前一般需要确定某个目标周期段作为匹配依据，匹配的周期段范围越窄，目标周期段的匹配效果越好，但是也会带来对高阶振型周期和长周期匹配效果不佳的缺陷，二者的权衡是谱型匹配的核心问题。其中国外抗震规范中一般采用 $0.2T_1 \sim 1.5T_1$ 或 $0.2T_1 \sim 2.0T_1$ 作为目标周期段。针对我国抗震规范，杨溥等（2000）提出了基于匹配规范设计谱平台段 $[0.1s, T_g]$ 以及结构自振周期 T_1 附近规范谱区段 $[T_1 - \Delta T_1, T_1 + \Delta T_2]$ 进行控制的双频段记录选取方案，其中 T_g 为特征周期值，ΔT_1 和 ΔT_2 建议值为 0.2s 和 0.5s。该方法能满足抗震规范对于底部剪力的要求，在结构响应的离散性控制效果方面具有优越性。此外，针对受多振型影响的建筑或结构，有学者提出将各周期所对应的振型质量参与系数对前几阶周期进行加权平均，或者引入归一化振型参与系数作为误差匹配权重系数，匹配范围为各个周期点周围一定范围的多个频段（周颖和唐少将，2014；张锐等，2018），这种做法依赖于对结构振型的先验判断。

确定了匹配目标周期点（段）后，最简单和最有效的匹配方法就是基于最小二乘思想通过计算最小误差平方和来衡量相对误差，如式（3.1-1）所示，其中 $w(T_i)$ 为周期点 i 的权重值；$S_a(T_i)^{目标}$ 代表 T_i 处的目标谱值；N 代表参与匹配的周期数目；$S_a(T_i)$ 为通过 PGA 或者 $S_a(T_1)$ 调幅后的待选记录在周期为 T_i 处的反应谱值，MSE 越小，代表其与目标谱越接近。

$$MSE = \sum_{i=1}^{N} w(T_i) [S_a(T_i) - S_a(T_i)^{目标}]^2 \qquad (3.1-1)$$

在公式（3.1-1）的基础上，采用公式（3.1-2）来确定记录与目标谱在周期段 $[T_j, T_k]$ 的相对误差，周期段调幅系数 α 一般通过对公式（3.1-2）求导确定。

$$D_{rms} = \sqrt{\frac{1}{k-j+1} \sum_{i=j}^{k} (\alpha S_a(T_i) - S_a(T_i)^{目标})^2} \qquad (3.1-2)$$

上述做法的本质是通过变相增加目标周期段的权重来实现较好匹配，但是周期段外的谱型往往被直接或者间接忽略掉，最后的后果就是匹配结果在非匹配周期段的严重偏差与变形，会在结构非线性时程中引入较大误差。另外，上述局部周期匹配的记录选取方案还需要以结构自振周期来标定有效周期段，不同结构给出的备选强震动记录是不同的。

4. 记录选取数量

工程实践中不可能也没有必要对某结构进行统计意义上大样本的时程分析抗震验算，而记录选取数量如果太少，记录间过大的离散性又会导致计算结果离散性过大。我国抗震规范要求记录选取数量不得低于 3 组（条），推荐以下两种数量搭配的选取方案：①选取 3 组（条）加速度时程输入时，计算结果选用最大值。②选取 7 组（条）及以上加速度时程输入时，计算结果选用平均值。许多学者在国外抗震规范的目标谱和约束条款下，针对不同数量记录选取方案计算结果在统计意义上是否一致的问题进行了专门研究，Bommer and Acevedo (2014) 等学者认为如果想要准确估计结构响应均值，那么需要 7 条及更多数量的强震动记录，同时指出应当避免单条记录差异过大对最终结果的影响；Hancock et al. (2008) 学者认为如果记录选取数量过少时，应针对记录选取结果进行频谱成分修正，以避免单条强震动记录离散性对最终计算结果的影响；Reyes and Kalkan (2012) 面向美国抗震规范，基于多个不同单自由度体系的数值模拟结果，对比 3 条到 10 条强震动记录数量下对结果可能造成的影响，认为低于 7 条强震动记录计算得到的结构响应偏向保守。Araújo et al. (2016) 在新西兰、美国以及欧洲抗震规范要求下，基于数值模拟结果，对比了经过经验公式修正结果和实际分布的 0.84 分位值结果，验证了该公式的适用性。我国抗震规范仅对最终选取记录反应谱的平均值进行约束，要求结构主要振型处周期点上与规范目标谱相差不大于 20%，并没有强调对单条记录反应谱离散性的控制。

5. 持时指标

持续时间作为地震动三要素之一，也会对地震动输入的选择产生影响。强震持时对不同损伤指标的影响方式不同，基于峰值的损伤指标不依赖于持续时间，但是有些损伤指标如滞回耗能和疲劳损伤等则与持时相关，此外持时对结构损伤的影响也与结构模型自身有关 (Hancock and Bommer, 2006)。结构在循环荷载下刚度或强度退化的特性使其对运动的周期数和振动的持续时间较为敏感。也就是说持时不是引起结构破坏的独立因素，而是在一定地震动强度作用下，结构进入非线性时才起显著作用。Iervolino et al. (2006) 对不同持时的 3 组地震动分别输入单自由度体系进行非线性反应分析，发现持时对基于位移的需求指标没有显著影响，而基于能量模型的需求指标会受到影响。美国抗震规范要求记录选取结果的持时参数应当可以代表目标危险性水平下的设定地震。总之，持时指标受限于其本身的不确定性和离散性，无法作为工程人员记录选取的首要条件，但是可以作为对谱型匹配思路的补充。

除了以上指标外，肖明葵 (2004) 建议以地震动弹性总输入能量反应作为补充指标，能保证至少选到 1 条长持时或中等持时强震动记录来考虑地震动持时对结构累积损伤的影响。除了上述强度指标外，王国新等 (2012) 研究认为应将地震记录按照特征周期分组，能够体现出结构的最不利反应状态，同时确定结构在不同地震危险性水平下的地震动反应时，应根据具体的结构特点和地震环境确定合理的设定地震。曲哲 (2014) 指出地震动强度指标在记录选取中有明显的控制作用。另外还指出，结构的初始自振周期不能反映大震后结构刚度退化、进入非线性的状态，因此提出等效周期 T_{eq} 以反映结构非线性行为对周期的影响。

3.2　地震动参数初选条件

国外一般基于地震动危险性分析得到待建结构所在场址的设定地震信息，最大考虑地震（MCE，Maximum Considered Earthquake），然后以地震信息为依据进行地震动记录的初步筛选。如美国、欧洲等国抗震规范明确规定了最终选取记录的地震信息应与 MCE 基本相符。而我国除重大工程项目需要进行场址安全性评价外，一般的建筑场址并没有对应的设定地震信息作为依据。我国《建筑抗震设计规范》（GB 50011—2010）规定："采用时程分析法时，应当按照建筑场地类别和设计地震分组选用实际强震动记录和人工模拟的加速度时程曲线…"。该条款虽然变相规定了所选记录应当对地震动的影响三要素（震级、传播路径、场地因素）进行约束，但是没有给出切实可行的对应参考规则。地震设计分组概念本身就是用来表征近、远震下的目标地震动反应谱特征，和设防烈度一样，均会受震级和距离共同影响。而对于我国强震动记录台站来说，大多数并没有详细的钻孔资料得到对应的我国抗震规范下的场地分类，而国外强震动记录使用的是 30m 土层剪切波速指标，即 V_{S30}，需要转换才可以得到对应分类。除此之外，还有震级、距离定义上的差异等值得注意的问题。

受上述问题影响，我国实际工程实践中的强震动记录选取工作，普遍模糊或者回避了对强震动记录的地震信息和场地条件的约束。仅考虑如何匹配设计反应谱的做法无疑是具有局限性的，因为设计谱本身是各类场地的大量强震动数据经过平滑和经验公式拟合后的结果。如果不事先对地震动参数范围针对设计工况进行初步约束，完全不考虑记录选取结果的物理意义，仅仅盲目对设计反应谱的目标周期段进行匹配，很可能会影响后续结构动力弹塑性时程分析验算结果，同时也会增大强震动记录匹配的工作量。

在进行规范谱形匹配之前，应当初步约束备选强震动记录的地震信息。参数范围和尺度应当依据当前强震动记录的积累状况确定，过于严格过于细致的地震信息约束并没有必要，否则反而使得最后的可选的强震动记录数量不足，而且不利于保留地震动自身的不确定性。本小节将从我国抗震规范中的相关概念出发，针对不同抗震设防要求给出震级、距离的参数初选条件，以及场地参数的确定方法。

3.2.1　震级参数初选条件

震级本身作为地震动效应影响三要素中对记录频谱特性影响最显著的参数，比距离参数、场地参数对记录谱型的影响都要突出。震级和整个破裂面的破裂时间、震源的释放能量直接关联，因此对于地震动的持时或累积能量指标也有较大影响。考虑到震级因素对地震动幅值、频谱和持时三要素的控制作用，震级参数的初选范围是记录选取工作应当首先确定的。需要明确的是，目前强震动记录的积累现状决定了实际记录选取时大多需要对记录幅值，即峰值加速度 PGA，进行线性调幅，因此 PGA 在一定范围内都是可以接受的。所以这里不直接采用 PGA 衰减关系来直接反推震级范围，而是采用与目前抗震规范设定烈度衔接较好的烈度衰减关系来入手。具体思路如下：首先基于烈度衰减关系计算出不同目标烈度不同距离范围（10~200km）对应的地震事件震级范围，进而推导出震级的初选范围，采用 PGA 衰减关系可以验证筛选范围是否可以有效提高可用记录的比例。采用衰减关系为《中国地震动参数区划图》（GB 18306—2015）中使用的东部强震区和中强地震区的烈度衰减关系（见宣贯教材），具体公式如下：

中国东部强震区：

$$\left.\begin{array}{ll} I_a = 5.7123 + 1.626M - 4.2903 \cdot \lg(R + 25) & \sigma = 0.5826 \\ I_b = 3.6588 + 1.626M - 3.5406 \cdot \lg(R + 13) & \sigma = 0.5826 \end{array}\right\} \quad (3.2-1)$$

中国中强地震区：

$$\left.\begin{array}{ll} I_a = 5.8410 + 1.0710M - 3.6570 \cdot \lg(R + 15) & \sigma = 0.5200 \\ I_b = 3.9440 + 1.0710M - 2.8450 \cdot \lg(R + 7) & \sigma = 0.5200 \end{array}\right\} \quad (3.2-2)$$

式中，I_a 和 I_b 分别为长轴和短轴的烈度预测值；M 为面波震级；R 为震中距（km）。

震级参数的筛选上下限应当与已有的数据库和工程实践经验相匹配。假如震中烈度为最小的Ⅵ度，采用震中烈度和震级的换算公式 $M = 0.66I_0 + 0.90$，估算震级下限值为 4.5 级，地震灾害损失实践中也一般认为破坏性地震的震级是应当不低于 4.5 级的。此外，破坏性大震的近场数据捕获较少，中国数据库体现更为明显，即前文提到的大震级伴随着较远震中距，而小震级记录一般震中距较短，衰减关系在极近场存在幅值随距离饱和的现象，因此距离范围选择 10~200km 作为研究区间。选取 10km 对应的震级为下限，200km 对应的震级为上限。

Ⅵ~Ⅸ度四个目标烈度对应的震级上、下限计算结果如表 3.2-1 所示。东部强震区与中强地震区烈度衰减关系反推得到的临界值差异在 0.5 级以内，可以说区别并不显著。将震级范围归纳于表 3.2-2。

表 3.2-1　设防烈度对应的震级上下限

	设防烈度	东部长轴	东部短轴	中强长轴	中强短轴
震级下限	6	5.0	5.2	4.9	5.2
	7	5.8	5.9	5.8	6.1
	8	6.5	6.7	6.8	7.0
	9	7.3	7.4	7.7	7.9
震级上限	6	7.6	7.7	8+	8+
	7	8+	8+	8+	8+
	8	8+	8+	8+	8+
	9	8+	8+	8+	8+

表 3.2 - 2　设防烈度建议震级范围

设防烈度	6	7	8	9
震级范围	[5.0~7.5]	[5.5~8.0+]	[6.5~8.0+]	[7.0~8.0+]

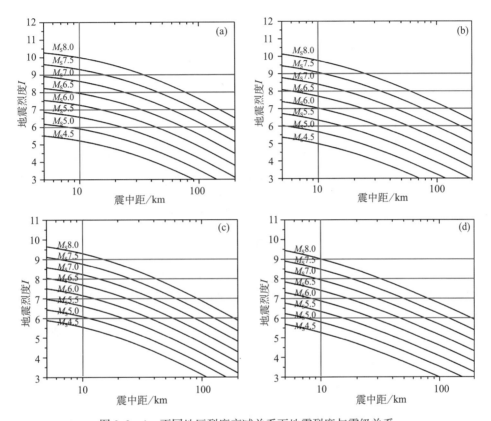

图 3.2 - 1　不同地区烈度衰减关系下地震烈度与震级关系

(a) 东部强震区长轴；(b) 东部强震区短轴；(c) 中强地震区长轴；(d) 中强地震区短轴

下面采用霍俊荣 1989 年提出的 PGA 土层衰减关系（霍俊荣，1989）验算上面的震级参数筛选区间是否有效。将震级 [4.5~8]、震中距 [10~200] km 进行等间距离散为 N 个假想的 (M, R) 地震事件组合，代入衰减关系计算相应的 PGA 值。给定一个较窄的调幅系数范围 [0.5~2.0]，如果计算得到的结果落在目标 PGA 调幅后的范围内，结果就是可以接受的。通过对比震级初选条件约束前后的各个设防烈度下的强震动记录数量比例来进行验证，结果如图 3.2 - 2 所示。当按照本章建议范围进行震级筛选后，满足设防目标 PGA 范围的记录比例显著超过了未筛选的结果，验证了本章建议震级区间的有效性。

在确定了设防烈度后，+1 度和 -1.55 度得到罕遇烈度和多遇烈度。采用同样的计算流程就可以得到对应的震级区间。对于 8 度罕遇地震和高设防烈度区，如果同样依据计算结果外推设置震级下限，那么在目前的强震动记录库下，由于大震事件的缺少，最终记录参与选取的数量会大量降低，为协调这种矛盾的情况，震级下限统一设定为不大于 6.5 级。最终各个设防水准下本书建议的震级初选范围整理于表 3.2 - 3。

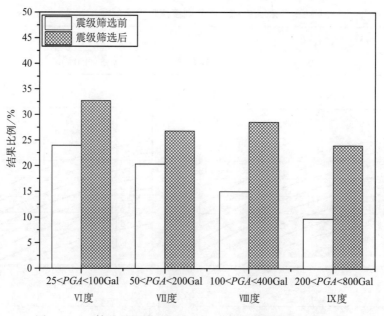

图 3.2-2 筛选震级前后记录 PGA 落在目标区间的数量比例

表 3.2-3 各设防标准下震级选取参考范围

设防烈度区	6	7	8	9
多遇地震	[4.5~7.0]	[5.0~7.5]	[5.5~8.0+]	[6.5~8.0+]
设防地震	[5.0~7.5]	[5.5~8.0+]	[6.5~8.0+]	[6.5~8.0+]
罕遇地震	[6.0~8.0+]	[6.5~8.0+]	[6.5~8.0+]	[6.5~8.0+]

3.2.2 距离参数初选条件

除了震级外，距离一直作为地震动传播路径因素的描述参数参与记录筛选。国内外学者针对距离在初选条件中的作用做了很多研究和验证，普遍认为距离与结构非线性响应的相关性是低于震级的。如陈波（2014）以平面混凝土框架为研究对象，通过对比 1246 条强震动记录下的结果响应与距离和震级之间的相关系数发现，和震级的 0.4 相关系数相比，距离与结构响应的相关系数仅为 0.123，可以认为是并不显著相关的指标。在地震动选取初步筛选时，在震级条件已经进行约束的前提下可以适当放宽对距离的要求。

值得注意的是，地震动的高频成分比低频成分随距离衰减要更迅速，即大震在远场的长周期频谱成分要更为明显，由于共振效应会导致高层结构与桥梁等较长周期的结构更容易破坏，如果待建场址为较软土层，这种现象会更加显著。若弹塑性时程分析的对象为高层/超高层结构，假若将近场的地震动记录作为地震动输入用于高设防烈度区的远场结构（设计分组第三组），显然是不符合物理意义的，得到的结构响应结果也会由于输入记录的近远场差别造成不小的离散性，可能会造成估计结构响应时出现偏差。因此本章建议单独针对设计分组第三组限制对应的震中距范围以避免该问题。

首先使用震中烈度 I_0 和影响烈度 I 的衰减关系，以及二者之间换算关系（式（3.2-3）、式（3.2-4））来估算不同设计分组的大致震中距对应范围：设计分组第一组认为是相同震级下 $I=I_0$ 到 I_0-1 的距离范围；设计分组第二组认为是 $I=I_0-1$ 到 I_0-2 的距离范围；其余则为设计分组第三组，结果如图 3.2-3 所示，对应的震中距范围整理归纳于表 3.2-4。设计分组第一组与第二组的震中距临界线大致位于 10 和 20km 之间，设计分组第二组和第三组的震中距临界线大致介于 25 和 50km 之间。对于上文强调的 7 度以上的高设防烈度地区，设计分组第三组大致位于震中距超过 40km 的区域。多遇烈度和罕遇烈度的计算结果均是基于设防烈度换算调整得到，由图 3.2-3 可以看到震中距界限值随震级的变化并不很大，差别大致在 5km 之内，因此多遇地震和罕遇地震采用与设防地震计算结果一致的距离分界。

$$I_0 = 0.24 + 1.26M \qquad (3.2-3)$$

$$I = 0.92 + 1.63M - 3.49 \cdot \lg R \qquad (3.2-4)$$

表 3.2-4 设计分组下震中距选取参考范围（km）

	地震分组		
	第一组	第二组	第三组
6 度	[0, 12]	[12, 25]	[25+]
7 度	[0, 15]	[15, 30]	[30+]
8 度	[0, 18]	[18, 40]	[40+]
9 度	[0, 20]	[20, 50]	[50+]

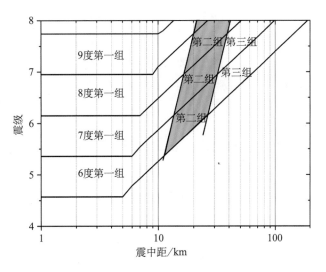

图 3.2-3 设防烈度下各设计分组对应的震中距范围

对于记录筛选时的距离参数提出以下建议：

（1）距离参数采用断层距或者震中距，对震级低于 5.5 级的强震动记录采用震中距为距离参数；对震级不低于 5.5 级的强震动记录，由于大震下震源的断层尺寸不可忽略，采用断层距（距离定义请参考 2.2.2 节）。

（2）除非目标结构对近断层地震动，或速度脉冲、方向性效应等方面有专门的研究需求，否则不宜选择距离低于 15km 的强震动记录用于时程分析输入。

（3）对于 7 度以上设防烈度区，在设计地震分组为第三组时，选用记录的距离不应低于 40km，不可选取距离低于 20km 的强震动记录用于时程分析输入。

（4）当建筑位于Ⅲ类或Ⅳ类等软弱场地，对于设计地震分组为第三组的远场区域，选用记录的距离不应低于 40km，且不可选取距离低于 20km 的强震动记录用于时程分析输入。

3.2.3　场地参数确定条件

局部场地条件中，诸如介质不均匀性、地形地貌和土-结相互作用等因素均会对地震动特性产生影响。由于场地反应本身存在复杂性和离散性，其在初选条件中的优先级是低于震级和距离的（Bommer and Acevedo，2004），若最后的备选记录数量比较充裕，则可结合目标场址的场地类型做进一步筛选，不应采用与目标场地类型显著不符的台站记录，宜采用与目标场地类别相同或者相差一类的记录。

目前我国强震动台站的场地一般粗略划分为"基岩"和"土层"两种，作为另一部分重要数据来源的国外记录数据库，除了日本强震动台网（KiK-net 与 K-NET）外，如 NGA 数据库等一般给出台站场地 30m 钻孔剪切波速的 V_{S30} 以及对应的美国 NEHRP 分类（BSSC，2003）作为参考，而我国抗震规范采用 20m 等效剪切波速和覆盖土层厚度这两个参数来标定场地类别。研究人员很难直接获得详细的钻孔资料，因此很难换算得到对应的我国规范场地分类。针对该问题，我们给出以下两种解决方案：

（1）通过 V_{S30} 与我国抗震规范场地分类的换算关系进行场地类别判定。我国学者（郭锋，2010；吕红山等，2007）利用美国、日本、中国台湾等不同地区强震动观测台站的钻孔资料按照我国抗震规范进行场地分类，然后拟合回归了我国不同场地类别对应的 V_{S30} 经验范围，将结果整理为表 3.2-5。可以看到，虽然采用的数据并不相同，但是得到的波速对应范围基本一致，可以认为结果较为可靠稳定。在此基础上给出了我国抗震规范不同类别场地对应的 V_{S30} 范围参考值如表 3.2-5 所示。

表 3.2-5　我国抗震规范场地分类与 V_{S30}（m/s）对应关系

场地类别	Ⅳ	Ⅲ	Ⅱ	I / I₀
吕红山等（2007）	$V_{S30}\leqslant150$	$150<V_{S30}\leqslant260$	$260<V_{S30}\leqslant510$	$V_{S30}>510$
郭锋（2010）	$V_{S30}\leqslant165$	$165<V_{S30}\leqslant265$	$265<V_{S30}\leqslant550$	$V_{S30}>550$
本章建议值	$V_{S30}\leqslant160$	$160<V_{S30}\leqslant260$	$260<V_{S30}\leqslant550$	$V_{S30}>550$

（2）对于我国钻孔数据缺失的强震动台站，通过强震动记录对台站场地特性加以估计，推荐采用操作简单且估计场地卓越周期较为稳定的 H/V 谱比法。单点 H/V 谱比法观测场地效应最早由日本学者 Nakamura 于 1989 年提出，是一种基于同一地表测点地脉动水平分量与竖向分量傅里叶幅值谱比来估计场地特征的方法，俗称 Nakamura 方法。Yamazaki and Ansary.（2008）将这种方法扩展到利用强震动记录评估场地特征，进行场地分类，并验证了同一场地的水平与竖向速度反应谱谱比值受地震震级、震中距离、震源深度的影响不大。学者基于 H/V 谱比法对伊朗、中国台湾、日本等地都相继完成了自由场地强震动台站的场地类别划分。

谱比法场地分类在我国的应用相对较晚，主要因为：一方面我国强震动台站场地资料信息匮乏，另一方面目前我国台站获取的强震动记录数量并不足以统计场地标准谱比曲线。为解决该问题，笔者（温瑞智等，2015；Ji et al.，2017）以日本强震动 KiK-net 台网 1996~2012 年的强震动观测数据、台站钻孔资料为基础资料，采用参考类比法，通过 H/V 谱比法计算出我国抗震规范场地分类的标准谱比曲线，可以作为实际匹配时的参考曲线，见图 3.2 - 4。当场地较硬时，表层土和底层基岩面阻抗比相对较小，场地放大会降低很多。因此一般情况下，岩石和硬土的场地平均谱比曲线比软土场地的曲线要平坦很多，仅根据卓越周期来判断很有可能失效。如果场地的 H/V 谱比曲线较平坦无法识别峰值，这种情况下无法与任何一条标准曲线相匹配。因此，从谱比曲线峰值、卓越周期以及谱型差异三个要素出发提出了适用于我国抗震规范产地分类的经验方法，见图 3.2 - 5。同时采用重抽样技术，采用本章的分类方法对日本 KiK-net 台站进行验证，三类台站的正确率均可以达到 60% 左右，较采用单一指标的传统谱比法平均正确率和稳定性均有较大的进步。最终采用中国大陆 NSMONS 台网的 2007~2015 年的强震地方记录，按照该方法对 178 个强震动台站进行了成功场地分类，其中 14、116 和 48 台站分别被分为 Ⅰ、Ⅱ、Ⅲ 类台站，可以为中国强震动记录使用提供参考，具体技术细节流程以及分类结果可参考文献（Ji et al.，2017）。

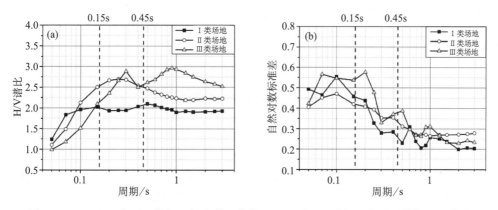

图 3.2 - 4　（a）我国三类场地标准谱比曲线；（b）我国三类场地自然对数标准差曲线

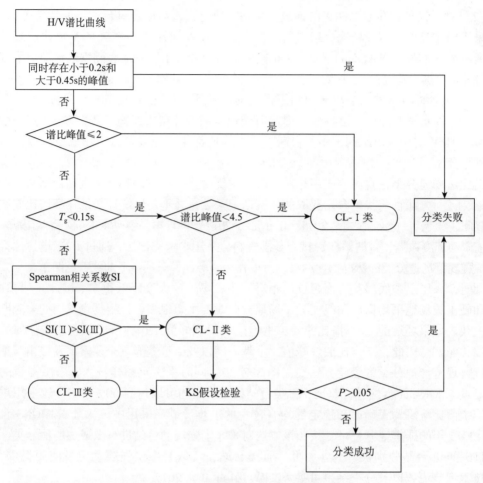

图 3.2 - 5　中国场地 H/V 谱比法分类流程

3.3　记录选取数量与离散性

　　我国现行抗震规范规定了两种数量搭配的记录选取方案：①选取 3 组（条）加速度时程输入时，计算结果选用最大值。②选取 7 组（条）及以上加速度时程输入时，计算结果选用平均值。我国现行抗震规范条文解释中指出，上述两种记录选取方案计算结果不小于大样本容量平均值的保证率在 85% 及以上。即计算结果不小于大样本容量平均值的比例大于 84%。将国外抗震规范关于强震动记录选取数量的条款罗列于表 3.1 - 1，进行对比后发现，除美国最新版本抗震规范 ASCE/SEI 7-16 要求至少 11 条强震动记录外，其余各国抗震规范均规定了至少选择 3 条记录作为输入。欧洲抗震规范，美国较早的 ASCE/SEI 7-10 版本规范与我国在记录选取数量上的方案基本一致。研究表明（见 3.1.2 节），两种记录选取方案下的计算结果是存在较大差异的，有必要结合我国抗震规范的现有记录选取框架对记录选取数量的影响进行系统分析，并给出符合我国抗震规范要求的建议和计算流程。

　　此外，我国抗震规范仅对最终选取记录反应谱的平均值进行约束，要求结构主要振型处周期点上与规范目标谱相差不大于20%，并没有强调对单条记录反应谱离散性的控制，也没有和国外规范一样设置平均反应谱的下限值，即没有"不得低于"某段规范谱的类似规定。工程实践中完全可以通过"较大"和"较小"的强震动记录反应谱人为"平衡"得到满足条件的平均反应谱。在超限建筑抗震审查的弹塑性时程分析环节，在任意满足条件的记录组合下，寻找可以计算得到满足底部剪力要求的层间位移等响应最小的记录组合以通过验算。但是，这种"讨巧"的做法完全忽视了记录间的离散性，这种离散性传递到最终结构响应中，会对不同记录选取数量方案的时程分析结果带来多大影响，是否还能达到抗震规范要求的84%以上保证率目标，以及如何量化评估该影响是本书关注的另一问题。

　　针对上述问题，本章首先采用蒙特卡罗抽样技术，模拟不同记录数量方案下结构时程分析结果的累积概率分布，评估3条记录选取最大值和7条记录选取平均值两种方案下的计算结果概率分布差异，同时通过控制目标分布的标准差探讨不同方案对结果离散性的敏感性。然后对我国规范设计下的某10层混凝土框架进行数值模拟，讨论不同记录选取数量和记录间离散性对响应结果可能造成的影响。在我国规范框架下，验证利用经验修正公式估算84%保证率设计值的可行性和适用性。

3.3.1　不同数量记录选取方案对比

　　为了尽量避免引入结构不确定性，本研究首先从概率推导的角度定性研究记录选取数量和响应离散性对最终结构响应分布的影响。基于蒙特卡罗抽样技术，模拟得到我国抗震规范中3条强震动记录取最大值和7条强震动记录取平均值这两种方案（以下简称为M1和M2方案）下的结构响应参数分布情况，分析记录选取数量和离散性对结果的影响。假设多条地震动输入下的结构响应参数χ服从对数正态分布（Shome and Cornell, 1999），均值和标准差为$\mu_{\ln\chi}$和$\sigma_{\ln\chi}$，则目标响应参数χ的理论均值μ_χ应满足式（3.3-1）。需要指出的是，即使是三维结构，其结构响应值在非倒塌等极限状态下仍然满足对数正态分布的理论假设，因此下面蒙特卡洛模拟得到的结论对于三维结构是仍然适用的。

$$\mu_\chi = \exp(\mu_{\ln\chi} + \sigma_{\ln\chi}^2/2) \qquad (3.3-1)$$

　　经过N_{sim}次蒙特卡罗抽样，得到N_{sim}组满足某已知对数正态分布的随机样本，用来模拟不同记录选取数量n下的结构响应计算结果。分别计算模拟抽样结果与理论均值μ_χ的比例系数R。当N_{sim}足够大时，即可通过经验累积概率分布来逼近R的实际分布，进而评估不同记录选取数量方案下的结果分布情况。对M1和M2方案均进行了基于同一对数正态分布的$N_{\text{sim}} = 500$次蒙特卡罗模拟抽样。除了记录数量外，改变目标对数正态分布的标准差$\sigma_{\ln\chi}$来评估这两种方案下响应离散性的敏感性。两种方案下的计算结果如图3.3-1所示，为了方便理解，累积概率曲线与$R = 1$的交点即$P(R \leqslant 1)$，即不同方案下响应参数不高于理论均值的概率，如阴影部分所示。R越接近1，表明模拟抽样结果越接近目标均值，不同离散性$\sigma_{\ln\chi}$下的累积概率曲线如图3.3-1所示。

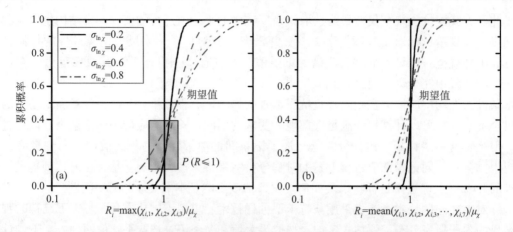

图 3.3 - 1　不同记录选取数量方案下比例系数 R 的累积概率分布

（a）M1 方案；（b）M2 方案

　　整体来看，M1 方案和 M2 方案下比例系数 R 的累积概率分布曲线存在显著差异。首先，两种方案下比例系数 R 分布的期望值 $\bar{R}$ 并不相同，M1 方案下 $\bar{R}$ 在不同离散性下均高于1，在离散性较大，如 $\sigma_{\ln\chi}=0.8$ 时，$\bar{R}$ 达到了1.5，即 M1 方案下的计算结果统计意义上是要高于理论目标均值 μ_χ 的，随着离散性增大，计算结果也随之增大。M2 方案下 $\bar{R}$ 在不同离散性下基本等于1，该方案下的计算结果期望就是理论均值 μ_χ 本身。其次，M1 方案下 R 分布对离散性比 M2 方案要更为敏感，在离散性较大时（$\sigma_{\ln\chi}=0.8$），$0.3\leqslant R\leqslant 3$ 的概率达到了85%；而 M2 方案下 R 分布的累积概率曲线显著"捏拢"于 $R=1$ 基准线，即使在较大离散性水平下，R 也是在0.5到1.5之间变化。说明 M1 方案的计算结果更容易受离散性影响，在较大离散性下更容易出现极端值影响计算结果的情形，这一点在后文数值模拟实例中也会有所验证。

　　假设理论均值 μ_χ 即大样本容量平均值，那么计算结果不小于大样本容量平均值的保证率可以近似认为等于 P（$R\geqslant 1$）$\approx$（$1-P$（$R\leqslant 1$））$\times 100\%$。虽然已经有了很大的抽样样本数量（500次），但是为了确保保证率计算结果的一般性和稳定性，我们在不同数量方案和离散性下均重复了10遍上述计算过程，得到了以下计算结果如图 3.3 - 2 所示。

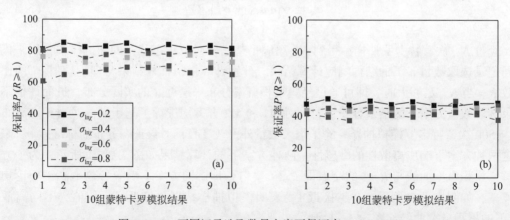

图 3.3 - 2　不同记录选取数量方案下保证率 P（$R\geqslant 1$）

（a）M1 方案：3 条记录选取响应最大值；（b）M2 方案：7 条记录选取响应平均值

M1 方案下，随着响应结果离散性 $\sigma_{\ln X}$ 由 0.2 变化到 0.8，10 组蒙特卡罗模拟工况下的保证率计算结果平均值在 60% 到 85% 之间波动，相差达到两倍。在离散性较低如 $\sigma_{\ln X}=0.2$ 时，计算结果不低于理论均值 μ_X 的保证率可以达到 83%，但是 $\sigma_{\ln X}=0.8$ 的较高离散性下，保证率仅为 60% 左右，结果表明 M1 方案下计算结果的保证率受最终计算结果的离散性影响很大，且在离散性较大时并无法满足规范要求的 84% 以上保证率。此外，在实际工程应用中在进行结构数值模拟之前并无法预先估计结果的离散性，采用 M1 方案其不可控的离散性会导致最终结果保证率不一致，往往需要进行第二次甚至多次试算，这显然违背了降低计算成本，以及依据时程分析结果指导结构抗震性能验算的初衷。如果考虑到各组计算结果的离散性并不相同，那么最终结果的取舍将变得更为困难。综上所述，保证率的不稳定，对结果离散性的敏感决定了选择 3 条强震动记录最大值作为最终结果时需要更加谨慎。

M2 方案的期望值就是结构响应理论均值本身，随着离散性从 0.2 增大到 0.8，保证率在 50% 附近波动。离散性越低，越逼近 50%，计算结果期望越逼近响应中值。即计算结果离散性控制的越好，那么就越有把握实现对结构响应理论均值的估计。

总之，3 条强震动记录选取最大值和 7 条强震动记录选取平均值的保证率并不一样，因此并不能作为可以互相替代的两种记录选取数量搭配。虽然这两种方案结果分布和期望值并不一致，但是控制记录选取离散性对于它们的意义都是很显著的，尤其对于 M1 方案，如果希望得到规范要求的 85% 保证率计算结果，那么应尽量避免记录选取离散性过大影响最终计算结果，同时对于离散性较大的响应计算结果需要谨慎选择，这一点在下文数值模拟中会做进一步验证。

3.3.2 记录离散性影响模拟分析

1. 结构选型及记录选取方案

上文通过蒙特卡罗抽样从概率分布的角度定性分析了记录选取数量和离散性对最终结果的影响，下面以我国某平面 10 层混凝土框架作为实例，基于弹塑性时程分析数值模拟结果，在我国现行抗震规范记录选取现有条款下对比不同记录选取数量方案以及控制单条强震动记录离散性的影响。

选用我国抗震规范中 8 度罕遇地震和常遇地震水平下设计分组第二组、Ⅱ类场地下的规范谱作为目标谱。我们以美国 PEER 的 NGA-West1 数据库和我国的数字强震动记录数据库 (2007~2015 年) 为备选数据库。依据 3.2 节提出的记录初选条件进行地震信息筛选和记录匹配，选取其中震级不低于 5.5 级，震中距 10km 以上，30m 钻孔剪切波速 V_{S30} 在 260 到 550m/s 之间的记录作为备选记录。依据不同设防水平进行峰值加速度单点调幅后，在 $[0.2T_1 \sim 1.5T_1]$ 周期段进行反应谱匹配，T_1 为结构一阶自振周期。

共讨论以下四种不同记录选取数量工况下的计算结果：① G3：3 条记录下结构响应选取最大值（不约束单条记录离散性）。② G3L：3 条记录下结构响应选取最大值（约束单条离散性，即单条强震动记录反应谱与规范目标谱在目标周期段相对误差低于 50%）。③ A7：7 条记录下结构响应选取平均值（不约束离散性）。④ A7L：7 条记录下结构响应选取平均值（约束单条记录离散性，同 G3L）。为了保证结论的可靠性，同时准确估计结构响应的累积概率分布，每组工况均在符合谱型匹配特征的备选记录中随机选取 21 组记录作为实际应用中可能得到的记录选取结果。按照我国抗震规范要求，每组强震动记录均满足最终平均反应谱在目标周期段与规范目标谱相差不超过 20%。对于有单条记录离散性约束要求的工况，可以先在总备选记录数据库中进行初步筛选得到子数据集，然后再在其中随机选取组合符合条件的记录。

　　以图 3.3-3 所示的 10 层钢筋混凝土框架结构的单榀框架为分析对象，结构位于 8 度设防地区，Ⅱ类场地，设计地震分组第二组，依据我国规范进行设计配筋。结构立面示意图和梁柱尺寸如图 3.3-3 所示。各楼层框架梁上均做 15kN/m 的等效均布荷载，全楼层采用 C30 混凝土，保护层厚度 30mm，采用 HRB335 钢筋。采用平面非线性结构分析软件 IDARC 2D（Inelastic Damage Analysis of Reinforced Concrete Structures，IDARC-2D V.6.1）对该平面框架进行建模和非线性分析，采用集中塑性破坏模型，材料滞回本构采用三线性骨架模型。结构前两阶振型周期分别为 $T_1 = 1.10s$ 和 $T_2 = 0.37s$，振型质量参与比例分别为 86.1% 和 9.4%，所选 $[0.2T_1 \sim 1.5T_1]$ 周期段覆盖了前两阶振型，同时考虑了塑性变形下周期延长的影响，可以真实反映结构塑性下动力特性。所计算的结构响应参数是最大层间位移角（MIDR，Maximum Inter-story Displacement Ratio），该参数是我国规范弹性计算和弹塑性验算中规定主要参考指标之一，也是广泛用于结构易损性分析等方面的响应参数。

楼层	边、中柱 (mm×mm)	边跨梁 (mm×mm)	中跨梁 (mm×mm)
1~2	600×600	650×250	400×250
3~4	550×550	650×250	400×250
5~8	500×500	650×250	400×250
9~10	450×450	650×250	400×250

单位：mm

图 3.3-3　10 层平面框架立面图及梁柱尺寸

2. 记录选取离散性控制影响

　　由图 3.3-4 可见，G3 方案无论是在 MIDR 计算结果均值还是离散性上，均要显著高于其余各种方案，罕遇地震下这种差别更为明显；G3 方案下的 MIDR 均值是 A7 方案预测结果的接近两倍，而表征结果分布离散性的变异系数 C_{OV} 达到了 0.6，21 组结果中出现了数个显著高估的"异常"值（重复抽样过程，这种异常值依然存在）。常遇地震设防水平下，各方案下的计算结果差别并不像罕遇地震下那么显著，但是和其余几种方案相比，G3 方案仍体现出了明显的高估，C_{ov} 也是各个方案中最大的，接近 0.3。

如果我们对 G3 方案进行单条记录离散性的控制，即 G3L 方案，可以看到 MIDR 预测结果均值有极其显著的降低，同时响应离散性也有了明显降低。比较而言，采用 7 条强震动记录平均值的 A7 记录选取方案，受单条记录离散性的影响没有 G3 方案那么敏感，A7L 方案下的预测均值和离散性较 A7 方案有一定降低。

假如采用每组 7 条强震动记录加上控制单条离散性后（A7L 方案）得到的计算结果平均值作为理论值响应，对比 G3 方案和 G3L 方案下的 R 的累积概率分布差异，结果如图 3.3 - 4所示。在不加控制单条记录反应谱离散性的时候，G3 方案计算结果的离散性过大，该方案在罕遇地震水平下，R 最大值在 90% 累积概率下接近 5，即计算结果可能达到理论均值响应的 5倍之巨！如果在实际工程实践中选用了该组计算结果作为验算结果，已经远超规范的安全范畴；常遇地震水平下 R 的最大值较小，但也达到了 2.2。而通过控制单条记录离散性，G3L 方案在常遇和罕遇地震下均可以保证 90% 累积概率下的 R 计算结果控制在 1.5 以内。较好控制了结果的离散性和稳定性。

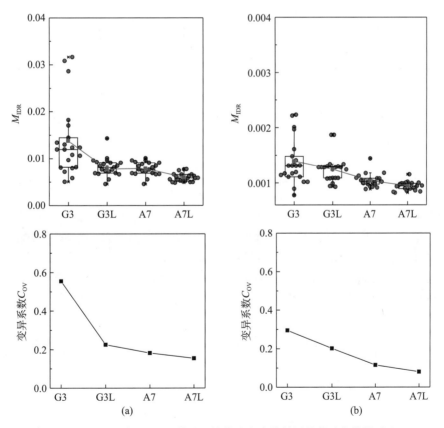

图 3.3 - 4　不同记录选取数量下结构响应参数结果均值及离散性对比

（a）8 度罕遇地震；（b）8 度常遇地震

　　上述基于实际结构算例得到的计算结果分布和前文基于蒙特卡罗模拟结构响应分布得到的结论是吻合的。不论是 3 条记录响应结果选取最大值的记录选取方案，还是采用 7 条记录选取平均值来估计结构响应，控制单条记录的离散性都是必须的，对于前者来说该步骤的意义更加显著。综上所述，除了记录选取数量外，记录间的离散性同样会传递到最后的响应估计结果，随着记录数量增大该影响变小。在我国目前的抗震规范框架中，仅仅规定了最后平均地震动反应谱与规范目标谱的相对误差，却忽略了记录反应谱彼此之间的相对误差，这样忽略响应值之间离散性的操作会极大影响最后的结构响应估计，甚至在实际操作中存在利用人造地震动"拼凑"的现象。

　　需要注意的是，受数据库容量限制，增加对单条记录离散性的控制会限制最终满足条件的记录选取数量，因此需要选择适当的相对误差控制水平（本案例为 50%），这个问题应视具体的记录选取数量情况进行适当调整。

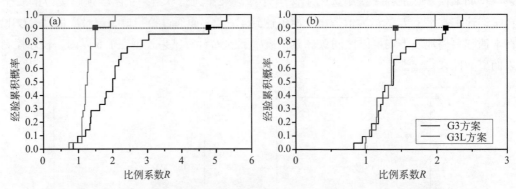

图 3.3 - 5　3 条记录选取最大值，约束单条记录离散性前后结果分布对比

(a) 8 度罕遇地震；(b) 8 度常遇地震

3.3.3　考虑数量与离散性的保证率分析

　　前文理论分布计算和数值模拟结果均表明，3 条记录响应中选取最大值的记录选取方案更容易受到记录选取离散性的影响，得到的计算结果虽然具有规范要求的保证率，但是稳定性很难得到保证。通过增加记录选取数量以及控制单条离散性，可以较稳定地通过多条记录均值实现对结构理论响应值的估计。Bradley（2011）提出直接在计算结果对数均值 $\mu_{\ln x}$ 基础上计算对应概率分布的 0.84 分位值 $\mu_{\ln x | 0.84}$，得到规范要求的保证率为 84% 的设计值计算原理如图 3.3 - 6 所示。实际工程应用中无法像本章这样进行大样本的数值模拟以确定结构响应均值的分布情况，为了兼顾简洁性和计算效率，Bradley 基于蒙特卡罗模拟结果拟合得到了考虑计算响应结果离散性 $S_{\ln x}$ 和记录选取数量 N_{gm} 的修正系数 $R_{X,0.84}$ 计算经验公式，如下式所示。

$$R_{X,\,0.84} \approx \exp\left(\frac{S_{\ln x}}{\sqrt{N_{\mathrm{gm}}}}\left(\frac{N_{\mathrm{gm}}}{20}\right)^{1/10}\right) \tag{3.3 - 2}$$

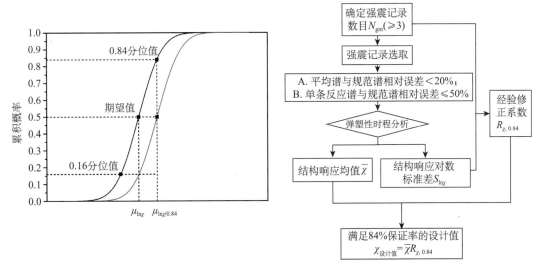

图 3.3 - 6　满足 84% 保证率的设计值计算流程示意图

　　为了验证修正系数 $R_{\chi, 0.84}$ 在我国抗震规范记录选取要求下的适用性，我们仍以前文使用的 10 层平面框架在 8 度罕遇和常遇地震设防水平下的数值模拟结果为基础，对比 $R_{\chi, 0.84}$ 经验公式修正后的设计值与实际响应分布的 0.84 分位值的差别。首先随机抽取满足我国抗震规范要求的 21 组×7 条强震动记录，得到结构响应 MIDR 的经验累积概率分布曲线，然后计算 0.84 分位值。基于每一组结构响应的均值与离散性，依据 $R_{\chi, 0.84}$ 经验公式计算对应的设计值。虽然每组的记录选取数量均为 7 条，但是各组记录下结果的离散性均有所差异，因此各组对应的经验修正系数 $R_{\chi, 0.84}$ 并不相同。修正前后设防水平下，对于约束单条离散性的 A7L 方案而言，经过经验修正公式计算得到的设计值分布的期望与原始分布的 0.84 分位值基本吻合，验证了该经验公式的可行性。如果不对单条离散性进行约束，那么结构响应均值要比理论均值响应偏高，因此 A7 方案下修正得到的设计值期望要比实际 0.84 分位值略高。

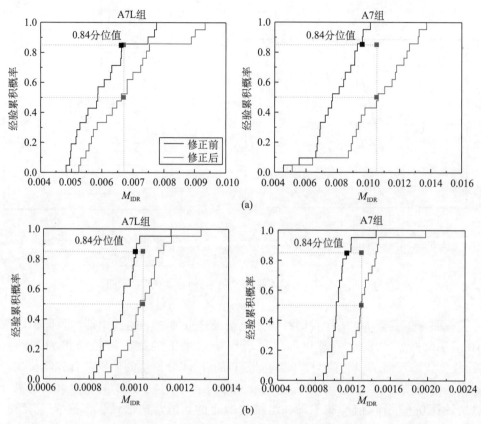

图 3.3 - 7　采用 $R_{X,0.84}$ 经验公式修正前后 MIDR 累积分布曲线对比

(a) 8 度罕遇地震；(b) 8 度常遇地震

3.3.4　小结

通过蒙特卡罗模拟抽样，对比了我国抗震规范不同记录数量方案下的结果响应的概率分布。进而以某实际 10 层平面框架为例，基于我国抗震规范的记录选取要求，在 8 度罕遇和常遇地震设防烈度下，对比了不同记录选取数量方案下数值模拟结果的分布差异。进一步研究了控制地震动输入记录间离散性对最终计算结果分布的影响。最后，探讨了基于我国规范要求，在均值估计值基础上计算 0.84 分位值的经验修正公式，得到以下结论：

（1）3 条强震动记录响应选取最大值和 7 条强震动记录选取平均值的结果分布存在较大差异：二者期望值并不一致，前者得到的结果具有一定的保证率，但是保证率随离散性变化会出现较大波动，在较大离散性下，计算结果的上下限差异过大，容易给出偏于保守的结果；7 条记录结果选取平均值方案下的计算结果期望值为结构理论响应均值本身，虽然同样受离散性影响，但是相对来说较为稳定。

（2）10 层平面 RC 框架时程分析算例表明，在 8 度罕遇设防和常遇设防水平下，不控制离散性的 3 条记录响应值选取最大值方案（G3 方案）无论是在 MIDR 预测结果均值还是离散性上，均要显著高于其余各种方案。在罕遇地震设防要求下这种差别更为明显，MIDR 均值是 A7L 方案计算结果的两倍之多，而表征结果离散性的变异系数 C_{ov} 达到了 0.6。通过控制单条记录离散性，显著降低了 G3 方案计算结果分布的离散性，比例系数 R 控制在 1.5 以内。对比结果表明，不论采用 3 条记录选取最大值的记录选取方案以得到具有一定保证率的计算结果，还是采用 7 条记录选取平均值来估计结构理论响应值，均有必要控制输入记录的离散性，否则会传递并最终影响结构的响应估计值。

（3）在我国规范现有的记录选取框架下，衔接现有的研究成果，提出利用经验修正公式稳定估计规范要求的 84% 保证率结果的计算流程。10 层平面框架时程分析验算结果表明，对于约束单条离散性后的 7 条强震动记录工况而言，采用修正经验公式计算得到的设计值均值和实际分布的 0.84 分位值是基本吻合的，验证了该经验公式的可行性。如果不对输入记录离散性进行约束，基于该经验公式修正的设计值要比理论的 0.84 分位值略高。

本书建议在我国抗震规范时程分析输入地震记录选取中，尽可能采用 7 条及以上强震动记录来对结构响应进行估计，同时对输入强震动记录的离散性进行控制，最后采用经验修正公式修正得到满足规范要求保证率的结果。

3.4　我国《建筑抗震设计规范》强震动记录选取

首先对我国抗震规范设计谱做简要介绍，后续均以该设计谱为目标谱，所介绍的匹配规范目标谱的流程和思路同样适用于其他规范的设计谱，本书附录将其进行了归纳，供感兴趣的读者查看。

GB 50011—2001《建筑抗震设计规范》应用新的自由地面加速度记录样本进行统计和最小二乘法拟合，构建了周期长达 6.0s，且分成四段的加速度反应谱，2010 年修订时，参数进行了微调，形成了我国现行抗震规范的反应谱骨架曲线（图 3.4-1）。

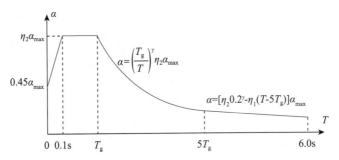

图 3.4-1　《建筑抗震设计规范》（GB 50011—2010）反应谱骨架曲线

反应谱曲线分为四段，即直线上升段（0～0.1s）、加速度控制平台段（0.1s～T_g）、速度控制曲线下降段（T_g～$5T_g$）、位移控制直线下降段（$5T_g$～6.0s）。为了不使长周期反应谱值下降过快，人为抬升了速度控制段和位移控制段。阻尼比为 0.05 时，速度控制曲线下降指数 $\gamma = 0.9$，位移控制段由二次曲线下降改为按直线下降，下降斜率 $\eta_1 = 0.02$。确定反应谱平台段和特征周期 T_g 时，对加速度记录的水平分量，按主、次向及近、远震和不同场地类别分组，求出各组里每一个记录分量的加速度反应谱，经平滑处理得到平滑后的加速度反应谱，再进一步求得各组某一分量的平均加速度反应谱曲线。考虑到强震动记录的离散性，取平均反应谱峰值减一个标准差得到反应谱的加速度平台段，对应的动力放大系数 $\beta_{max} = 2.25$，该平台段与反应谱下降段（速度控制段）的交点即为反应谱特征周期 T_g。

3.4.1　推荐的记录选取流程

1. 地震信息初选与场地参数确定

参考 3.2 节相关内容，这里不再赘述。

2. 记录调幅

首先，在目前的强震动记录的积累水平下，采用非调幅的原始强震动记录并无法保证足够满足初选条件的天然强震动记录与规范目标谱匹配。我国现行抗震规范明确规定选用记录的幅值应满足"表 5.1.2-2 时程分析所用地震加速度时程的最大值"。因此，本节讨论的记录调幅方式为时程的幅值线性放缩，而不涉及对记录频谱成分的修改。

表 3.4-1　时程分析时地震动加速度时程最大值（cm/s^2）

地震影响	6	7		8		9
多遇地震	18	35	55	70	110	140
罕遇地震	125	220	310	400	510	620

匹配抗震规范目标谱时应当采用峰值加速度（PGA，Peak Ground-motion Acceleration）还是有效峰值加速度（EPA，Effective Peak Acceleration）仍然存在争议。PGA 为地震动加速度时程的最大值，其优点是，计算方便、尺度统一、便于量化，是地震工程最早研究关注的强度指标之一，在结构工程研究领域也积累了大量的相关成果。其缺点是，可能因为少数高频分量造成地震动加速度时程的 PGA 很高，但是其对于长周期结构的地震响应影响并不大。有效峰值加速度（EPA）为反应谱加速度控制段和动力放大系数的比值，具有更为明确的物理意义，与我国抗震时程分析需要与反应谱 CQC 法结果相对比的需求较为契合（王亚勇，2020）。控制 EPA 进行记录调幅相当于变相控制了反应谱的加速度平台段。但是其同样存在以下缺点：①定义方式不统一；我国采用的 EPA 定义是 5% 阻尼比的单自由度体系在周期范围 0.1~0.5s 的谱加速度反应的平均值除以放大系数。需要注意的是，GB 50011—2010《建筑抗震设计规范》定义的动力放大系数为 2.25，而 GB 18306—2015《中国地震动参数区划图》定义的动力放大系数为 2.5。二者的差异将在 3.5 节做进一步讨论。除了以上定义，还有基于弹性体系结构反应幅值进行定义的，如国外抗震规范采用的 0.2s 的加速度反应谱与放大系数的比值，以及基于加速度时程能量进行定义等。多样的定义方式本身是不利于该指标作为记录选取调幅依据的。②不同于采用大量反应谱平均得到的规范谱，计算单条记录反应谱的 EPA 时往往需要进行人为的平滑处理，而不同的平滑方式计算得到的 EPA 结果是有差异的，这种差异会在调幅后进一步放大，并传递到后续的计算中。③EPA 的定义本质上仍然

是对加速度平台段的控制，对于位移平台段和速度平台段的控制是无法兼顾的。此外，虽然EPA与PGA存在较高的相关性，但是当地震波的短周期成分较为显著时，PGA一般是大于EPA的，放大系数2.25或2.5只是大量地震样本统计平均的结果，并不代表单条记录反应谱特性。现实中强震动记录反应谱型往往较为复杂，在计算EPA的短周期段更是具有较大的起伏波动，在记录数据库中如果依据EPA进行调幅遴选，往往导致调幅后的反应谱整体谱型无法控制。虽然可能搭配人造地震动能实现平均反应谱的相对误差满足反应谱匹配特性，但是单条反应谱的离散性会传递到后面的记录选取以及结构响应中，这一点在3.3节中已经做了充分的论证与说明。

综上，EPA并不适合在包含大量记录的数据库中作为调幅系数来放缩反应谱，需要事先挑选若干条大致符合设计反应谱频谱特征的记录作为备选数据，否则会导致最后计算结果的离散性过大。本书仍然推荐采用计算更为稳定，结果更为鲁棒的PGA作为调幅系数，但是EPA可以在记录初选时进行幅值大小参考，可以一定程度避免一些具有高频尖刺特征的较大PGA幅值的记录进入备选库。

下面讨论PGA调幅系数的范围问题，即记录放缩比例应当取多少才合适？调幅系数对结构非线性的响应本质上是由于非目标周期外谱型的不合理改变导致的。如果可以实现对全周期进行设计谱谱形匹配，那么只需在调幅系数尽量接近1的前提下，可以保证在当前强震动数据库下有足够记录进入备选即可。因此调幅系数范围的主要决定因素是地震数据库本身。考虑到记录选取实践中，小震数据偏多，因此调幅系数主要关心的是上限不宜过大。

对强震动记录进行地震参数筛选后，采用抗震规范中不同设防等级下的罕遇地震输入加速度峰值PGA作为目标值反算出对应的记录调幅系数。对比我国强震动记录与NGA-West1数据库的PGA-震级/距离分布情况，如图3.4-2所示。中国仅有18%的强震动记录震级为6级以上，其余记录均集中于4~6级，与此相反，NGA-West1数据库中80%以上的记录均为6级以上。这也造成了我国强震动记录虽然在数量上多达NGA-West1数据一倍，但是100Gal（cm/s²）以上强震动记录显著少于NGA-West1强震动记录数据库。此外，中国记录具有显著的"大震远场，小震近场"的分布特点，6级以上地震事件有很大一部分都位于200km之外，近场数据却相对较少。中、外数据库的幅值、震级、距离的分布差异都是本书后面制定记录选取方案和标定相应参数范围时需要考虑的要素，如果简单使用中外强震动记录合并的结果作为最终记录选取数据库，上述这些问题很容易直接导致记录选取结果被国外数据"淹没"，这与充分考虑中国记录的初衷是相违背的。需要根据数据库之间的差异来进行针对性的调整，对应的调幅系数经验累积概率函数如图3.4-3所示。除了9度罕遇地震，对于NGA-West1数据库来说，调幅上限不超过10可以保证大致有80%的记录可以满足选取条件，在不超过5时可以保证有一半以上的记录满足条件。对于小震偏多的我国数据库而言，为了保证80%的记录可以参与到后面的匹配，调幅系数要至少达到15，在调幅上限为10时，约有20%~50%的记录参与后面的匹配。结合上述对比结果，对于NGA-West1数据库选择 [0.2~5] 为初始调幅区间，调幅上限可以浮动到10，如果超过该调幅区间，则已经不能明显提高记录的参与数量并改善最终结果。对于中国数据库来说，以 [0.2~10] 作为初始的调幅范围。

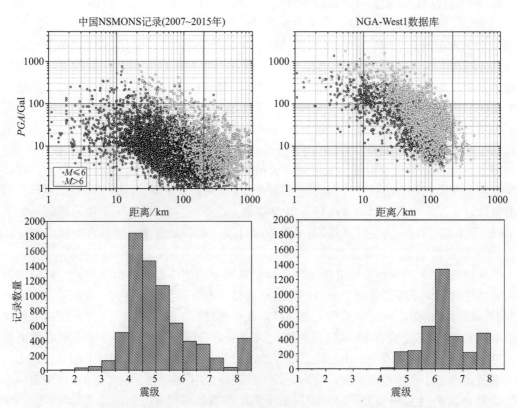

图 3.4-2 我国强震动记录数据（2007~2015 年）以及 NGA-West1 强震动记录数据库 PGA、
震级、距离分布对比图

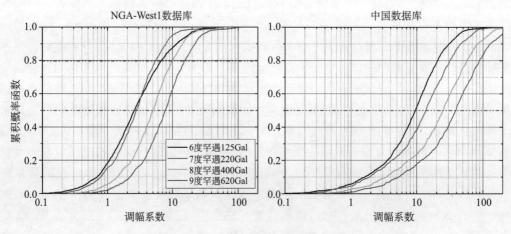

图 3.4-3 调幅系数累积概率分布函数

3. 全周期最小二乘匹配

经过第 2 步对 PGA 进行线性调幅后，将强震动记录与规范目标谱在 0.01s 到 6.0s 之间进行匹配，按照最小二乘求误差的思路，采用公式（3.4-1）计算记录反应谱 $S_a(T)$ 与目标谱在整个周期段的偏差平方和 δ，其中 $a(T_i)$ 为周期点 T_i 处的权重值，$a(T_i)$ 均取为 1 意味着各周期点的匹配权重相等，即全周期最小二乘匹配。选取 δ 最小的前 7 条强震动记录作为初选结果。与规范谱的平滑曲线形状不同，实际反应谱在整个周期段尤其是平台段一般波动较大，而长周期段较为平滑。因此进行匹配时，目标周期点可以不采用线性坐标，而采取对数坐标均匀分布，周期点数量越多结果越精确。依据实际记录选取经验，在周期范围为一个量级跨度范围内点数不低于 50 个就可以足够保证结果准确。本章将 0.01s 到 6.0s 共分了 90 个周期点来进行覆盖。

$$\delta = \sum_{i=1}^{N} a(T_i) \left[\ln S_a(T_i) - \ln S_a^{\text{target}}(T_i) \right]^2 \tag{3.4-1}$$

4. 优化权重函数匹配

第 3 步中记录初选结果的平均加速度反应谱与规范谱的相对误差可以认为周期 T_i 的函数 $\mu(T_i)$，计算公式如式（3.4-2）所示。GB 50011—2010 要求记录选取的平均谱应当在目标周期附近与目标谱相差小于 20%，以此为依据评判记录选取结果的匹配优劣程度。假设在某个周期点，$\mu(T_i)$ 显著高于 20%，那么证明该点的匹配结果是不满足要求的，我们应当在式（3.4-1）中提高该周期点的权重 $a(T_i)$，反之相对误差越小，证明匹配结果越好，对应的权重可以不做调整。

目前不管是国内学者建议的规范谱双频段记录选取方法，还是国外抗震规范建议的 $[0.2T_1 \sim 1.5T_1]$ 或 $[0.2T_1 - 2.0T_1]$ 周期段匹配方案，其本质都是缩小了目标周期段从而变相增加了该周期段相较其他周期段的权重，忽略了其他周期段（权重为 0），往往造成匹配结果在非目标周期段匹配结果离散性很大，平均谱与目标谱差别也较大，结果难以被工程接受。另外，局部周期段匹配方法必须事先确定结构的自振周期和可能受影响的目标周期段，不同结构给出的备选强震动记录集是存在差异的，对于强震动记录数据库难以获得或者处理存在困难的工程研究人员来说，这无疑是很不方便的。因此，为了可以得到全周期段的强震动记录匹配结果并兼顾计算效率，本章提出如下思路解决该问题：在第 3 步全周期记录选取的基础上，采用公式（3.4-2）和（3.4-3）来优化原始的等权重函数，然后重复第 3 步进行全周期变权重函数的最小二乘匹配。如果最终记录选取要求的数量为 n 条，本步骤一般选取偏差最小的前 $2n$ 条作为备选，采用前 n 条作为初选结果，后 n 条以供后面进一步筛选时替换或者补充。

$$\mu(T_i) = \left| \frac{S_a(T_i)^{\text{average}}(\text{record1}, \text{record2}, \cdots, \text{record7}) - S_a(T_i)^{\text{target}}}{S_a(T_i)^{\text{target}}} \right| \times 100\%$$

$$\tag{3.4-2}$$

$$a(T_i) = \frac{\mu(T_i) + 1}{\max(\mu(T_1) + 1, \ \mu(T_2) + 1, \ \cdots, \ \mu(T_n) + 1)} \quad\quad (3.4-3)$$

　　换言之，对于同一个数据库采用两轮记录选取，利用全周期最小二乘匹配得到的相对误差函数来构建权重函数，经过第一轮记录选取后平均谱的相对误差越大，第二轮赋予成比例的相对权重。实践表明这种做法可以有效修正普通最小二乘法在全周期匹配在某些局部周期段匹配结果不佳的问题。如果第一轮记录选取后已经实现了均值谱与目标谱相差 20% 以内，那么第 4 步是可以省略的，这时候修改权重函数可能反而使结果变差。如果经过第 4 步的优化权重匹配后效果依然不佳，可以将调幅系数上限上调或者放宽第 1 步的地震信息初选条件以增加记录数量。

5. 速度脉冲记录

　　本章的研究重点是一般建筑结构在规范目标谱下的强震动记录选取，因此在识别结果中去除了脉冲型记录后，用上一步中的剩余候选记录补足规范要求的记录数量，然后重新计算新记录组合的平均谱是否满足规范的相对误差要求。

6. 记录选取结果

　　经过第 1 步的地震信息筛选后，国内外强震动记录数据库由于记录分布的客观差异会导致最终参与记录选取的记录数量差异较大，为了保证最终记录选取结果的稳定性同时兼顾我国强震动记录，我们建议 7 条强震动记录中至少包含 2 条中国的强震动记录。当然，随着时间的发展和我国记录数据库的进一步积累，其比例可以适当增加，保证最后匹配结果满足要求即可。

　　将上文建议的基于我国抗震规范目标谱的强震动记录选取步骤整理于图 3.4-4，分别对 NGA-West1 数据库和我国数据库设计了不同尺度和细节的记录选取流程，最终结果由上述两部分数据库的记录选取结果组成。

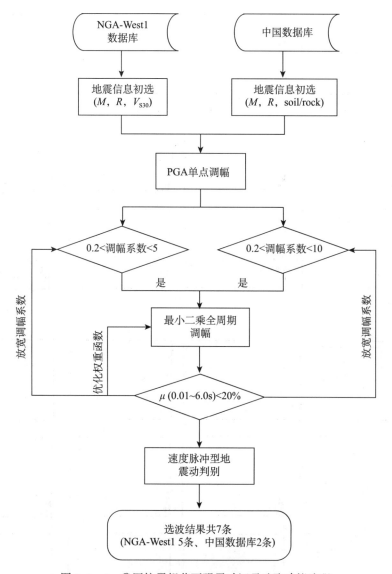

图 3.4 - 4　我国抗震规范下强震动记录选取建议流程

3.4.2　不同选取方案对比

下面首先对比 [$0.2T_1$ ~ $1.5T_1$] 周期段匹配和双频段记录选取方案这两种局部周期段匹配方案。假想结构所在的目标场址位于设防烈度 8 度，场地类别 Ⅱ 类，设计地震分组第二组，结构自振周期分别为 1.0、1.5、2.0、2.5s，匹配结果如图 3.4 - 5 所示，地震动参数以及场地参数的筛选区间，调幅方式，调幅系数范围等具体流程均与前文规定相同。

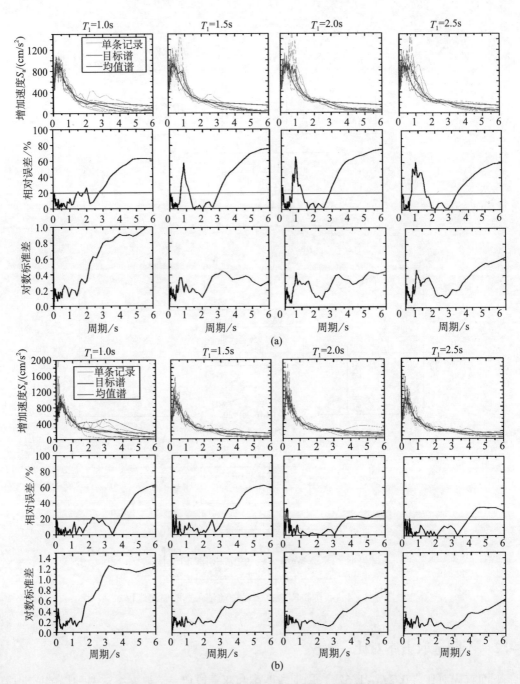

图 3.4 - 5　不同记录选取方案的匹配结果及相对误差

（a）双频段记录选取结果；（b）［0.2T_1~1.5T_1］记录选取结果

由上图3.4－5可知，双频段记录选取方案和［$0.2T_1 \sim 1.5T_1$］记录选取方案下的均值谱在非目标周期段都出现了与规范目标谱较大的偏差，尤其是在较长周期处最大误差可以达到70%以上，离散性方面非控制周期段也显著高于控制周期段，对数标准差高于0.4。

下面对比等权重函数和本章优化权重函数下的全周期段记录选取结果。如图3.4－6所示，等权重全周期匹配方案在较宽的周期段有较好的表现，但是在长周期段出现了较明显的偏差，最大相对误差达到45%，离散性也是其他周期段的两倍之多。采用优化权重函数调整后，长周期段的匹配结果明显变好，在［$0.01s \sim 6.0s$］周期段的记录平均谱与规范谱的相对偏差均保证在20%以下，使得长周期部分不会由于权重不足导致匹配出现显著偏差，离散性也较好地控制在对数标准差0.4以内。从最终匹配结果来看，优化权重函数法不仅可以保证结果的稳定性与离散性，同时操作简单计算效率高，对于同一个数据库采用两次记录选取即可完成。值得指出的是，该方法虽然是全周期匹配方案的优化方案，同样可以应用于改善局部周期匹配记录选取结果。

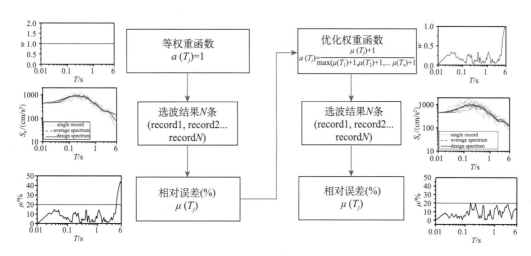

图3.4－6　等权重函数和优化权重函数强震动记录选取

3.4.3　结构建模与响应估计

采用12层和3层的两个3跨钢筋混凝土平面框架作为算例，通过对其进行弹塑性时程分析来对本章提出的记录选取方案做长周期段和短周期段的可靠性验证。上述两个结构均位于8度设防地区，Ⅱ类场地，设计地震分组第二组，依照我国现行抗震规范进行设计配筋，目标结构的立面简图见图3.4－7，各层梁、柱尺寸见表3.4－2。12层框架结构混凝土类型为C40，3层框架结构混凝土类型为C30混凝土，钢筋均采用HRB335型。各层楼层框架梁上均作21kN/m的等效均布荷载。采用平面非线性结构分析软件IDARC 2D对其进行建模分析。破坏模型为集中塑性模型，材料滞回本构为三线性骨架。采用模态分析后得到12层框架的前两阶振型周期分别为$T_1 = 1.37s$和$T_2 = 0.47s$，振型质量参与比例分别为83%和11%。3层框架的前两阶振型周期分别为$T_1 = 0.67s$和$T_2 = 0.20s$，振型质量参与比例分别为87%和10%。

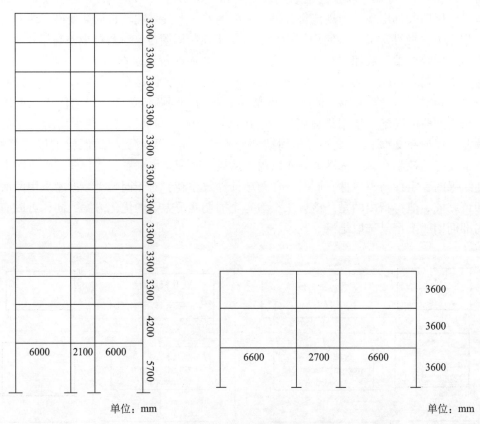

图 3.4 - 7 12 层平面框架和 3 层框架算例立面尺寸示意图

表 3.4 - 2 梁、柱截面尺寸

结构	楼层	边、中柱（$b×h$）（mm）	边跨梁（$b×h$）（mm）	中跨梁（$b×h$）（mm）
12 层框架	层 1~2	600×600	650×250	400×250
	层 3~4	550×550	650×250	400×250
	层 5~8	500×500	650×250	400×250
	层 9~12	600×600	500×250	300×250
3 层框架	层 1~3	500×500	500×250	300×250

为了对不同记录选取方案的结果进行评价，首先需要解决的问题是估计该结构在设防地震动下的响应"真值"。这里采用 2007 年 Waston-Lamprepy and Abrahamson（2006）提出的 High-End Prediction（HEP）概念来计算结构在规范谱下的"真值响应"。其基本思路为：首先选取一定数量具有代表性的地震动记录，输入目标结构逐一进行非线性动力分析，拟合得到结构地震响应参数和地震动参数指标 *IM* 之间的经验预测方程。理论上，当选用足够完备

的 IM，并且拟合时记录的数量可以保证，在不考虑倒塌影响的前提下，拟合结果的对数中位值可以无限逼近结构的非线性响应。该方法在 2009 年 PEER 牵头的 GMSM（Ground Motion Selection and Modification）项目中被当作多种强震动记录选取方案结果评价的主要依据（Haselton et al.，2009）。

　　本章采用目前广泛使用的美国 ATC-63（2008）推荐的 44 条中远场强震动记录作为输入地震动，以最大层间位移角 $MIDR$ 作为结构响应参数，以结构自振周期 T_1、二阶自振周期 T_2、1.5 倍自振周期 $1.5T_1$ 以及 2 倍自振周期 $2.0T_1$ 的加速度反应谱值作为地震动参数指标，分别建立如下四种 $MIDR$ 估计模型如式（3.4-4）所示：

模型 A：$\ln(MIDR\%) = b_0 + b_1\ln S_a(T_1) + b_2\ln S_a(T_2)$

模型 B：$\ln(MIDR\%) = b_0 + b_1\ln S_a(T_1) + b_2\ln S_a(T_2) + b_4\ln S_a(2.0T_1)$

模型 C：$\ln(MIDR\%) = b_0 + b_1\ln S_a(T_1) + b_2\ln S_a(T_2) + b_3\ln S_a(1.5T_1)$

模型 D：$\ln(MIDR\%) = b_0 + b_1\ln S_a(T_1) + b_2\ln S_a(T_2) + b_3\ln S_a(1.5T_1) + b_4\ln S_a(2.0T_1)$

$$(3.4-4)$$

　　上述四个模型的系数拟合结果、相关系数 r^2 以及拟合残差标准差 θ 如表 3.4-3 所示。可以看到，随着参与拟合的地震动强度指标逐渐增加，从仅仅考虑结构自振周期到考虑结构其他振型（这里主要指第二阶振型）和周期延长对结构弹塑性响应的影响。预测模型从模型 A 到模型 D，表征拟合结果优度的相关系数 R^2 逐渐增大，而体现结果离散性的残差标准差逐渐变低，表明随着考虑 IM 指标的增加，结构响应的预测结果逐渐趋于稳定。模型 D 的相关系数 R^2 分别达到了 0.839 和 0.851，与模型 C 的预测值差别已经很不显著了，可以不用继续增加 IM 指标来改善预测结果了。

　　下面分别以我国抗震规范中Ⅱ类场地第二分组在 7、8 度罕遇地震下的规范谱作为目标谱（工况 A 和工况 B），将对应周期点的规范谱值代入上述预测模型，得到算例结构的 $MIDR$ 预测结果见表 3.4-3。工况 A、B 下，12 层框架 $MIDR$ 响应预测值为 0.0037 和 0.0065。工况 A、B 下的 3 层框架的 $MIDR$ 预测值为 0.0051 和 0.0102。采用模型 D 的预测结果作为最终结果。

表 3.4-3　算例结构层间位移角预测方程及不同工况下计算结果

预测方程参数	12 层框架				预测方程参数	3 层框架			
	模型 A	模型 B	模型 C	模型 D		模型 A	模型 B	模型 C	模型 D
b_0	0.255	0.2382	0.2091	0.2151	b_0	0.2656	0.7335	0.8706	0.8832
b_1	0.1727	0.6183	0.5412	0.5936	b_1	0.6631	0.5293	0.4055	0.4103
b_2	0.5473	0.4013	0.3491	0.3512	b_2	0.1998	0.1491	0.0621	0.0679
b_3	0.0000	0.0000	0.3376	0.2536	b_3	0.0000	0.0000	0.6761	0.6090

预测方程参数	12 层框架				预测方程参数	3 层框架			
	模型 A	模型 B	模型 C	模型 D		模型 A	模型 B	模型 C	模型 D
b_4	0.0000	0.2829	0.0000	0.0914	b_4	0.0000	0.4046	0.0000	0.0627
r^2	0.715	0.818	0.836	0.839	r^2	0.647	0.785	0.849	0.850
θ	0.221	0.177	0.168	0.166	θ	0.2962	0.2312	0.194	0.193
工况 A 预测值	0.0035	0.0038	0.0037	0.0037	工况 A 预测值	0.0051	0.0047	0.0050	0.0050
工况 B 预测值	0.0065	0.0068	0.0063	0.0065	工况 B 预测值	0.0085	0.0091	0.0099	0.0099

3.4.4　不同记录选取方案模拟结果对比

以工况 A、B 两种情况下的规范谱为目标谱，采取下面三种方案进行强震动记录选取：①方案 1：双频段匹配方案；②方案 2：$[0.2T_1 \sim 1.5T_1]$ 周期段匹配方案；③方案 3：优化权重全周期段记录选取流程。由于本节主要为了客观评价对比各记录选取方案下结果，因此记录选取的数量不宜过少，以尽量避免某几条强震动动记录的离散性在小样本数据里造成的影响，以每种记录选取方案下匹配程度最优的前 25 条作为备选记录，依上节所叙述方法识别并剔除其中的脉冲型地震动后，计算结构的最大层间位移角 MIDR，并将结果中位值与预测模型得到的响应值进行比较，结果见图 3.4-8。两个算例结构在三种记录选取方案下的数值模拟响应中位值和变异系数 c_v 整理于表 3.4-4。

表 3.4-4　不同记录选取方案下最大层间位移角结果中位值与离散性

目标工况	记录选取方案	12 层框架			3 层框架		
		数值模拟 响应中位值	响应 预测值	c_v （%）	数值模拟 响应中位值	响应 预测值	c_v （%）
工况 A	方案 1	0.0033		19.3%	0.0042		16.9%
	方案 2	0.0030	0.0037	17.2%	0.0042	0.0050	12.3%
	方案 3	0.0036		14.4%	0.0049		20.1%
工况 B	方案 1	0.0060		27.1%	0.0081		32.2%
	方案 2	0.0052	0.0065	20.8%	0.0075	0.0099	29.5%
	方案 3	0.0069		15.5%	0.0097		26.3%

下面从响应中位值和离散性两个角度分析，对于 12 层框架来说，方案 1 在两种工况下的结果中位值均低估了 10% 左右，而采用 $[0.2T_1 \sim 1.5T_1]$ 为目标周期段的方案 2 在工况 A、B 下比预测值低估了 15% 到 20%，本章提出的优化权重匹配方案 3 的结果中位值在工况 A 下与响应预测值基本一致，在工况 B 下 12 层框架的响应值轻微高估了 7%；对于 3 层框架

来说，方案 1 和方案 2 的低估现象同样显著，而方案 3 下响应值中位值在工况 A，B 与预测值都基本一致。这证明了仅匹配局部周期段的方案 1 和方案 2 忽略了其他周期段谱形对结果的影响，在非目标周期段的过大差异会造成结果出现差异（图 3.4－8），即使结构是较短周期的 3 层框架该问题依然存在。就本章对比结果来说，方案 1 的表现是要略微好于方案 2 的，主要有两个原因：①虽然方案 1 下记录反应谱的长周期段是显著低于设计目标谱的，但是反应谱平台与自振周期 T_1 之间的中长周期段的记录选取结果的平均反应谱反而高于设计目标谱，这两部分非周期段的误差最终"抵消"掉了对结构响应的影响。②本章的选取结构仍属于第一第二振型占主导的二维平面规则框架结构，而双频段的记录选取方案恰好较好

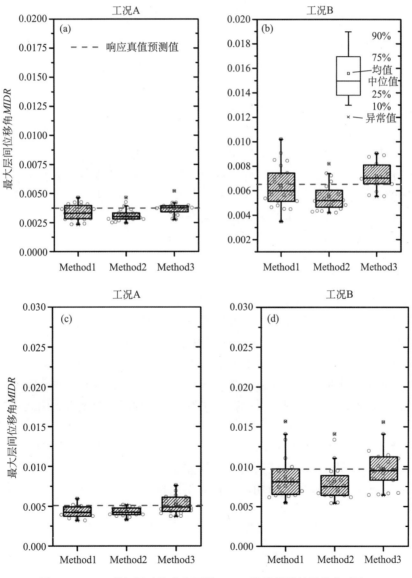

图 3.4－8　三种记录选取方案下的 *MIDR* 数值模拟结果分布对比

覆盖了上述两个关键周期段。总而言之，记录选取方案 3 由于更好控制了全部周期段的匹配结果，响应中位值的计算结果要优于其他两种方案。

除了响应中位值外，结构响应离散性是评价记录选取方案稳定性和样本数量的另一个重要指标。12 层框架在工况 A 下，方案 1 和方案 2 的变异系数分别为 19.3% 和 17.2%，方案 3 的变异系数为 14.4%。工况 B 下，方案 1 与方案 2 的变异系数达到了 27.1% 和 20.8%，而方案 3 的变异系数仅为 15.5%；3 层框架由于结构自振周期较短，工况 A 下结构响应受第一振型的影响显著，方案 3 的离散性在输入强度较低的工况 A 下要略高于其余两种方案，而在地震动输入水平较大的工况 B，方案 1 和方案 2 的响应离散性变大，而方案 3 的变异系数依然稳定于较低的数值。整体上本章提出的记录选取方案 3 的离散性要优于方案 1 和方案 2，当地震动输入强度水平较大时在长周期结构上这种优势更加显著。

本节建议的记录选取方案最终目的并不是针对某个特定结构进行局部周期段记录选取或者调整结果，而是希望可以给出一组合理的针对全周期段的记录匹配结果备选强震动记录供工程人员选用。另外，作为面向抗震规范罕遇地震下的结构验算，留出一定的安全冗余是有必要的，传统记录选取方案的结果由于并不考虑非目标周期段的谱形特征，结构响应中位值往往出现偏大或者偏小，而较大的离散性意味着需要更多的记录选取数量和选择计算成本（见 3.3 节）。在实际工程应用和科学研究中，由于结构形式复杂或者未完全确定等种种原因，传统强震动记录选取方案的最大瓶颈和约束就是无法提前估计目标匹配周期区段。而本章所给出的方案并不需要事先确定目标结构特性如结构自振周期等参数，就可以得到相对稳定可靠的备选记录数据集，国内外快速积累的强震动记录为该方法的应用和实现提供了数据基础。同时避免了工程或研究人员事先进行强震动记录处理、建库、筛选等繁琐流程，将强震动记录选取工作独立出来，具有重要的工程实用价值。

3.4.5　推荐的强震动记录集

以我国 2007~2015 年的强震动记录数据和美国 NGA-West1 强震数据库为基础，依据所提出的强震动记录选取流程给出我国抗震规范中不同设防水平下的备选记录数据集，每组工况均给出 7 条记录，5 条来自 NGA-West1 数据库，2 条则来自我国强震动记录，所选数据集的地震信息见表 3.4 - 5。除 9 度罕遇地震由于地震动客观输入水平过大导致调幅系数较大外，整体上调幅系数还是较好控制在了 0.2~10 以内。从选取结果的地震事件构成来看，我国强震动记录库的匹配结果仍以汶川地震事件为主，这种现象会随着我国记录的积累进一步改善。

各组记录平均反应谱的匹配情况见图 3.4 - 9，在采用优化权重方案的前提下，除某些局部周期外，整个周期段平均反应谱的相对误差基本均控制在 20%，即使在反应谱平台段等与实际反应谱形状相差较大的周期段，相对误差也没有超过 30%，基本实现了全周期段的反应谱匹配。

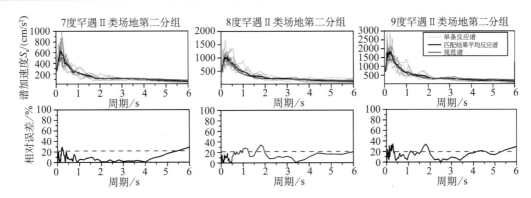

图 3.4-9　不同工况目标谱下强震动记录备选数据反应谱匹配结果以及相对误差

表 3.4-5　强震动记录推荐数据集信息

	地震事件	震级	记录	V_{S30}/（m/s）	距离/km	调幅系数
7度罕遇地震Ⅱ类场地第二分组	KOCAELI 地震	7.5	MCD090.at2	424.8	90.66	3.71
	LOMAP 地震	6.9	STG090.at2	370.8	27.23	0.78
	CHICHI 地震	7.6	TCU049-E.at2	487.3	38.91	0.86
	IMPVALL 地震	6.5	H-E08230.at2	206.1	28.09	0.55
	IMPVALL 地震	6.5	H-CAL225.at2	205.8	57.14	1.97
	20090828095207 地震	6.6	063XTS.ns	土层	42.51	9.7
	汶川地震	8.0	051DXY.ew	土层	44.14	1.77
8度罕遇地震Ⅱ类场地第二分组	CHICHI 地震	7.6	TCU049-E.at2	487.3	38.91	1.55
	DENALI 地震	7.9	ps11336.at2	376.1	189.65	6.33
	CHICHI 地震	7.62	TCU060-E.at2	272.6	45.37	2.26
	IMPVAL 地震	6.53	H-E05140.at2	205.6	27.8	0.87
	LANDERS 地震	7.28	MCF090.at2	345.4	32.86	3.53
	汶川地震	8.0	051DYB.ew	土层	55.37	3.52
	汶川地震	8.0	051JYC.ew	土层	46.65	1.50
9度罕遇地震Ⅱ类场地第二分组	DENALI 地震	7.9	ps11336.at2	376.1	189.65	8.10
	CHICHI 地震	7.62	TCU060-E.at2	272.6	45.37	3.52
	IMPVAL 地震	6.53	H-E13230.at2	249.9	35.95	5.08
	NORTHR 地震	6.69	FAI095.at2	308.6	50.83	5.71
	LOMAP 地震	6.93	AGW000.at2	239.7	40.12	4.11
	汶川地震	8.0	051DYB.ew	土层	55.37	5.47
	汶川地震	8.0	051AXT.ew	土层	25.65	4.97

3.4.6　小结

（1）针对传统匹配方案在非目标周期段匹配效果较差、整体谱型控制不太理想的问题，提出了利用全周期段匹配结果相对误差函数修改权重函数的记录选取思路，避免了需要事先确定结构动力特性的限制。整理总结了一套完整的包含了地震信息筛选和调幅匹配的面向我国抗震规范的强震动记录选取流程。

（2）选用某典型 12 层和 3 层平面混凝土框架对不同记录选取方案做对比验证，采用 ATC-63 远场数据集（44 条）拟合了该结构的最大层间位移角预测方程（high-end prediction）。在 7、8 度罕遇地震工况下，与传统记录选取方案的数值模拟结果进行了对比，验证了本书选取方案与预测响应具有较好一致性，且结果离散性甚至要优于传统选取方案。同时由于其本身并不依赖于结构特性的先验确定，具有更强的工程适用性和操作性。

（3）针对常用的 7、8 度以及 9 度罕遇地震下的 Ⅱ 类场地我国抗震规范目标谱，依据本书提出的记录选取流程给出了最终结果以供工程科研人员选用。每组工况下记录选取结果以美国 NGA-West1 数据库结果为主，同时兼顾了我国强震动数据，在 0.01~6.0s 整个抗震规范谱的目标周期段，记录选取结果平均反应谱相对误差整体控制在 20% 的水平，最大相对误差不超过 30%，可以满足现行抗震规范对记录选取结果的一般要求。

3.5　基于其他目标谱的记录选取

3.5.1　基于区划图反应谱的记录选取

GB 50011—2010《建筑抗震设计规范》定义了用于建筑抗震设计的设计基本地震加速度和地震影响系数曲线（即加速度反应谱，以下简称"规范反应谱"。而 GB 18306—2015《中国地震动参数区划图》定义了不同分区的基本地震动加速度和地震动加速度反应谱（以下简称"区划反应谱"），二者既有关联又有区别。GB 18306—2015 作为基础标准，是各行业编制抗震设计规范的主要依据。各行业再根据自身特点，编制适用本行业的抗震设计规范。

GB 18306—2015 采用国内外地震加速度记录水平分量样本，不分场地类别进行统计。首先，计算每个记录分量的加速度反应谱和拟速度反应谱，反应谱平台采用目视方式确定；然后，由加速度反应谱平台与拟速度反应谱平台的交点确定特征周期 T_g，具体操作时，要兼顾加速度反应谱平台和拟速度反应谱平台的合理性与协调性。图 3.5-1 为 GB 18306—2015 反应谱骨架曲线，具有以下特征：

（1）Ⅱ 类场地的反应谱放大系数 $\beta_{max} = 2.50$。

（2）按不同场地类别对加速度反应谱特征周期 T_g 和放大系数 β_{max}（平台值）进行"双参数调整"。

（3）反应谱曲线分为三段，即上升直线段（0~0.1s）、加速度控制平台段（0.1s~T_g）、速度控制曲线下降段（T_g~T_3）。

（4）速度控制曲线下降段的速率 $\gamma = 1.0$。

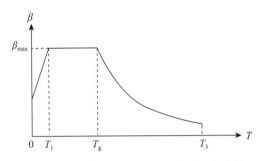

图 3.5 - 1　GB 18306—2015 反应谱骨架曲线

GB 50011—2010 反应谱骨架有以下特征：

（1）GB 50011—2010 在构建规范反应谱时，考虑到强震动记录的离散性，取平均反应谱峰值减一个标准差得到反应谱的加速度平台段，对应的动力放大系数为 2.25，低于《区划图 2015》设置的 2.5 放大系数。

（2）反应谱曲线分为四段，即直线上升段（0~0.1s）、加速度控制平台段（0.1s~T_g）、速度控制曲线下降段（T_g~5T_g）、位移控制直线下降段（5T_g~6.0s）。为了不使长周期反应谱值下降过快，人为抬升了速度控制段和位移控制段。阻尼比为 0.05 时，速度控制曲线下降指数 $\gamma = 0.9$，位移控制段由二次曲线下降改为按直线下降，下降斜率 0.02。

（3）反应谱最长周期达到 6.0s。

（4）骨架曲线的主要形状参数有阻尼比调整系数、位移控制直线段斜率、速度控制曲线段下降指数和加速度平台段反应谱最大值，

可以看到 GB 50011—2010 最后得到的反应谱曲线表达式及形状参数、反应谱平台取值原则、适用周期范围等均和区划反应谱有所差异。

GB 18306—2015 在上一代区划图基础上进行了较大改进和调整，提出了根据场地条件进行反应谱平台高度和特征周期的双参数调整原则；提出了"四级地震作用"及其地震动参数的比例系数；将反应谱平台放大系数调整为 2.5。本小节对于我国大陆境内 31 个省会城市的 II 类场地建筑结构罕遇地震作用下的区划图反应谱给出了 7 条建议的天然地震动输入。

1. 城市分类及目标谱确定

为尽可能体现目标结构场址的地震活动性特点和地震动区域特性，针对 31 个省会城市，我们优先选取目标城市本省台站获取的强震动记录，如若本省记录较少则优先选取国内记录，若国内记录也无法满足选取要求则同时考虑美国 NGA 数据库。按照上述原则，31 个城市可分为三大类：第一类为省内强震动数据较多，可用省内记录选出一定数量且符合目标谱要求记录的城市，如成都市，也是第一类中唯一的一个省会城市。主要原因是，近几年我国发生的两次影响较大的地震，汶川和芦山地震都发生在四川地区，且四川强震动观测台站分布相对较为密集，获取了这两次地震较多的余震记录。其他省份由于未有大震发生或者台网分布稀疏记录相对较少，尤其是东部地区。第二类为仅用省内记录满足不了要求，需用全国记录才能选出一定数量且符合要求记录的城市，如北京市。第三类为省内强震动记录数据较

少，使用国内记录也满足不了要求，需加入 NGA-West2 数据库进行补充的城市，如济南。分类结果见表 3.5 - 1。

由《中国地震动参数区划图》（GB 18306—2015）可知，这些省会城市的设计基本地震加速度和反应谱特征周期又有所不同，根据这两个参数我们又将上述三大类划分成了 10 个小类，详细见表 3.5 - 1。针对常见的 Ⅱ 类场地，考虑罕遇地震作用下的建筑结构弹塑性时程分析，根据 GB 18306—2015 四级地震作用比例系数（罕遇地震动峰值加速度与基本地震动峰值加速度比值建议取 1.9）及反应谱平台放大系数（2.5），确定了这 31 个省会城市的设计谱作为强震动记录选取的目标谱，见图 3.5 - 2 所示。需要说明的是，根据 GB 18306—2015 规定，罕遇地震作用下，反应谱特征周期延长了 0.05s。

表 3.5 - 1　全国 31 个省会城市按照被选强震动记录数据库和设计谱的分类情况

城市分类 （被选强震动记录数据库）	子类	设计基本加速度（g）	设计地震分组	特征周期（s）	城市名称
C1：第一类城市 （省内数据）	C1	0.1	第三组	0.45	成都
C2：第二类城市 （国内数据）	C2-1	0.05	第一组	0.35	重庆，南昌，武汉，长沙，贵阳
	C2-2	0.2	第二组	0.40	北京、天津、太原、呼和浩特、西安、银川、乌鲁木齐
	C2-3	0.2	第三组	0.45	昆明、拉萨、兰州
	C2-4	0.3	第二组	0.40	海口
C3：第三类城市 （国内+NGA-West2 数据）	C3-1	0.05	第三组	0.45	济南
	C3-2	0.1	第一组	0.35	沈阳、长春、哈尔滨、南京、合肥、广州、杭州、南宁
	C3-3	0.1	第二组	0.40	上海、石家庄
	C3-4	0.1	第三组	0.45	福州、西宁
	C3-5	0.15	第二组	0.40	郑州

注：特征周期取 Ⅱ 类场地相应值，罕遇地震作用下延长 0.05s。

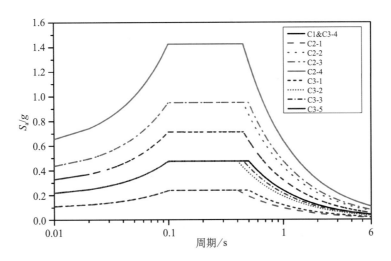

图 3.5 - 2　根据 GB 18306—2015 参数确定的我国 31 个省会城市 Ⅱ 类场地罕遇地震区划反应谱

2. 记录选取方法与流程

本章强震动记录选取过程分为初选、特征周期控制、调幅、分周期最小二乘匹配四个步骤（图 3.5 - 3），具体过程和要求下面进行详细介绍。

1）强震动记录初选

震级初选条件参考 3.2.1 节确定；对于距离，不选用 10km 以内强震动记录，以尽量避免近场/近断层强震动记录可能存在的方向性效应和上下盘效应；对于场地条件，本章仅考虑 Ⅱ 场地的记录选取工作，对于 NGA-West1 和 NGA-West2 数据库记录选用 $V_{S30} = 260 \sim 550\text{m/s}$ 台站获取的记录；对于我国强震动记录，选用"土层"类场地台站获取的记录。

2）特征周期控制

反应谱的特征周期 T_g 在控制反应谱形状方面具有重要作用，一方面反映了场地信息，一方面影响了平台段的宽度，代表了曲线下降段的起点，影响谱的整体形状。在记录选取时，加入此参数，可以控制反应谱曲线的整体形状，使结果更为合理。在 GB 18306—2015 中也明确提出了罕遇地震下应当延长特征周期，因此，记录选取中对反应谱特征周期进行约束很有必要。

区划图中 T_g 按照下式计算：

$$T_g = 2\pi \frac{v_E}{a_E} \tag{3.5 - 1}$$

式中，v_E 和 a_E 分别表示记录的拟速度反应谱平台值除以 2.5、加速度反应谱平台值除以 2.5。

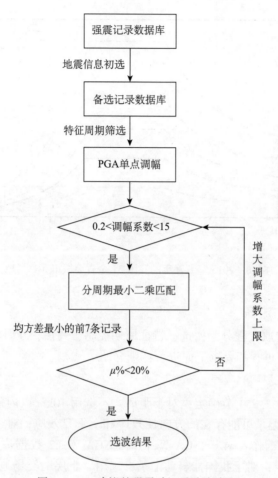

图 3.5 - 3　建议的强震动记录选取流程

美国 FEMA-450 中的对特征周期的定义为

$$T_g = \frac{S_{D1}}{S_{D2}} \qquad\qquad (3.5-2)$$

式中，S_{D1} 和 S_{D2} 分别表示在周期 1.0s 和 0.2s 时的反应谱值。

由于区划图中 T_g 计算过程需要确定反应谱的平台值，虽然有多种方法可以确定这个平台值，但是存在较大的不确定性。因此考虑到计算效率和稳定性问题，采用美国 FEMA-450 中的定义，即式（3.5 - 2）确定每条记录的 T_g 值。再以区划目标谱中 T_g 值规定 $[T_g - 0.2，T_g + 0.2]$ 作为记录筛选的控制范围。

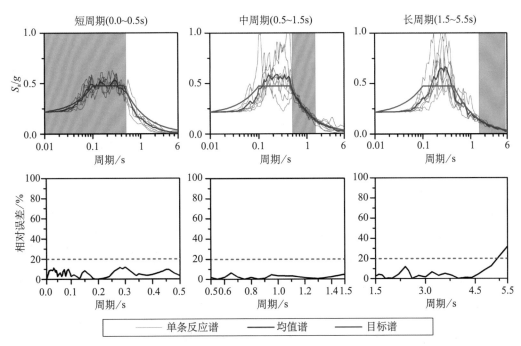

图 3.5 - 4　上海市记录选取结果（设计基本加速度 0.1g，Ⅱ类场地，第二组）

3）调幅方式与调幅系数

为方便采用单点线性调幅，保证调幅后反应谱形状不变。对待选记录的 PGA 进行幅值调整，使其与目标谱 S_a（$T = 0.0$s）值相同。前文指出中国数据库以 [0.2，10] 作为初始调幅区间可以保证 20%~50% 的记录参与选取，由于本章主要针对中国数据库进行地震记录选取，需要保证较多记录的参与，因此在上述条件的基础上放大调幅系数上限，将调幅区间限制在 [0.2，15]。

4）分周期段匹配

将待目标谱匹配周期段分为短周期（0~0.5s）、中周期（0.5~1.5s）和长周期（1.5~5.5s）三段，分别对应不同自振周期的目标结构。在每个周期段内，使用最小二乘方法对目标谱进行匹配，选出 7 条与目标谱在该周期段内满足规范误差要求范围的记录。这样做的目的是保证工程人员可根据实际结构选用对应自振周期区间的适宜强震动记录。另外，确保这 7 条记录的反应谱平均曲线与目标谱在结构主要振型周期点上误差相差不大于 20%。

3. 省会城市记录选取结果

按照上述流程，对全国 31 个省会城市进行强震动记录选取，结果见表 3.5 - 2。图 3.5 - 4 给出了典型城市——上海市的选取结果。图中显示，3 个周期段的记录选取误差都控制的比较理想，尤其是中周期（0.5~1.5s）各周期点的误差基本都在 5% 以内。上海市属于 C3 - 3（表 3.5 - 1），由表 3.5 - 2 可知，对于短周期，有 2 条国内记录和 5 条 NGA-West2 数据库记录被选；对于中周期，7 条被选记录全部源于 NGA-West2 数据库；对于长周期仅 1 条是国

表 3.5-2　全国 31 个省会城市建筑结构抗震设计时程分析推荐地震动输入

城市分类	结构自振周期 (0.0~0.5s)			结构自振周期 (0.5~1.5s)			结构自振周期 (1.5~5.5s)		
	记录名称	地震时间	震级	记录名称	地震时间	震级	记录名称	地震时间	震级
C1	051LDS141122165500. ew	2014/11/22	6.3	051SFB0805121428. ew	2008/05/12	8.0	051KDG0805121428. ew	2008/05/12	8.0
	051MXN080512144315. ns	2008/05/12	6.3	051PZF080830163053. ew	2008/08/30	6.3	051AXT080518010824. ew	2008/05/18	6.1
	051MXD080512150134. ns	2008/05/12	5.5	051AXT0805121428. ew	2008/05/12	8.0	051HYJ0805121428. ew	2008/05/12	8.0
	051LSJ0805121428. ew	2008/05/12	8.0	051KDG0805121428. ew	2008/05/12	8.0	051DXY0805121428. ns	2008/05/12	8.0
	051DYB0805121428. ns	2008/05/12	8.0	051LDJ0805121428. ew	2008/05/12	8.0	051PJW0805121428. ns	2008/05/12	8.0
	051HYQ0805121428. ew	2008/05/12	8.0	051DXY0805121428. ew	2008/05/12	8.0	051MZQ0805121428. ew	2008/05/12	8.0
	051MXN080512191101. ns	2008/05/12	6.3	051DYB080525162147. ew	2008/05/25	6.4	051AXT0805121428. ew	2008/05/12	8.0
C2-1	015BYT150415153900. ns	2015/04/15	5.8	065YXA120630050732. ns	2012/06/30	6.6	053MMM070603053456. ns	2007/06/03	6.7
	051LDS141122165500. ew	2014/11/22	6.3	051MZQ0805121428. ew	2008/05/12	8.0	065STZ120630050732. ns	2012/06/30	6.6
	051MXN080512144315. ns	2008/5/12	6.3	065HTB120630050732. ns	2012/06/30	6.6	051KDG0805121428. ns	2008/05/12	8.0
	051MXD080512150134. ns	2008/5/12	5.5	065SRT110811180629. ns	2011/08/11	5.8	053JPW070603053456. ns	2007/06/03	6.7
	062WUD080805174916. ns	2008/08/05	6.5	053NRT141206024345. ns	2014/12/06	5.8	053NRT141007214939. ns	2014/10/07	6.6
	053LHX080821202428. ew	2008/08/21	6.1	063CEH090828095207. ns	2009/08/28	6.6	051AXT080518010824. ew	2008/05/18	6.1
	065JAS110811180629. ns	2011/08/11	5.8	053NRM141206182001. ew	2014/12/06	5.9	062LTA130722074557. ns	2013/07/22	6.7
C2-2	051MXN080512144315. ns	2008/05/12	6.3	065YXA120630050732. ns	2012/06/30	6.6	063CEH081110092159. ns	2008/11/10	6.6
	051KDL141125231900. ns	2014/11/25	5.8	051SFB0805121428. ew	2008/05/12	8.0	065WQT081005235249. ew	2008/10/05	6.8
	053LHX080821202428. ew	2008/08/21	6.1	065WQT081005235249. ew	2008/10/05	6.8	053JPW070603053456. ns	2007/06/03	6.7
	065CDY120630050732. ew	2012/06/30	6.6	063CEH081110092159. ns	2008/11/10	6.6	051AXT0805121428. ew	2008/05/12	8.0
	053JYP141007214939. ew	2014/10/07	6.6	051MNW130420080246. ns	2013/04/20	7.0	051DXY0805121428. ew	2008/05/12	8.0
	063XTS081110092159. ns	2008/11/10	6.6	051AXT0805121428. ew	2008/05/12	8.0	051HYJ0805121428. ew	2008/05/12	8.0
	051LSJ0805121428. ew	2008/05/12	8.0	065JZC110811180629. ew	2011/08/11	8.0	051MZQ0805121428. ew	2008/05/12	8.0

续表

城市分类	结构自振周期（0.0~0.5s）			结构自振周期（0.5~1.5s）			结构自振周期（1.5~5.5s）		
	记录名称	地震时间	震级	记录名称	地震时间	震级	记录名称	地震时间	震级
C2-3	051MXN0805121144315. ns	2008/05/12	6.3	051AXT0805121428. ew	2008/05/12	8.0	051PJW0805121428. ns	2008/05/12	8.0
	053LHX080821202428. ew	2008/08/21	6.1	051SFB0805121428. ew	2008/05/12	8.0	065WQT081005235249. ew	2008/10/05	6.8
	053HYC140803163020. ns	2014/08/03	6.5	065JZC110811180629. ns	2011/08/11	5.8	051HYJ0805121428. ew	2008/05/12	8.0
	065CDY120630050732. ew	2012/06/30	6.6	051JYC0805121428. ew	2008/05/12	8.0	051DXY0805121428. ns	2008/05/12	8.0
	065YXA120630050732. ew	2012/06/30	6.6	053LHX080821202428. ew	2008/08/21	6.1	063CEH081110092159. ns	2008/11/10	6.6
	062WUD0805121428. ns	2008/05/12	8.0	051YAL0805121428. ew	2008/05/12	8.0	065YXA120630050732. ew	2012/06/30	6.6
	051LDG130420080246. ew	2013/04/20	7.0	051DXY0805121428. ew	2008/05/12	8.0	051MZQ0805121428. ew	2008/05/12	8.0
	051MXN0805121144315. ns	2008/05/12	6.3	051SFB0805121428. ew	2008/05/12	8.0	065WQT081005235249. ew	2008/10/05	6.8
	051KDL141125231900. ns	2014/11/25	5.8	065WQT081005235249. ns	2008/10/05	6.8	051AXT0805121428. ew	2008/05/12	8.0
	053JYP141007214939. ew	2014/10/07	6.6	051AXT0805121428. ew	2008/05/12	8.0	051DXY0805121428. ns	2008/05/12	8.0
C2-4	063XTS081110092159. ns	2008/11/10	6.6	065JZC110811180629. ew	2011/08/11	5.8	051HYJ0805121428. ew	2008/05/12	8.0
	051LSJ0805121428. ew	2008/05/12	8.0	051DXY0805121428. ew	2008/05/12	8.0	051MZQ0805121428. ew	2008/05/12	8.0
	062WUD080525162147. ew	2008/05/25	6.4	051CXQ0805121428. ew	2008/05/12	8.0	051PJD0805121428. ew	2008/05/12	8.0
	051DYB0805121428. ns	2008/05/12	8.0	051SMX0805121428. ns	2008/05/12	8.0	062TCH0805121428. ns	2008/05/12	8.0
C3-1	CHALFANT. A \ A-CVK000	1986/07/21	6.19	SUPER. B \ B-POE360	1987/11/24	6.54	NIIGATA. 1 \ GNMH05EW	2004/10/23	6.63
	NIIGATA. 1 \ NGNH08NS	2004/10/23	6.63	IWATE \ YMTH02EW	2008/06/13	6.9	TOTTORI. 1 \ TKS010NS	2000/10/06	6.61
	NIIGATA \ NIGH11NS	2004/10/23	6.63	CCHURCH \ CSTCS02E	2011/02/21	6.2	CCHURCH \ RHSCN86W	2011/02/21	6.20
	051LDS141122165500. ew	2014/11/22	6.3	IWATE \ 54013EW	2008/06/13	6.9	051KDG0805121428. ew	2008/05/12	8.0
	051MXN0805121144315. ns	2008/05/12	6.3	CHICHI. 03 \ KAU054E	1999/09/20	6.3	CHICHI. 04 \ HW/A055N	1999/09/20	6.20
	PARK2004 \ UP07090	2004/09/28	6.0	NORTHR \ PIC090	1994/01/17	6.69	CHICHI. 06 \ HW/A009N	1999/09/25	6.30
	PARK2004 \ VC4360	2004/09/28	6.0	CHICHI. 04 \ CHY058N	1999/09/20	6.0	CHICHI \ CHY057-N	1999/09/20	7.62

续表

城市分类	结构自振周期 (0.0~0.5s)			结构自振周期 (0.5~1.5s)			结构自振周期 (1.5~5.5s)		
	记录名称	地震时间	震级	记录名称	地震时间	震级	记录名称	地震时间	震级
C3-2	NIIGATA\NIGH11NS	2004/10/23	6.63	COALINGA.H\H-VC6090	1983/05/02	6.36	CHICHI.04\CHY057N	1999/09/20	6.20
	HECTOR\32577360	1999/10/16	7.13	CCHURCH\SBRCS31E	2011/02/21	6.20	DARFIELD\RKACS76E	2010/09/03	7.0
	CHICHI\TCU047-N	1999/09/20	7.62	IWATE\48A61EW	2008/06/13	6.90	NORTHR\RO3000	1994/01/17	6.69
	051LDS141122165500.ew	2014/11/22	6.30	SMART1.33\33I09NS	1985/06/12	5.80	CHICHI.06\KAU069E	1999/09/25	6.30
	CHALFANT.A\A-CVK000	1986/07/21	6.19	CHICHI.04\CHY006E	1999/09/20	6.20	CHICHI.05\TTN014N	1999/09/22	6.20
	IWATE\55445EW	2008/06/13	6.90	CHICHI\KAU069-N	1999/09/20	7.62	IWATE\AKTH17EW	2008/06/13	6.90
	PARK2004\VC4360	2004/09/28	6.00	WHITTIER.A\A-OR2280	1987/01/13	5.99	BORREGO\A-SON033	1968/04/09	6.63
C3-3	NIIGATA\NIGH11NS	2004/10/23	6.63	IWATE\54013EW	2008/06/13	6.90	CHICHI.04\CHY019N	1999/09/20	6.20
	HECTOR\32577360	1999/10/16	7.13	ITALY.F-BEV-NS	1979/09/19	5.90	TOTTORI.1\TKS010EW	2000/10/06	6.61
	CHALFANT.A\A-CVK000	1986/07/21	6.19	SUPER.B\B-POE360	1987/11/24	6.54	CHICHI.03\TCU034E	1999/09/20	6.20
	051LDS141122165500.ew	2014/11/22	6.30	CHICHI.02\CHY034N	1999/09/20	5.90	CHUETSU\YMTH07EW	2007/07/16	6.80
	051MXN080512144315.ns	2008/05/12	6.30	COALINGA.H\H-VC6090	1983/05/02	6.36	053QJT140803163020.ew	2014/08/03	6.50
	PARK2004\VC4360	2004/09/28	6.0	WENCHUAN\UA0874	2008/05/12	7.90	BORREGO\A-SON033	1968/04/09	6.63
	CHICHI\TCU047-N	1999/09/20	7.62	LOMAP\BVF220	1989/10/18	6.93	CHICHI.04\CHY057N	1999/09/20	6.20
C3-4	CHALFANT.A\A-CVK000	1986/07/21	6.19	SUPER.B\B-POE360	1987/11/24	6.54	NIIGATA.1\GNMH05EW	2004/10/23	6.63
	NIIGATA\NIGH11NS	2004/10/23	6.63	IWATE\YMTH02EW	2008/06/13	6.90	TOTTORI.1\TKS010NS	2000/10/06	6.61
	051LDS141122165500.ew	2014/11/22	6.30	CCHURCH\CSTCS02E	2011/02/21	6.20	CCHURCH\RHSCN86W	2011/02/21	6.20
	051MXN080512144315.ns	2008/05/12	6.30	IWATE\54013EW	2008/06/13	6.90	CHICHI.04\HWA055N	1999/09/20	6.20
	PARK2004\UP07090	2004/09/28	6.00	051SFB080512141428.ew	2008/05/12	8.00	CHUETSU\TYM009NS	2007/07/16	6.80
	PARK2004\VC4360	2004/09/28	6.00	NORTHR\PIC090	1994/01/17	6.69	CHICHI\CHY057-N	1999/09/20	7.62
	CCHURCH\LINCN67W	2011/02/21	6.20	CHICHI.03\KAU054E	1999/09/20	6.20	CHICHI.06\HWA009N	1999/09/25	6.30

续表

城市分类	结构自振周期 (0.0~0.5s)			结构自振周期 (0.5~1.5s)			结构自振周期 (1.5~5.5s)		
	记录名称	地震时间	震级	记录名称	地震时间	震级	记录名称	地震时间	震级
C3-5	NIIGATA \ NIGH11NS	2004/10/23	6.63	IWATE \ 54013EW	2008/06/13	6.90	CHICHI. 04 \ CHY019N	1999/09/20	6.20
	HECTOR \ 32577360	1999/10/16	7.13	ITALY \ F-BEV-NS	1979/09/19	5.90	TOTTORI. 1 \ TKS010EW	2000/10/06	6.61
	CHALFANT. A \ A-CVK000	1986/07/21	6.19	SUPER. B \ B-POE360	1987/11/24	6.54	CHICHI. 03 \ TCU034E	1999/09/20	6.20
	051LDS14112216550 0. ew	2014/11/22	6.3	COALINGA. H \ H-VC6090	1983/05/02	6.36	CHUETSU \ YMTH07EW	2007/07/16	6.80
	051MXN080512144315. ns	2008/05/12	6.30	CHICHI.02 \ CHY034N	1999/09/20	5.90	BORREGO \ A-SON033	1968/04/09	6.63
	PARK2004 \ VC4360	2004/09/28	6.00	WENCHUAN \ UA0874	2008/05/12	7.9	CHICHI. 04 \ CHY057N	1999/09/20	6.20
	CHICHI \ TCU047-N	1999/09/20	7.62	LOMAP \ BVF220	1989/10/18	6.93	DARFIELD \ RKACS76E	2010/09/03	7.00

内记录，其余 6 条均来源于 NGA-West2 数据库。由此可见，国内强震动记录的数量还不足以达到理想记录选取的结果，需要 NGA-West2 数据库记录进行有效补充。

表 3.5‑3 给出了第一类城市与第二类城市记录选取结果的震级和距离分布统计结果，第一类城市为使用省内记录进行选取，第二类城市为使用范围较大的国内记录进行选取。由统计结果和震级距离参数的均值可以发现，整体趋势上，随着目标匹配周期段变长，对应的记录选取结果震级随之增大，由于地震动高频分量衰减较快的原因，对于长周期目标段，大震远场是其主要控制地震，而短周期分量主要受较小的地震控制，这也从侧面证明了前文的地震动筛选与控制特征周期的多周期记录选取方案较好兼顾了地震动的震源、路径、场地物理特征。与在震级上变化的规律性相比，在距离方面，则没有表现出明显的随周期段的延长增大的趋势，这是由于允许记录进行线性调幅，而大震控制事件从某种程度上"补偿"了距离对谱值的影响。

表 3.5‑3　第一、二类城市记录选取结果的震级和距离分布情况

周期段(s)	C1 (0.1g, 0.45s)		C2‑1 (0.05g, 0.35s)		C2‑2 (0.2g, 0.40s)		C2‑3 (0.2g, 0.45s)		C2‑4 (0.3g, 0.40s)	
	震级	距离	震级	距离	震级	距离	震级	距离	震级	距离
0.0~0.5	6.91	69.56	6.04	78.55	6.57	55.55	6.72	87.59	6.81	47.74
0.5~1.5	7.52	90.01	6.47	101.76	6.97	88.47	7.41	46.65	7.51	68.55
1.5~5.5	7.72	79.47	6.77	113.90	7.44	68.37	7.42	88.67	7.83	71.36

3.5.2　基于 EPA 均值目标谱的记录选取

1. 构建 EPA 均值目标谱

首先，计算不同场地类别下强震动记录数据的特征周期，根据其特征周期确定记录的抗震设计分组情况，再根据抗震设防烈度的要求确定 EPA 将记录放缩取其均值反应谱即为 EPA 均值目标谱，具体建立方法如下：

1）建立强震动记录数据库

采用的强震动记录数据库由 PEER 的 NGA-West1 数据库和新增的 2008 年以来 3 次较大的地震记录组成，合计 3825 组记录。其中 NGA-West1 数据 3512 组，记录矩震级分布范围 4.27~7.9 级，震源距分布范围 0.4~558km，另收集整理了日本 Tohoku 地震（2011）9.0 级 141 组、四川汶川地震（2008）8.0 级 129 组、新西兰地震（2010）7.1 级 43 组，三次地震反应谱共计 313 组，依据 3.2.3 小节的方法，按照我国规范进行场地类别划分。记录反应谱采用阻尼比为 5%，有效周期范围为 0.01~10.0s 弹性加速度反应谱，采用两个水平方向加速度反应谱的几何平均值作为建立 EPA 均值谱的计算依据。

2）确定特征周期并确定抗震设计分组

分组（分区）由强震动记录特征周期确定，分为基本及多遇、罕遇两种情况。有效峰

值加速度 EPA 定义为 5%阻尼比加速度反应谱高频段（0.1~0.5s）的平均值除以放大系数（这里采用 GB 18306—2015 反应谱的放大系数 2.5），有效峰值速度 EPV 为 5%阻尼比速度反应谱在 0.5~2.0s 的平均值除以 2.5，则反应谱的特征周期参考美国 ATC-63 规范方法确定，定义为

$$T_{\text{g}} = 2\pi \frac{EPV}{EPA} \tag{3.5-3}$$

根据《中国地震动参数区划图》（GB 18306—2015）中国地震动反应谱特征周期表确定各分区地震动特征周期范围。以 II 类场地为例，多遇地震情况下，强震动记录反应谱按特征周期分区的具体做法是：当 T_{g}<0.35s 时，标记为 1 区（1 组）记录；当 $0.35 \leqslant T_{\text{g}} \leqslant 0.45s$ 时，标记为 2 区（2 组）记录；当 T_{g}>0.45s 时，标记为 3 区（3 组）记录。罕遇地震情况下，特征周期的界限提高 0.05s 进行分区。

按场地分类和抗震设计分组分别统计基本及多遇、罕遇地震强震动记录数量分布情况见表 3.5-4，由结果可见，I_0 类场地和 IV 类场地记录数量较少，分别为 146 组和 22 组，按分区（分组）统计 2 区数量不足 10 组记录，因此，仅选取 I_1、II、III 类场地的三个分区建立 EPA 均值目标谱。

表 3.5-4　多遇及罕遇地震下不同场地地震动分组数量表

多遇	I_0	I_1	II	III	IV	合计
1 区	40	206	933	234	7	1420
2 区	8	38	154	53	1	254
3 区	98	362	1311	366	14	2151
合计	146	606	2398	653	22	3825
罕遇	I_0	I_1	II	III	IV	合计
1 区	48	244	1087	259	8	1646
2 区	9	47	119	62	0	237
3 区	89	315	1192	332	14	1942
合计	146	606	2398	653	22	3825

3）构建 EPA 均值目标谱

在按场地和设计分组确定的子数据库中，以 EPA 为调幅目标，将每一条强震动记录反应谱按 GB 50011—2010 要求的时程分析所用地震加速度时程的最大值进行放缩后，将子数据库中所有记录反应谱的平均谱作为 EPA 均值目标谱。选取了 I_1、II、III 类场地的 3 个抗震设计分组（分区）共 9 个子数据库，每个子数据库分别建立 6 个抗震设防烈度即 6 个目标 EPA 值的 EPA 均值目标谱。设防烈度地震 EPA 均值目标谱见图 3.5-5，罕遇地震 EPA 均

值目标谱见图 3.5-6。为方便查找将目标谱按场地类别、设计分组、抗震设防烈度和地震情况进行 6 位阿拉伯数字编号。前两位代表场地类别,"11"代表 I_1 类场地,"20"代表 II 类场地,"30"代表 III 类场地。第三位"1""2""3"分别代表设计分组 1、2、3 区。第四位"6""7""8""9"代表设防烈度,第五位为"1"用于设计基本地震加速度为 0.15g 和 0.30g 的地区,其余为"0"。最后一位"0"代表多遇地震,"1"代表罕遇地震。

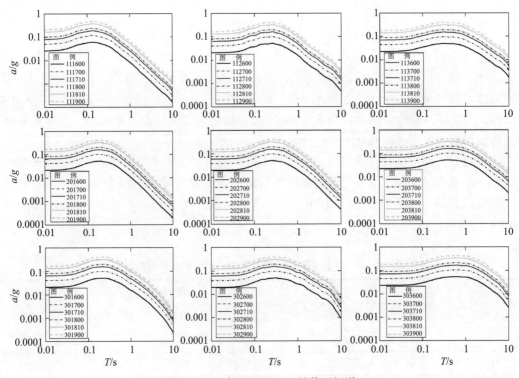

图 3.5-5　多遇地震 EPA 均值目标谱

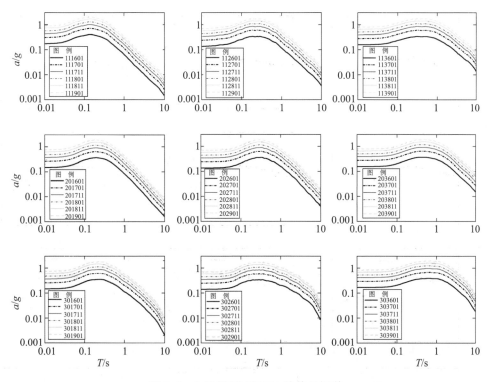

图 3.5 - 6　罕遇地震 EPA 均值目标谱

2. 对比抗震规范目标谱

以 Ⅱ 类场地为例,将多遇地震和罕遇地震的规范目标谱和 EPA 均值目标谱进行比较如图 3.5 - 7 和图 3.5 - 8 所示,阴影区域代表 EPA 均值谱的离散性。EPA 均值目标谱的峰值整体均高于规范目标谱的平台段,各场地类型中,两目标谱变化趋势随分组变化趋势一致。在设计分组为 1 区的情况下,规范目标谱与 EPA 均值目标谱在中长周期段差距显著,前者大于后者,这与规范谱人为提高长周期谱值有关。特别值得注意的是,在设计分组为 3 区的情况下,情况相反,EPA 均值目标谱在中长周期段显著大于前者。

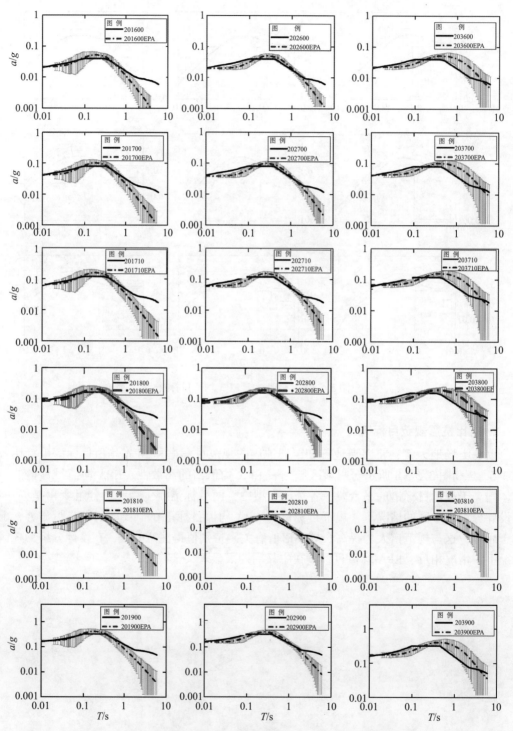

图 3.5－7　多遇地震 Ⅱ 类场地规范谱和 EPA 均值目标谱对比图

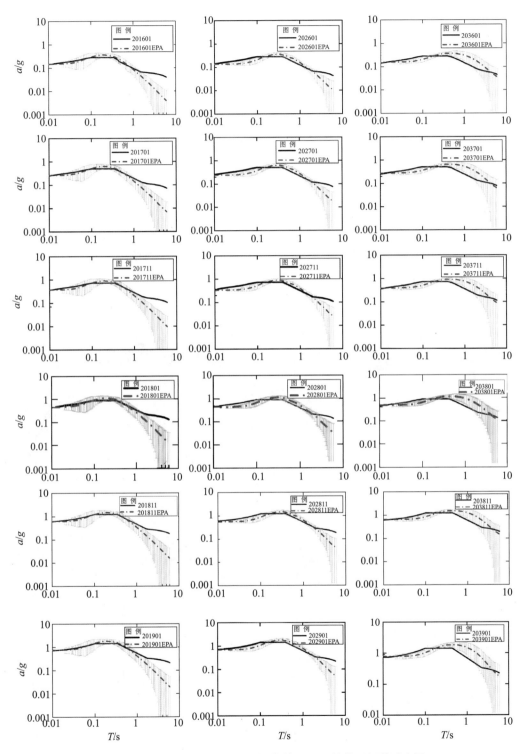

图 3.5－8　罕遇地震Ⅱ类场地规范谱和 EPA 均值目标谱对比图

3. 记录选取结果

以Ⅱ类场地为例，分别以规范目标谱和 EPA 均值目标谱为强震动记录选取的匹配目标在各工况进行记录选取，仅以 6 度 1 组多遇地震为例简要说明记录选取过程和结果。采用目标谱谱形匹配的方法选取强震动记录，记录选取要求选取一组记录使其均值与目标谱全周期匹配，以所选记录反应谱各周期点均值与目标谱的相对误差反应匹配程度。强震动记录的初选条件为场地类型符合目标要求，即要求 $260 \leqslant V_{S30} \leqslant 550\mathrm{m/s}$，其他参数不做要求，可通过放缩系数调节反应谱增加匹配度。

以规范谱和 EPA 均值谱分别为目标谱选取 7 条记录，见图 3.5 - 9。可见在匹配规范目标谱时，平台段和长周期段相对误差较大，超出了各周期点相对误差小于 20% 的要求。而 EPA 均值谱全周期段目标谱谱形匹配效果较好，基本符合各周期点相对误差小于 20% 的要求。为体现在强震动记录选取中目标谱谱型变化对匹配结果的显著影响，对各工况下匹配目标谱的平均相对误差的变化加以量化，用匹配 EPA 目标谱与匹配规范目标谱的平均相对误差表示，结果如表 3.5 - 5 所示。可以看到匹配 EPA 目标谱能显著降低全周期目标谱匹配相对误差，达到更好的匹配效果。

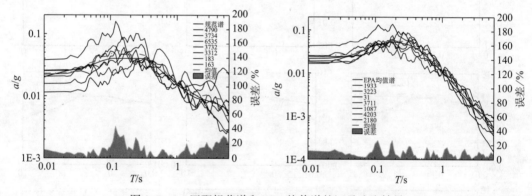

图 3.5 - 9　匹配规范谱和 EPA 均值谱的记录选取结果

表 3.5－5　多遇地震谱型匹配相对误差（%）

分组	6度			7度			7度（0.15g）			8度			8度（0.3g）			9度		
	规范	EPA	变化	规范	EPA	变化	规范	EPA	变化	规范	EPA	变化	规范	EPA	变化	规范	EPA	变化
1区	12.5	8.0	-36.0	9.2	8.0	-12.6	9.4	8.0	-15.3	9.2	8.0	-13.8	14.2	8.5	39.9	14.2	6.3	55.5
2区	11.7	5.5	-53.1	12.7	5.5	-57.1	15.7	5.5	-65.1	12.8	6.3	-50.7	9.8	6.6	32.8	9.8	6.6	32.8
3区	8.6	3.3	-61.1	11.4	3.3	-70.8	11.5	3.3	-71.2	11.6	4.2	-64.0	10.2	5.2	49.3	10.2	5.2	49.3
均值			-50.1			-46.8			-50.5			-42.9			40.7			45.9

表 3.5－6　罕遇地震谱型匹配相对误差（%）

分组	6度			7度			7度（0.15g）			8度			8度（0.3g）			9度		
	规范	EPA	变化	规范	EPA	变化	规范	EPA	变化	规范	EPA	变化	规范	EPA	变化	规范	EPA	变化
1区	12.7	7.1	-44.1	12.5	5.2	-58.7	12.5	7.7	-38.3	14.0	5.7	-59.3	9.5	6.6	30.4	10.2	5.9	42.5
2区	11.7	4.6	-61.1	11.6	6.7	-42.6	11.7	7.2	-38.0	11.6	7.2	-37.7	9.0	6.1	31.6	9.8	6.6	32.9
3区	9.1	5.0	-45.5	14.3	4.4	-69.4	9.9	4.0	-59.7	10.0	4.8	-51.7	10.2	6.7	34.8	9.1	6.3	30.8
均值			-50.2			-56.9			-45.3			-49.6			32.3			35.4

3.5.3　小结

（1）为尽可能地选取国内强震动记录，体现目标结构场址的地震活动性特点和地震动区域特性，本章将 31 个省会城市分为三大类：第一类为完全采用省内记录的城市；第二类为采用全国记录的城市；第三类为采用国内记录和 NGA-West2 数据库记录的城市。再根据 GB 18306—2015 给出的设计基本加速度和反应谱特征周期将这些城市细分为 10 个小类分别进行强震动记录选取工作。

（2）综合考虑强震动记录初选条件、特征周期控制、调幅、分周期最小二乘匹配四个步骤，给出了优化的强震动记录选取流程，尤其是采用特征周期控制思路，既有效地缩小了记录选取范围，提高工作效率，又能最大限度地保证被选记录符合目标场址的地震动区域特性一致。另外，分别针对短、中、长周期的目标谱进行记录选取，可以尽可能满足工程人员实际工作需求。

（3）采用给出的强震动记录选取流程，给出了 31 个省会城市用于 Ⅱ 类场地建筑工程结构弹塑性时程分析地震动输入的 7 条推荐强震动记录。通过不同类别城市的选取记录结果对比，验证了本章给出的考虑特征周期控制和多周期记录选取方案的强震动记录选取流程可以较好的兼顾地震动的震源、路径和场地物理特征。

（4）基于国内外强震动记录数据库，结合《中国地震动参数区划图》和《建筑抗震设计规范》，构建了 EPA 均值谱：即直接通过现有强震动记录反应谱建立的符合场地类别和特征周期分区的均值目标谱。将 EPA 均值目标谱作为强震动记录谱形匹配的目标谱应用于记录选取，并与规范目标谱谱型匹配结果比较，可减少 50% 左右的匹配误差，显著地提高了全周期谱型匹配的强震动记录选取记录均值与目标谱的匹配程度，达到满足规范对强震动记录谱型匹配的要求。

参考文献

陈波，2014，结构非线性动力分析中地震动记录的选择和调整方法研究 [D]，北京：中国地震局地球物理研究所

郭锋，2010，抗震设计中有关场地的若干问题研究 [D]，武汉：华中科技大学

霍俊荣，1989，近场强地面运动衰减规律的研究 [D]，哈尔滨：中国地震局工程力学研究所所博士学位论文

冀昆、温瑞智、崔建文等，2014，鲁甸 M_S6.5 地震强震动记录及震害分析 [J]，震灾防御技术，9 (3)：325~339

李英民、刘烁宇、戴明辉，2018，长周期地震动及其在超高层建筑抗震校验中的应用 [J]，土木工程学报，51 (11)：53~60

吕红山、赵凤新，2007，适用于中国场地分类的地震动反应谱放大系数 [J]，地震学报，29 (1)：67~76

曲哲、叶列平、潘鹏，2011，建筑结构弹塑性时程分析中地震动记录选取方法的比较研究 [J]，土木工程学报，44 (7)：10~21

王国新、鲁建飞，2012，地震动输入的选取与结构反应研究 [J]，沈阳建筑大学学报，28 (1)：15~22

王亚勇，2020，GB 50011—2010《建筑抗震设计规范》和 GB 18306—2015《地震动参数区划图》反应谱对比及地震动峰值加速度应用研究 [J]，建筑结构学报，41 (02)：1~6

温瑞智、冀昆、任叶飞等，2015，基于谱比法的我国强震台站场地分类［J］，岩石力学与工程学报，34（06）：1236～1241

肖从真、徐培福、杜义欣，2014，超高层建筑考虑长周期地震影响的另一种控制方法［J］，土木工程学报，47（02）：12～22

肖明葵，2004，基于性能的抗震结构位移及能量反应分析方法研究［D］，重庆大学

杨溥、李英民、赖明，2000，结构时程分析法输入地震波的选择控制指标［J］，土木工程学报，33（6）：33～37

张锐、成虎、吴浩等，2018，时程分析考虑高阶振型影响的多频段地震波选择方法研究［J］，工程力学，35（6）：162～172

周颖、唐少将，2014，考虑高阶振型的工程地震动选取方法［J］，地震工程与工程振动，34（增刊）：69～75

GB 50011—2010　建筑抗震设计规范［S］

Araújo M，Macedo L，Marques M et al.，2016，Code-based record selection methods for seismic performance assessment of buildings［J］，Earthquake Engineering & Structural Dynamics，45（1）：129-148

ASCE/SEI 7-10，2010，Minimum design loads for buildings and other structures，ASCE standard no.007-10［S］，Reston，Virginia：American Society of Civil Engineers

ASCE/SEI 7-16，2017，Minimum design loads for buildings and other structures，ASCE standard no.007-16［S］，Reston，Virginia：American Society of Civil Engineers

ATC-63，2008，Quantification of building seismic performance factors［S］，Redwood City：Applied Technology Council

Baker J W and Cornell C A，2008，Vector-valued intensity measures for pulse-like near-fault ground motions［J］，Engineering structures，30（4）：1048-1057

Bommer J J and Acevedo A B，2004，The use of real earthquake accelerograms as input to dynamic analysis［J］，Journal of Earthquake Engineering，8（S01）：43-91

Bradley B A，2011，Design seismic demands from seismic response analyses：a probability-based approach［J］，Earthquake Spectra，27（1）：213-224

Building Seismic Safety Council（BSSC），2003，The 2003 NEHRP Recommended Provisions for New Buildings and Other Structures［S］，Part I（Provisions）and Part II（Commentary），FEMA 368/369，Washington D. C.

European Prestandard［S］，Eurocode 8，CEN：ENV1998-1-1：2004

Hancock J and Bommer J J，2006，A state-of-knowledge review of the influence of strong-motion duration on structural damage［J］，Earthquake spectra，22（3）：827-845

Hancock J，Bommer J J，Stafford P J，2008，Numbers of scaled and matched accelerograms required for inelastic dynamic analyses［J］，Earthquake Engineering and Structural Dynamics，37（14）：1585-1607

Haselton C B，Baker J W，Bozorgnia Y et al.，2009，Evaluation of ground motion selection and modification methods：predicting median interstory drift response of buildings［R］，PEER Report

Iervolino I，Chioccarelli E，Baltzopoulos G，2012，Inelastic displacement ratio of near-source pulse-like ground motions［J］，Earthquake Engineering & Structural Dynamics，41（15）：2351-2357

Iervolino I，Manfredi G，Cosenza E，2006，Ground motion duration effects on nonlinear seismic response［J］，Earthquake Engineering & Structural Dynamics，35（1）：21-38

Ji K，Ren Y，Wen R，Kuo C H，2019，Near-field velocity pulse-like ground motions on February 6，2018 M_W6. 4 Hualien，Taiwan earthquake and structural damage implications［J］，Soil Dynamics and Earthquake

Engineering, 126, 105784

Ji K, Ren Y, Wen R, 2017, Site classification for National Strong Motion Observation Network System (NSMONS) stations in China using an empirical H/V spectral ratio method [J], Journal of Asian Earth Sciences, 147: 79-94

Kalkan E and Chopra A K, 2010, Practical guidelines to select and scale earthquake records for nonlinear response history analysis of structures [R], Berkeley, U.S.: Earthquake Engineering Research Institute

Kurama Y C and Farrow K T, 2003, Ground motion scaling methods for different site conditions and structure characteristics [J], Earthquake engineering & structural dynamics, 32 (15): 2425-2450

Luco N and Cornell C A, 2007, Structure-specific scalar intensity measures for near-source and ordinary earthquake ground motions [J], Earthquake Spectra, 23 (2): 357-392

Nakamura Y, 1989, A method for dynamic characteristics estimation of subsurface using microtremor on the ground surface [J], Quarterly Report of the Railway Technical Research Institute, 30 (1): 25-33

NZS 1170.5, 2004, Structural design actions [S], Wellington: Standards New Zealand

O'Donnell A P, Kurama Y C, Kalkan E et al., 2017, Experimental evaluation of four ground-motion scaling methods for dynamic response-history analysis of nonlinear structures [J], Bulletin of Earthquake Engineering, 15 (5): 1899-1924

Reinhorn A M, Kunnath S K, Valles R E et al., 2006, IDARC2D version 6.1: a computer program for the inelastic damage analysis of buildings [R], Buffalo, New York: US National Center for Earthquake Engineering Research (NCEER), 1-62

Reyes J C and Kalkan E, 2012, How many records should be used in an ASCE/SEI-7 ground motion scaling procedure? [J], Earthquake Spectra, 28 (3): 1223-1242

Shome N and Cornell C A, 1999, Probabilistic Seismic Demand Analysis of Nonlinear Structures [D], Ph.D. Thesis, Stanford University

Shome N and Cornell C A, Bazzurro P et al., 1998, Earthquakes, records, and nonlinear responses [J], Earthquake Spectra, 14 (3): 469-500

Watson-Lamprey J and Abrahamson N, 2006, Selection of ground motion time series and limits on scaling [J], Soil Dynamics and Earthquake Engineering, 26: 477-482

Yamazaki F and Ansary M A, 2008, Horizontal-to-vertical spectrum ratio of earthquake ground motion for site characterization [J], Earthquake Engineering & Structural Dynamics, 26 (7): 671-689

第四章 衔接地震危险性分析的地震动输入选取

第三章介绍了面向抗震规范的强震动记录选取工作，本章将重点关注我国重大建设工程或者可能发生严重次生灾害的建设工程的记录选取工作。以上工程均要求单独对其所在场址进行地震安全性评价，并以该结果确定设防要求，指导结构抗震设防。而这类建筑结构往往又是弹塑性时程分析乃至性态分析的主要工程对象，对天然强震动记录输入的工程需求也更为迫切和具体。

我国目前地震安全性评价一般以一致概率谱（UHS，uniform hazard spectrum，亦译作一致危险谱）作为基岩面地震动输入，然后基于一维土层等效线性化方法计算得到考虑场地反应的地面人造地震动，鲜有直接提供天然强震动记录。这种做法主要存在以下三个问题：①人造地震动合成中包络经验函数以及其中相关参数并没有具体统一的规定，所用的模型和方法也大多为早期的研究结果（霍俊荣等，1991）。加上其中参数的不确定性，所得到的人造地震动存在诸多不合理的现象时有发生（李小军，2006），并不适合完全直接拿来用于结构动力时程分析的输入。②现行安全性评价规范 GB 17741—2005《工程场地地震安全性评价》对该问题的规定较为模糊："本地有强震动记录时，宜充分利用其合成适合工程场地的基岩地震动时程"，由于地震动本身的不可重复性，在待建场地一般无法直接找到满足设防要求的强震动记录，如果具体到某个地震危险性水平，更是无法直接实现。③地震安全性评价中作为目标谱的 UHS 一直由于其内在的保守性和不真实性被诟病，其本身是若干设定地震事件综合后得到的包络结果，与天然观测的地震动谱型是存在差异的，并不适合指导强震动记录选取。

针对以上问题，学者提出了同时考虑目标结构特性和设定地震危险性水平的条件均值谱（CMS，conditional mean spectrum）概念，并在 10 年间在国际上得到了充分的发展。虽然条件均值目标谱的概念同样得到了国内不少学者的关注和青睐，但其与我国目前的安全性评价思路由于技术衔接问题无法推广。本章即着眼于解决该问题，4.1 节介绍了条件谱的基本概念与目前的国内外研究进展，4.2 节介绍了衔接我国安全性评价进行条件均值谱构建的基本流程与其中涉及的相关技术；4.3 节介绍了基于我国强震动记录数据库的加速度反应谱相关系数经验矩阵构建；4.4 节以我国南北两个典型工程安评作例子，阐述了进行地震解耦，构建 CMS/CS 和选取强震动记录的全过程，最后 4.5 节对案例记录选取结果的地震危险一致性进行验证。

4.1　条件（均值）谱的概念与发展

4.1.1　条件（均值）谱的构建原理

目标谱是直接决定记录选取结果是否合理的关键因素，作为地震概率危险性分析的直接产物一致概率谱，其本身是若干设定地震事件综合后得到的包络结果，并无法代表实际的地震动谱形（Boomer et al.，2000），并不适合指导强震动记录选取。针对一致概率目标谱存在的问题，2010 年 Baker 等同时考虑设定地震信息和地震动的离散性，提出了整个谱型具有相同超越概率的条件均值谱 CMS 概念，以目标结构的自振周期为条件周期将一致概率谱分解为若干条件均值目标谱的组合，引入标准差系数 ε 来计算某危险性水平下的目标值与衰减关系之间的差异，用该周期点的标准差的倍数来度量，如公式（4.1-1）所示。其中，设定地震事件 (M, R) 下任意周期点 T 的衰减关系预测值为 $\mu_{\lg S_a(T)}$ (M, R, T)，衰减关系模型在周期点 T 的对数残差标准差为 $\sigma_{\lg S_a(T)}$，对于目标加速度谱值 $\lg S_a(T)$ 来说，标准差系数 $\varepsilon(T)$ 实际反映了目标谱值与衰减关系预测均值在周期点 T 的差别程度。$\varepsilon(T)$ 为正表明目标周期处的目标值要大于衰减关系预测值，而其他周期点处的反应谱值则要趋近于衰减关系预测值，那么当依据 $S_a(T)$ 周期点线性调幅后，和 $\varepsilon(T)=0$ 无偏反应谱相比，在周期点 T 会形成一个"波峰"；反之，对于 $\varepsilon(T)$ 为负的反应谱，会在 T 处形成"波谷"。这种"波峰"和"波谷"本身恰好体现了反应谱谱型的差别，即 $\varepsilon(T)$ 是谱型的直接影响因素（Baker and Cornell，2006b），并会影响到最后的结构响应，因而该系数也被称为谱型系数。

$$\left.\begin{array}{l}\lg S_a(T)=\mu_{\lg S_a(T)}(M, R, T)+\varepsilon(T)\sigma_{\lg S_a(T)}\\[2mm]\varepsilon(T)=\dfrac{\lg S_a(T)-\mu_{\lg S_a(T)}(M, R, T)}{\sigma_{\lg S_a(T)}}\end{array}\right\}\quad(4.1-1)$$

假设条件周期为目标结构的一阶自振周期 T_1，基于地震概率危险性分析的结果，我们可以确定某超越概率下的 $S_a(T_1)$ 并以该值作为条件目标值。利用地震动衰减关系和反应谱相关系数即可计算出任意周期处 T_i 的反应谱值，从而推导出在某地震危险性水平下整个周期段符合"真实"谱形规律的反应谱，即条件均值谱，其构造公式如式（4.1-2）所示。其中，$(M^*-R^*-\varepsilon(T^*))$ 为基于地震概率危险性分析 PSHA 解耦得到的设定地震结果，$\rho(\varepsilon(T_i), \varepsilon(T_1))$ 为周期点 T_i 与 T_1 之间反应谱标准差系数 $\varepsilon(T_i)$ 和 $\varepsilon(T_1)$ 之间的相关系数，用来度量谱加速度之间的相关性。$\mu_{\ln S_a(T_i)}$ 为设定地震 (M^*, R^*) 条件下，地震动预测方程在任意周期点 T_i 处的反应谱对数预测值，$\sigma_{\ln S_a(T_i)}$ 为预测方程中给出周期点 T_i 的对数标准差。条件均值谱一般介于一致概率谱和预测方程均值之间；在条件目标周期处，条件反应谱均值与一致概率谱的目标值一致；当周期与条件目标周期越远，二者相关性越低，条件反应谱值越接近预测方程的谱均值，否则条件反应谱值越接近一致概率谱值。换言之，条件均值谱的本质就是通过预测方程构建出目标地震危险性水平下的"真实"反应谱，可以认

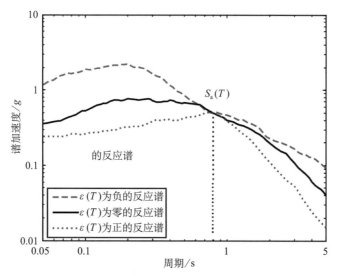

图 4.1 - 1　$\varepsilon(T)$ 对反应谱谱型的影响示意图

为一致概率谱本身是若干条不同条件周期的条件均值谱组合而成的包络曲线，采用条件均值谱较好解决了一致概率谱的内在保守问题，并具有更明确的物理意义。图 4.1 - 2 给出了两个实际场地的一致概率谱以及对应的不同周期点构造的条件均值谱，可以看到，由于一致概率谱和对应解耦结果的差异，两个工程场地的同一周期点的构造条件均值谱彼此之间存在谱型的差别，一致概率谱可以认为是上述结果的包络曲线。

$$\mu_{\ln S_a(T_i)\mid \ln S_a(T_1)} = \mu_{\ln S_a(T_i)}(M^*, R^*) + \rho(\varepsilon(T_i), \varepsilon(T_1))\sigma_{\ln S_a(T_i)}\varepsilon(T_1) \qquad (4.1-2)$$

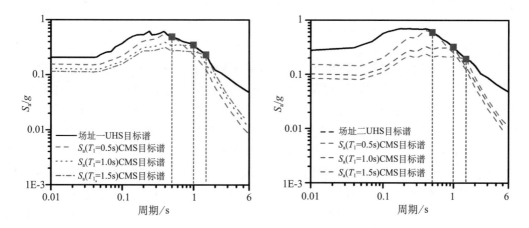

图 4.1 - 2　一致概率谱与条件均值谱构造示意图

在条件均值谱的概念基础上，如果希望实现某地震危险水平下的结构响应的分布估计，除了考虑条件均值还需要考虑条件标准差，Jayaram et al.（2011）和 Lin et al.（2013a）基于条件均值谱 CMS 的理论框架提出了条件谱的概念（CS，Conditional Spectrum）。基于标准差系数概念构建的条件均值谱需要衔接于地震危险性分析，Lin et al.（2013a）讨论了三种"粗略"和一种"精确"的条件均值谱构建方法，区别在于所考虑预测方程的数量和对应 PSHA 中逻辑树权重的考量上，预测方程的选择与权重越接近地震危险性分析，越精细地考虑了每一个潜源微元事件的贡献率得到的结果越精确。Lin et al.（2013b，2013c）系统研究了 CMS 和 CS 在基于地震风险和基于地震动强度指标两种思路下结构响应均值与分布的计算结果，结果证明当合理控制记录选取离散性时，即对于同一个工程场址而言，不同条件周期下构造的 CS 记录选取结果推导得到的超越概率曲线与 PSHA 的结果一致，对应的结构响应危险性需求曲线也不随条件周期改变而有过大差异，同时 Lin 指出，如果希望较好实现符合目标地震危险性的结构响应估计，考虑较完备预测方程与对应逻辑树权重的"精确"CS 构建是保证结果具有危险一致性的基础，否则会出现低超越概率的计算结果偏差。

2009 年 PEER 报告（Haselton et al.，2009）对比了 14 种强震动记录选取和调幅方案，分析了 4 种钢筋混凝土框架和剪力墙结构，表明 CMS 和 CS 方法对于结构响应均值和方差的估计精度均更高。值得一提的是，美国 ASCE-16 抗震规范在条文说明中将 CMS 列为地震动输入目标谱可选方案之一，通过包络不同周期点条件均值谱和限制下限值的方法来保证其安全冗余度，这是条件均值谱首次明确在抗震规范条文中作为抗震设防的指导依据，意义重大。除了在美国的应用外，其他国家亦有很多条件均值谱构建和记录选取的实际应用案例。

4.1.2　条件（均值）谱在我国的研究进展

除了得到国外的广泛认可外，国内学者也从不同角度验证了 CMS 对于 RC 框架、核电厂设施等响应离散性控制以及易损性分析的作用（陈波，2014；胡进军等，2018；韩建平等，2015）。上述研究均是在假想场地或国外 USGS 设定地震解耦结果的基础上展开或进行，侧重结构层次的响应分析。由于条件均值谱的建立依赖于预测方程、谱相关系数矩阵以及与当地 PSHA 框架的衔接，但是目前条件均值谱在我国的应用尚不成熟，还没有一个现实工程采用条件均值谱进行验算或者指导抗震设计。

在构建我国条件目标谱这一问题上存在两个主要障碍：首先是缺少基于地震危险性分析的设定地震解耦结果，国内学者针对我国设定地震解耦的主要解决思路有两种：①摒弃了预测方程的概念，直接基于当地潜源采用有限断层人工模拟地震动进行目标场址的地震动危险性分析，然后求解目标值下的设定地震解耦结果（朱瑞广等，2015）。或者针对我国某地区，重复 CPSHA 的整个流程，进而得到目标危险性水平下的设定地震解耦结果（李思雨，2016；陶夏新等，2014；高孟谭，1994）。②陈厚群院士团队以我国安全性评价的 CPSHA 结果出发，依据发生概率最大的原则和潜在震源中主要发震构造来确定设定地震的震级和震中距（陈厚群，2005）。本书作者采用相似的思路，利用全概率公式，给出同时考虑震级，距离和标准差的最大贡献地震和平均贡献地震作为解耦结果，同时考虑了中国预测方程长短轴的问题，引入潜源方位角作为解耦参数体现潜源方向性（冀昆等，2016；Ji et al.，2018）。思路 1 可以得到较为可靠准确的设定地震解耦结果，但是对任一场址进行危险性分析本身工作量巨大，完整的结果需要大量前期工作做铺垫。思路 2 是目前较具有工程应用前景的中国设定地震解耦思路。

条件均值谱构建的另一个关键要素是 IM 指标两两之间的相关系数矩阵构建问题。国外围绕不同周期点谱加速度标准差系数 $\varepsilon(T)$ 的相关系数计算已有大量工作展开，已有不少经验预测公式。但是上述研究成果的来源数据为 NGA 数据库或者美国地区的强震动记录，是否适用于其他国家地区需要当地强震动记录的统计结果进一步验证。鉴于相关系数矩阵的重要作用，已有不少学者基于本国强震动观测数据和预测方程重新对本国的相关系数矩阵做了修正或者参数的重新标定：包括欧洲、加拿大、日本等。为了充分体现中国强震动记录数据特点，作者所在团队基于 2007~2014 年的中国强震动记录数据库进行了谱加速度标准差相关系数 $\rho(\varepsilon(T_1)，\varepsilon(T_2))$ 的计算和震级敏感性研究（Ji et al.，2018）。

目前国内学者从不同角度对我国条件均值目标谱的构建做了尝试：朱瑞广等（2015）采用 AB95_ BC 点源模型和基于有限断层的混合震源模型来生成人工模拟地震动，进一步得出了目标研究地区的一致概率谱及条件均值谱。李思雨（2016）以 ArcGIS 为平台，在概率地震危险性分析的离散算法基础上，完成了西安地区概率地震危险性的解耦，并得到了西安地区的一致概率谱和条件均值谱。吕大刚等（2018）对比了一致危险谱、设计谱、CMS 等多种目标谱在不同调幅方案下的 SDOF 响应差异，并进一步研究了考虑余震的 CS 构建方案（Zhu et al.，2017）。冀昆等（2016，2018）和李琳等（2013）从我国地震安全性评价工程现有产出出发，利用中国地震概率危险性分析结果进行设定地震解耦，得到了与现行 CPSHA 框架较好衔接的条件均值谱构建流程，并基于我国河北廊坊和四川雅安两个城市的安全性评价算例计算得到了 CMS 和 CS，并做了地震危险一致性验证（Ji et al.，2018）。

4.2　条件（均值）谱构建及记录选取流程

从条件均值谱和条件谱的基本概念出发，基于我国地震安全性评价中的地震危险性分析结果产出，给出基于条件均值谱的地震动确定流程，并将其与我国安全性评价传统流程进行对比，整理于图 4.2 - 1。

如前文所述，目前主要存在于以下两点问题需要解决：

（1）目前基于我国地震安全性评价中 PSHA 结果进行设定地震解耦，尤其是同时考虑震级、场地、标准差系数三个维度上的解耦工作研究不足，并没有给出基于待建结构自振周期和危险性水平的设定地震计算结果，这部分工作是后续考虑场址地震危险性的记录选取重要基础。

（2）加速度反应谱的标准差相关系数矩阵是构建 CMS 的基础。目前使用较多的经验公式是基于 NGA 数据库拟合得到的，如果希望记录选取结果适用于中国案例，或者记录选取时可以考虑中国强震动记录特性，适用于我国强震动记录的加速度反应谱相关系数矩阵就必须做专门的单独研究和验证。

下面将逐一对其进行分析研究。

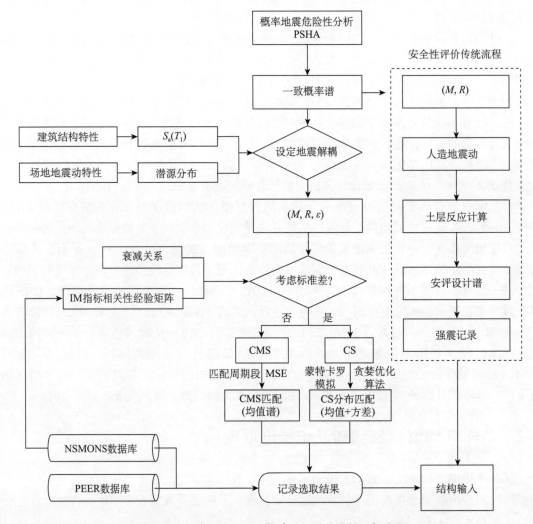

图 4.2 - 1　中国 CMS/CS 构建及记录选取的一般流程

4.2.1　我国 CPSHA 框架下的设定地震解耦

McGuire 于 1995 年最先提出了依据概率地震危险性分析（PSHA）结果解耦设定地震的思路，在这一过程中引入了上文提到的标准差系数来体现地震动的不确定性。所谓解耦（Deaggregation 或 Disaggregation），就是从危险性分析的结果出发，反推出同时满足地震活动性特征且潜源分布空间相容的地震参数组合的贡献比例。这种解耦的思路和结果已广泛应用于国外工程实践中，主要城市及地区的解耦结果可以在网上自行查阅。这不仅是工程强震动记录选取的重要初选依据，也可以作为建筑结构抗震设防的重要参考。我国由于政策及规范要求等方面的差异，该部分工作尚未得到充分重视。本小节将完全从我国现有地震安全性评价的产出作为起点，对不同周期点、不同超越概率下的目标设定地震实现解耦，并不需要彻底重复一遍地震概率危险性分析。

推导设定地震解耦流程之前首先应当明确 PSHA 与我国 CPSHA 之间存在的差异。我国现行安全性评价中使用的 CPSHA 方法是在 Cornell（1968）提出的 PSHA 基础框架上，充分考虑我国地震活动具有的时空不均匀性特点，经过改进后得到的概率地震危险性分析方法（胡聿贤，1999，2001）。PSHA 框架下的潜在震源区划分只有一级，而 CPSHA 采用了两级潜在震源区划分基本方案，首先以地震带为统计单位，满足以下基本假定：地震带内地震事件满足泊松分布，震级频度满足 G-R 关系，但是地震带内的地震活动性在下一级潜在震源区是不同的，同一震源区的地震活动性均匀分布。我国的地震动在空间上存在较大的活动不均匀性，这种不均匀性既体现在较大尺度的地震动带活动性差异上，也体现在局部较小尺度上地震构造上的不均匀性上，对于地震安全性评价这种以局部危险性分析，或者说地震小区划工作为主要落脚点的研究工作来说，传统 PSHA 框架下容易导致划分潜源区面积偏大，进而"稀释"危险性的问题是必须考虑的。《中国地震动参数区划图》（GB 18306—2015）（高孟谭，2015；潘华等，2013）在二级潜在震源区方案基础上，为了考虑中等尺度地震构造分区可能造成的发震可能，提出了三级潜在震源区模拟，在地震带和潜在震源区之间增加了地震构造区（背景源）的概念，以求更加细致考虑地震活动的空间不均匀性特征，如图 4.2-2 所示。下面以二级潜在震源区为例来说明设定地震解耦的计算原理和流程，三级潜源划分下的设定地震的计算流程与之相仿，采用二级潜源划分来进行相似的计算流程即可得到解耦结果。为方便工程使用，笔者所在课题组基于《中国地震动参数区划图》（GB 18306—2015）的三级潜源划分，对全国 34 个主要城市进行了三维设定地震解耦工作，感兴趣的读者可以在网址查阅下载（https：//github.com/JIKUN1990/China-Seismic-Hazard-Deaggregation-34 cities）。

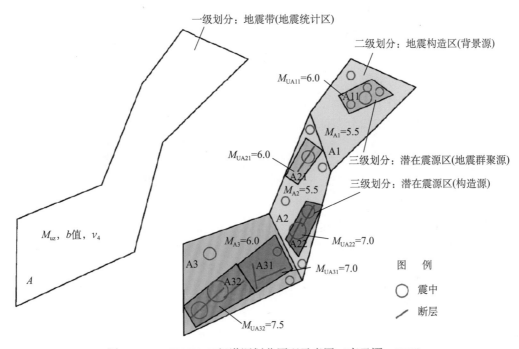

图 4.2-2 CPSHA 三级潜源划分原理示意图（高孟谭，2015）

依据待建结构特征和危险性分析得到的一致概率谱，确定对应的地震动强度参数（IM, Intensity measurement）目标值 IM^{target}，一般选取一致概率谱在目标结构自振周期 T_1 处的谱值。该目标值的超越概率如式（4.2-1）所示：

$$P(IM \geqslant IM^{\text{target}}) = \sum_{i=1}^{n} \nu_i \iiint f_{\text{M}}(m) f_{\text{R}}(r) f_{\varepsilon}(\varepsilon) P(IM \geqslant IM^{\text{target}} \mid m, r, \varepsilon) \mathrm{d}m \mathrm{d}r \mathrm{d}\varepsilon$$

$$(4.2-1)$$

式中，n 为主要贡献潜源的个数；ν_i 为第 i 个潜在震源区的地震年平均发生率，取决于该潜源所在的地震带；$f_{\text{M}}(m)$、$f_{\text{R}}(r)$ 和 $f_{\varepsilon}(\varepsilon)$ 分别为震级、震中距和标准差系数的概率密度函数。

将式（4.2-1）中变量离散化后的概率表达式为

$$P(IM \geqslant IM^{\text{target}}) = \sum_{i=1}^{n} v_i \sum_{j=1}^{N_1} \sum_{k=1}^{N_2} \sum_{h=1}^{N_3} P_{\text{M}}(m_j) P_{\text{R}}(r_k) P_{\varepsilon}(\varepsilon_h) P(IM \geqslant IM^{\text{target}} \mid m_j, r_k, \varepsilon_h)$$

$$(4.2-2)$$

式中，N_1、N_2、N_3 分别为震级、震中距和标准差系数的分档数。

$P_{\text{M}}^{(i)}(m_j)$ 为第 i 个潜源区震级为 m_j 档的概率，定义为

$$P_{\text{M}}^{(i)}(m_j) = \frac{P_{\text{m}}(m_j) f_{i, m_j}}{\sum_{j=1}^{Nm} P_{\text{m}}(m_j) f_{i, m_j}}$$

$$(4.2-3)$$

式中，f_{i, m_j} 是震级档 m_j 的空间分布函数，是体现地震活动性不均匀性的重要参数，在安全性评价报告中主要潜源区各个震级档空间分布函数需要一并给出；$P_{\text{m}}(m_j)$ 是震级档 m_j 的震级分布概率密度函数，由泊松分布推导为如下式：

$$P_{\text{m}}(m_j) = \frac{2\exp[-\beta(m_j - M_{\min})]}{1 - \exp[-\beta(M_{\max} - M_{\min})]} \sinh\left(\frac{1}{2}\beta\Delta M\right)$$

$$(4.2-4)$$

$\beta = b \times \ln 10$；$M_{\max}$ 和 $M_{\min}$ 分别代表潜在震源区的震级上限和下限，与 b 值都决定于上一级地震带或者背景源。

将潜源 i 按照面积均匀离散为 N_s 个微元后，计算各个微元中心至场地的距离，则各个距离档 r_k 下的微元个数与微元总数的比值即为距离档为 r_k 档的概率 $P_{\text{R}}^{(i)}(r_k)$ 为

$$P_{\text{R}}^{(i)}(r_k) = \frac{N(r_k)}{N_s}$$

$$(4.2-5)$$

地震动预测方程的残差可以认为服从对数正态分布，标准差系数服从标准正态分布，由正态分布概率密度函数积分即可得到标准差系数在 ε_h 档的概率 $P_\varepsilon(\varepsilon_h)$：

$$P_\varepsilon(\varepsilon_h) = \frac{1}{\sqrt{2\pi}}\exp\left(-\frac{\varepsilon_h^2}{2}\right) \tag{4.2-6}$$

则根据贝叶斯全概率公式，目标值条件下各个 $(m_j, r_k, \varepsilon_h)$ 组合的条件概率 $P(m_j, r_k, \varepsilon_h \mid IM \geq IM^{\mathrm{target}})$ 推导公式如式 (4.2-7) 所示，该条件概率即各设定地震对目标值的贡献比例，至此基于条件目标值 IM^{target} 的解耦全部完成。

$$
\begin{aligned}
P(m_j, r_k, \varepsilon_h \mid IM \geq IM^{\mathrm{target}}) &= \frac{P(IM \geq IM^{\mathrm{target}}, M = m_j, R = r_k, \varepsilon = \varepsilon_h)}{P(IM \geq IM^{\mathrm{target}})} \\[2mm]
&= \frac{P(IM \geq IM^{\mathrm{target}} \mid m_j, r_k, \varepsilon_h)P_{\mathrm{M,R,\varepsilon}}(m_j, r_k, \varepsilon_h)}{P(IM \geq IM^{\mathrm{target}})} \\[2mm]
&= \frac{P(IM \geq IM^{\mathrm{target}} \mid m_j, r_k, \varepsilon_h)P_{\mathrm{m}}(m_j)P_R(r_k)P_\varepsilon(\varepsilon_h)}{P(IM \geq IM^{\mathrm{target}})}
\end{aligned}
$$

$$\tag{4.2-7}$$

其中，将震级 m_j、震中距 r_k、标准差系数 ε_h 代入预测方程计算得到的 IM 与 IM^{target} 进行比较得到：

$$P(IM \geq IM^{\mathrm{target}} \mid m_j, r_k, \varepsilon_h) = \begin{cases} 1 & IM(m_j, r_k, \varepsilon_h) > IM^{\mathrm{target}} \\ 0 & \text{其他} \end{cases} \tag{4.2-8}$$

4.2.2　地震动预测方程选择问题

解决了设定地震解耦问题，另一个重要问题就是作为条件均值谱构造骨架的地震动预测方程选择，可以说预测方程和下一小节详细讨论的谱相关系数矩阵决定了条件均值谱的最终形状。原则上，PSHA 计算中，设定地震解耦以及最终条件均值谱构造时所使用的预测方程应当尽量保持一致，至少应当保持 PSHA 和设定地震解耦的预测方程一致。条件均值谱的计算时，一般采用公式 (4.2-9) 重新计算所用预测方程的标准差系数。

目前我国地震安全性评价工作一般采用胡聿贤（Hu and Zhang，1983）提出的方法来确定本地预测方程：假设在震级或者震中烈度相同的情况下，相同烈度的场地具有相同的地震动参数特性，利用本地地震烈度预测方程作为桥梁，选择既有强震动记录又有烈度预测方程的美国西部地区作为参考区，转换得到对应的地震动预测方程。一般形式如下：

$$\lg S_a(T) = a_0 + a_1 M + a_2 \lg(R + a_3 \exp(a_4 M)) + \sigma_{\lg S_a} \tag{4.2-9}$$

式中，$a_0 \sim a_4$ 为拟合参数；$\sigma_{\lg S_a}$ 为 $\lg S_a(T)$ 的标准差。

　　霍俊荣（1989）和俞言祥等（2013）基于美国西部丰富的强震动记录拟合得到对应的基岩预测方程，然后采用中国四个地区的烈度预测方程作为转换桥梁得到了对应地区的预测方程。目前中国安全性评价 CPSHA 的结果基本均以该预测方程，或以其作为基础转换调整得到，本书也主要以该预测方程作为基础来进行计算。由于预测方程基于烈度预测方程转换得到，烈度等震线一般呈椭圆形，在长短轴处给出了不同的预测方程。一个地区等震线的长轴方向来源于该地区地震等震线几何形状的统计，而绝大多数 6 级以上地区的极震区长轴走向与区域活动断裂带的走向一致，安全性评价中也一般按照区域构造走向来预测未来地震等震线的长轴走向，最后以方向性函数形式给出长短轴方向的取向概率。

　　针对我国长短轴预测方程的问题，暂不考虑共轭断层以及断层走向无法判断的情况，假设潜源的长轴走向唯一，在上文 3D 设定地震解耦（M，R，ε）的基础上额外引入了一个参数 θ 来考虑潜源走向和预测方程长短轴的问题，该参数定义为：每一个潜源目标微元与目标场址的连线和潜源长轴的夹角（锐角），如图 4.2 - 3 所示。采用 0°~90° 的均匀分布来确定参数 θ 的概率密度函数：$P_\theta(\theta_\alpha)$，兼顾计算效率取 5°~10° 间隔即可。联立椭圆参数方程和场址与目标微元连线的直线方程，得到椭圆交点至椭圆中心的距离 R_d 方程如式（4.2 - 10）所示，在给定 IM 目标值的情况下，$R_{长轴}$ 和 $R_{短轴}$ 分别通过对应的长、短轴预测方程确定（式4.2 - 11）：

$$R_d = \sqrt{\left(\frac{R_{长轴}^2}{1 + \left(R_{长轴}\tan\theta/R_{短轴}\right)^2}\right)(1 + \tan\theta^2)} \qquad (4.2 - 10)$$

$$R_{长轴/短轴} = 10^{(\lg10(IM^{\text{target}}) - (a_1 + a_2M + a_3M^2)/a_4)} - a_5\exp(a_6M) \qquad (4.2 - 11)$$

　　进而通过对比场址—微元的距离 R 和 R_d 的关系来判断 IM 与 IM^{target} 的关系，若场址—微元距离小于 R_d，则说明该设定地震微元下的 IM 超过了 IM^{target}，最后计算得到的设定地震事件参数除了包括震级、距离和标准差系数外，还包括与假想长轴的夹角 θ。

$$P(IM \geq IM^{\text{target}} \mid m_j, r_k, \varepsilon_h, \theta_\alpha) = \begin{cases} 1 & R_d > R \\ 0 & \text{其他} \end{cases} \qquad (4.2 - 12)$$

$$\begin{aligned} &P(m_j, r_k, \varepsilon_h, \theta_\alpha \mid IM \geq IM^{\text{target}}) \\ &= \frac{P(IM \geq IM^{\text{target}} \mid m_j, r_k, \varepsilon_h)P_M(m_j)P_R(r_k)P_\varepsilon(\varepsilon_h)P_\theta(\theta_\alpha)}{P(IM \geq IM^{\text{target}})} \end{aligned} \qquad (4.2 - 13)$$

　　最后得到的结果除了震级、距离和标准差系数外还包含参数 θ，后续的条件均值谱计算等过程将 θ 考虑进去即可实现与现有长、短轴预测方程的衔接。4.4 节将以实例形式给出考虑 θ 的解耦结果，并和仅采用预测方程长轴得到的计算结果进行对比。

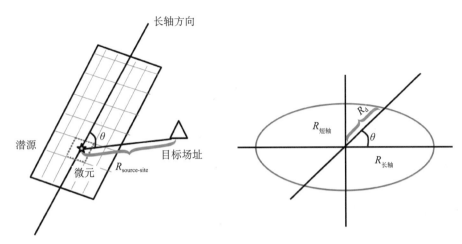

图 4.2-3　考虑预测方程长、短轴方向的 4D 设定地震解耦原理图

4.2.3　条件均值谱匹配方法

1. 仅考虑均值的条件均值谱匹配

CMS 条件均值谱作为目标谱，本质上和上文针对规范目标谱匹配是一样的，基本思路和流程我们已经在上一章做了详细说明。最方便有效的算法还是通过 MSE（最小误差平方和）来对调幅后的目标数据库进行逐条遴选排序，匹配周期段视实际情况而定，可以是全周期也可以是与结构响应相关性较强的 $[0.2T_1, 1.5T_1]$ 周期段，也可以是结构关心的一二阶振型周期区间。唯一差别在于调幅上：条件均值谱由于本质上是依据 $S_a(T_1)$ 设定地震解耦结果进行构建的，所以一般均依据 $S_a(T_1)$ 进行单点调幅，而不是 PGA 调幅。上一章提出的优化权重函数方法同样可以用于 CMS 均值目标谱的优化匹配，这里不再赘述，具体细节详情可参考上一章。后续案例仅给出记录选取结果作为对比。

2. 考虑均值与标准差的条件谱匹配

采用 CMS 作为目标谱和采用规范谱作为目标谱记录选取的出发点，都是通过小样本的记录集来代替大样本数据集近似估计结构响应期望值。而当研究目标着眼于结构响应参数分布的估算时，如后文第五章在结构概率地震危险性需求计算中，地震动不确定对计算结果的影响是不能忽略的。除了考虑各个周期点的条件均值谱值外，各个周期点的离散性即条件标准差如式（4.2-14）所示，条件均值谱与条件标准差共同定义了谱加速度条件分布，直接称之为条件谱（CS）。

$$\sigma_{\ln S_a(T)|\ln S_a(T_1)} = \sigma_{\ln S_a(T)} \sqrt{1 - \rho(\varepsilon(T), \varepsilon(T_1))^2} \qquad (4.2-14)$$

匹配 CS 分布其本质上是数学上最优解问题，即在 N 条地震动记录中如何找到 n 条地震动记录，其均值与标准差与目标分布最接近（这种接近可以用结果与目标的差异平方和来衡量），如果采用穷举法来确定最优解（与目标分布最接近的一组记录），面对多达数千上万条的记录，哪怕仅仅寻找 10、20 条记录，其计算时间和成本都是不可接受的。因此一般先构建符合目标分布的模拟反应谱，然后逐一谱型匹配得到第一轮筛选的结果，进而在其基础上进行第二步筛选，去除影响整体分布的"较差"的强震动记录，来优化最终的记录选取结果分布，具体流程如下：

基本假设：假设 $S_a(T_1)$ 作为条件周期，除某个周期点处的条件均值谱均服从对数正态分布外，各个周期点 T 的条件均值谱对数值 $\ln S_a(T)$ 服从多元对数正态分布假设，多元正态分布下，各周期点条件均值谱对数值均值和标准差为 $\mu_{\ln S_a^{\text{target}}(T_i)}$ 和 $\sigma_{\ln S_a^{\text{target}}(T_i)}$。

第一步筛选：采用蒙特卡罗抽样技术或者拉丁超立方抽样技术，构建符合该多元正态分布的模拟反应谱样本集，进而可以通过上一章匹配最小误差平方和方法逐一匹配上述模拟强震动记录谱，得到一组接近 CS 条件分布的近似匹配强震动记录数据集。

第二步筛选：除了均值外增加标准差，构造衡量匹配数据集与模拟谱分布样本的拟合程度的公式为

$$\delta_1 = \sum_{i=1}^{N} \left\{ a(T_i) \left[\overline{\ln S_a(T_i)} - \mu_{\ln S_a^{\text{target}}(T_i)} \right]^2 + b(T_i) \left[D(\ln S_a(T_i)) - \sigma_{\ln S_a^{\text{target}}(T_i)} \right]^2 \right\}$$

$$(4.2-15)$$

式中，$\overline{\ln S_a(T_i)}$ 和 $D(\ln S_a(T_i))$ 代表首轮匹配结果的样本均值和标准差；$a(T_i)$ 和 $b(T_i)$ 代表对应的权重，一般视具体匹配情况进行调整，除此之外，为了帮助刻画匹配结果与模拟谱样本之间的差别，可以引入了基于样本三阶中心距的样本偏斜度（Skewness）参数来刻画数据分布的偏斜程度（式（4.2-16））。最后得到衡量匹配数据集与模拟谱分布样本的拟合程度的公式如式（4.2-17）所示，权重 $a(T_i)$、$b(T_i)$ 和 $c(T_i)$ 的比例大致为 1∶1∶0.3，需要注意的是 Skewness 项的比例不宜过高。最后要解决的问题就变成了如何通过替换"较差"的记录，得到与模拟谱记录集匹配效果最好，即 δ_0 最小的一组记录做为最终记录选取结果。

$$s = \frac{E(x-\mu)^3}{\sigma^3} \qquad (4.2-16)$$

$$\delta_0 = \sum_{i=1}^{N} \left\{ a(T_i) \left[\overline{\ln S_a(T_i)} - \mu_{\ln S_a^{\text{target}}(T_i)} \right]^2 + b(T_i) \left[D(\ln S_a(T_i)) - \sigma_{\ln S_a^{\text{target}}(T_i)} \right]^2 \right.$$
$$\left. + c(T_i) \left[s(\ln S_a(T_i)) - s(\ln S_a(T_i)^{\text{target}}) \right]^2 \right\} \qquad (4.2-17)$$

为了提高计算效率，并进一步改善匹配结果，Jayaram et al.（2011）设计了贪婪优化算法来对模拟谱结果进行迭代改进，其思路为：对于已经选出的地震动逐一用强震动记录备选库未参与首轮记录选取的结果进行替换，计算替换后的样本与目标分布之间的偏差 δ_0，如果 δ_0 低于替换前的 δ_0 则保留该替换结果，组成新的样本后进行下一条记录的替换，否则不

予替换，逐条迭代直至最后的记录组合的 δ_0 最小。在记录数据库较大的前提下，贪婪优化算法不仅可以得到逼近理想 CS 分布的匹配结果，同时计算效率很高，具体流程和算法细节可参考该文献，相应的程序可在 Baker 个人网站（http：//www. stanford. edu/~bakerjw/gm_selection. html）下载，本章不再赘述。

4.3　我国加速度谱相关系数经验矩阵

本节讨论用于条件均值谱构建的另一个关键要素：任意水平单分量周期点 T_1、T_2 之间加速度反应谱的标准差相关系数 $\rho(\varepsilon(T_1)，\varepsilon(T_2))$，其本质为 Pearson 积矩线性相关系数，计算公式如式（4.3 - 1）所示：

$$\rho(\varepsilon(T_1)，\varepsilon(T_2)) = \frac{\sum_{i=1}^{n}\left[\varepsilon(T_1) - \overline{\varepsilon(T_1)}\right]\left[\varepsilon(T_2) - \overline{\varepsilon(T_2)}\right]}{\sqrt{\sum_{i=1}^{n}\left[\varepsilon(T_1) - \overline{\varepsilon(T_1)}\right]^2 \sum_{i=1}^{n}\left[\varepsilon(T_2) - \overline{\varepsilon(T_2)}\right]^2}} \qquad (4.3 - 1)$$

式中，n 为记录数目；$\varepsilon(T_1)$ 和 $\varepsilon(T_2)$ 分别为周期点 T_1、T_2 的标准差系数。

目前，国外围绕标准差系数 $\varepsilon(T)$ 及其相关系数的计算已有大量工作展开，已有不少经验预测公式，但是上述研究成果的来源数据为 NGA 数据库或者美国地区的强震动记录，因此主要适用于国外地震危险性分析，是否适用于其他国家地区需要当地强震动记录的统计结果进一步验证。本节将基于中国强震动记录，进行谱加速度谱标准差相关系数 $\rho(\varepsilon(T_1)，\varepsilon(T_2))$ 的研究。

4.3.1　地震动预测方程可用性

首先，Pearson 相关系数本身具有线性不变性，即不随变量的位置或是大小的变化而变化，如果 X 经过线性变化为 $a+bX$，Y 变为 $c+dY$，其中 a、b、c 和 d 都是常数，则不会改变 X、Y 之间的相关系数。理想情况下若某地震事件的预测方程基于该数据库拟合得到，任意周期点 T_n 的标准差系数 $\varepsilon(T_n)$ 应当服从均值为 0，标准差为 1 的标准正态分布。若某预测方程并非基于同一数据库拟合得到，基于该预测方程计算得到的 $\varepsilon(T_n)$ 分布情况并无法保证，比如在我国安全性评价中使用的预测方程是基于烈度预测方程和国外强震动记录转换得到，其本身并不是基于我国 NSMONS 数据库推导得到；原则上计算 $\rho(\varepsilon(T_1)，\varepsilon(T_2))$ 所需的预测方程应当基于同一数据库推导得到的同源方程。但是如果换个角度来看，如果 $\varepsilon(T_n)$ 结果仍然服从正态分布，$\varepsilon(T_n)$ 经过线性变化之后，仍然可以转化为标准正态分布，那么 $\varepsilon(T_n)$ 相关系数的计算结果与理想情况下预测方程为基础推导的结果可以认为近似一致。下面以汶川地震和芦山地震为例来探讨用于标准差系数相关系数构建的预测方程选择问题。

以我国发生的两次较大的破坏性地震 $M_S8.0$ 汶川地震和 $M_S7.0$ 芦山地震的强震数据为样本分别拟合适用于该事件的预测方程，由于仅针对一个事件进行拟合，震源项固定为常数，仅考虑距离项对结果的影响，采用震中距 R 作为距离项变量。选取震中距范围为 $0\sim$ 200km 的水平向强震动记录参与预测方程拟合。所用的预测方程模型见公式（4.3-2）。拟合的目标参数为不同周期点的对数加速度反应谱值 $\lg S_a(T)$，a_0、a_1、a_4 可通过最小二乘法回归得出，其中：a_1、a_4 分别为几何衰减项和非弹性衰减项系数，$\varepsilon(T)$ 代表拟合方程观测值与预测值对数值的残差，同时计算出不同周期点残差的标准差 $\sigma_{\lg S_a(T)}$。

$$\lg S_a(T) = a_0 + a_1 \ln(R + a_2) + a_4 R + \varepsilon(T) \qquad (4.3-2)$$

然后以目前在我国危险性分析等工作中使用的预测方程模型作为对照组，如前文所示，该预测方程采用美国西部地震动与烈度资料换算而来，并非基于我国近年来积累的数字强震动记录拟合得到。仅为说明目的，本章采用预测方程为霍俊荣（1989）西南地区土层场地的长轴预测方程。

以上述两组预测方程为基础拟合得到的 $\varepsilon(T)$ 分布情况如图 4.3-1 所示。在同源数据拟合的预测方程下，$\varepsilon(T)$ 在各周期点下服从均值为 0，标准差为 1 的分布；而依据霍俊荣预测方程计算得到的 $\varepsilon(T)$ 不仅均值与 0 在不同周期点出现不同程度的偏差，$\varepsilon(T)$ 标准差也并不等于 1。利用 K-S（Kolmogorov-Smirnov）假设检验判断任意周期点 $\varepsilon(T)$ 的分布是否符合正态分布，显著水平设为 0.01，若计算得到的 p 值低于显著水平，则认为样本分布与目标分布差异显著，反之则认为样本分布服从目标分布。基于拟合预测方程和霍俊荣预测方程计算得到的 p 值均高于 0.01，因此可以认为就芦山和汶川地震事件而言，两个预测方程下计算得到的 $\varepsilon(T)$ 均符合正态分布，拟合预测方程服从均值为 0，标准差为 1 的标准正态分布（图 4.3-1）。

分别计算拟合预测方程下与霍俊荣预测方程下任意周期点 T_1、T_2 之间的相关系数 $\rho(\varepsilon(T_1), \varepsilon(T_2))$，结果进行对比发现，二者除了某些周期点有细微差别外，可以认为结果是基本一致的，与前文的理论推导结果一致。说明虽然霍俊荣预测方程预测芦山地震与汶川地震时存在偏差，但是由于各周期点 $\varepsilon(T)$ 仍保持正态分布，均可经过某固定比例的线性变化转换为标准正态分布，并不会显著影响 $\rho(\varepsilon(T_1), \varepsilon(T_2))$ 的计算结果。作者尝试采用其他预测方程和地震事件进行计算后，结论相同。虽然理想情况下我们希望用于相关系数计算的数据库应与拟合预测方程所用数据库尽量保持一致，但是对于预测方程缺少或不完善的地区（如中国），我们完全可以通过判断 $\varepsilon(T)$ 分布来判断某预测方程是否可用于相关系数计算：只要该预测方程下的 $\varepsilon(T)$ 分布服从正态分布，就可以考虑采用它实现 $\rho(\varepsilon(T_1),$ $\varepsilon(T_2))$ 的计算，这避免了在预测方程拟合上花费大量精力，在第五章除了加速度谱之外的广义地震动参数的相关系数矩阵计算中同样用到了该结论。

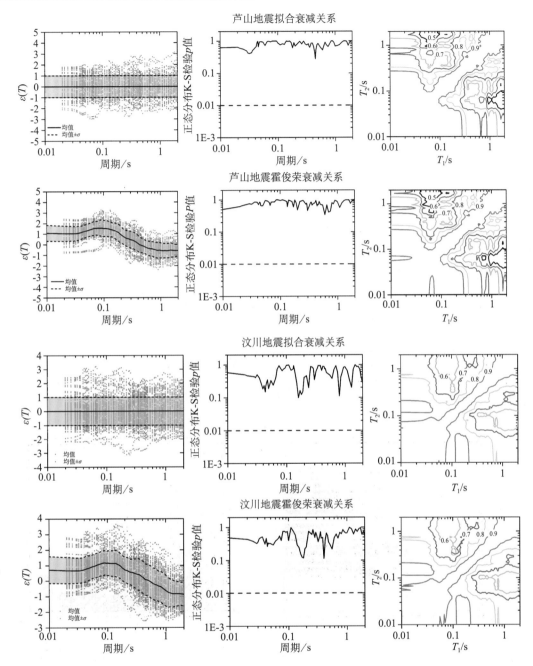

图 4.3-1　芦山、汶川地震拟合预测方程与霍俊荣预测方程下 $\rho(\varepsilon(T_1),\ \varepsilon(T_2))$ 计算结果

4.3.2　强震动记录数据集

本节所用强震动记录由中国数字强震台网 2007~2014 年间的数字地震动记录组成，共包含 6636 组三分量强震动记录。剔除了地震信息与台站信息不全面的记录，考虑预测方程的适用范围，同时参考之前学者拟合相关系数经验模型时采用的记录选取标准，本章采用满

足以下条件的强震动记录参与相关系数计算：

（1）采用场地条件为"土层"的强震动记录。

（2）台站位于自由场地或者结构底层。

（3）地震事件震级不低于 M_S5.5。

（4）记录震中距不超过 200km。

由于本章的研究重点是同一记录不同周期点之间的相关系数，将符合上述条件强震动记录的两个水平分量全部参与到相关系数的拟合中，暂不考虑竖向地震动。为保证最后统计结果具有工程应用的价值，所选记录的震级不宜太小，这里仅考虑震级不低于 M_S5.5 的强震动记录。此外，我国大部分地区强震动记录的场地信息仅为"基岩/土层"，并没有详细的台站钻孔资料或剪切波速信息，其中只有极少数的场地条件是"岩石"，为保证样本数量足以统计相关系数，故采用场地条件为"土层"的强震动记录。统计相关系数的周期段受原始记录可用周期的限制，为保证长周期结果的相对可靠，同时兼顾预测方程的适用范围和记录选取数量，统计相关系数的周期段为 0.01~2.0s。

最后一共选出 1446 条强震动记录参与计算（723 组双水平分量），所筛选记录的震级-震中距分布，以及不同震级分档下的记录数量分布如图 4.3 - 2 所示。虽然相关研究表明震源机制等因素对相关系数的统计结果有影响（Goda and Atkinson，2009），由于大部分强震动记录集中在震中距 20~200km，20km 以内的强震动记录稀少，这里暂不考虑该因素的影响。在 M_S5.5~7.0 各震级档内均有一定数量记录，7 级以上地震仅芦山地震和汶川地震两例。整体来看，并没有某个单独地震事件数量过多需要事先剔除。

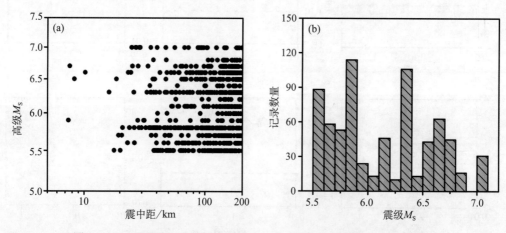

图 4.3 - 2　强震动记录数据库震级、距离分布及不同震级档下记录数量

4.3.3　地震动预测方程拟合与验证

如前文所述，由于霍俊荣预测方程所用数据与本章所用的数字强震动记录并不一致，该预测方程的适用性并无法保证。因此采用上述预测方程计算相关系数之前，首先需要统计该预测方程下强震动记录的 $\varepsilon(T)$ 分布情况，只有在 $\varepsilon(T)$ 服从正态分布，对应的周期段加速度反应谱相关系数矩阵计算才有意义。针对上述数据，采用霍俊荣预测方程计算结果如图 4.3 - 3。

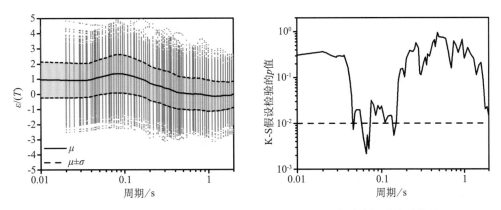

图 4.3 - 3 霍俊荣预测方程计算 $\varepsilon(T)$ 分布情况及正态分布假设检验结果

由图 4.3 - 3 计算结果可以看到,对于中国的 M_S 5.5~7.0 强震动记录集,0.01 置信水平下,加速度反应谱 $\varepsilon(T)$ 在 0.1s 附近并不服从标准正态分布假设,该预测方程并不适合用来统计相关系数矩阵。因此,我们将直接针对待研究的 NSMONS 目标强震动记录进行预测方程拟合。采用预测方程形式如式(4.3 - 3),适用周期范围为 0.01~3.0s:

$$\lg S_a(T) = c_1 + c_2 M + c_3 \lg(R + c_4) + \varepsilon(T) \tag{4.3 - 3}$$

拟合得到的各系数和对应的对数残差标准差结果如表 4.3 - 1 所示。

表 4.3 - 1 拟合加速度反应谱预测方程系数及对数残差标准差

T/s	0.01	0.02	0.05	0.07	0.1	0.2	0.3
c_1	-1.163	-1.123	-0.49	-0.099	-0.264	-1.682	-2.258
c_2	0.261	0.257	0.221	0.201	0.213	0.336	0.414
c_3	-1.144	-1.151	-1.296	-1.352	-1.256	-0.939	-0.926
c_4	8.513	8.515	10.107	16.005	15.526	6.027	7.401
$\sigma_{\lg S_a(T)}$	0.35	0.351	0.375	0.395	0.402	0.384	0.399
T/s	0.5	0.7	1.0	1.5	1.7	2.0	3.0
c_1	-3.221	-3.867	-4.445	-4.94	-5.044	-5.156	-5.348
c_2	0.526	0.597	0.657	0.696	0.702	0.704	0.707
c_3	-0.894	-0.88	-0.883	-0.907	-0.924	-0.942	-1.007
c_4	5.762	4.414	4.005	3.381	3.537	3.682	4.013
$\sigma_{\lg S_a(T)}$	0.409	0.409	0.403	0.393	0.389	0.383	0.346

　　采用重拟合的预测方程，计算得到的分布情况如图 4.3 - 4 所示，无论是均值和标准差的计算结果与 0 和 1 很接近，K-S 假设检验结果表明其 p 值在所研究的周期段远远超过了 0.01 的置信水平，即其分布服从标准正态分布，下文将采用该预测方程进行基于中国强震观测数据的 0.01~2.0s 的相关系数矩阵计算。

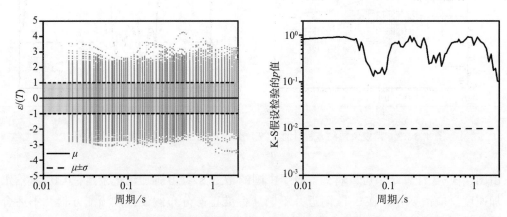

图 4.3 - 4　新拟合预测方程计算 $\varepsilon(T)$ 分布情况及正态分布假设检验结果

4.3.4　加速度谱相关矩阵计算结果

　　在 2006 年相关研究的基础上（Baker and Cornell，2006a），2008 年 Baker 和 Jayaram 以美国下一代预测方程 NGA-West1 数据库为基础，采用 4 个不同 NGA 预测方程统计了相关系数矩阵，并拟合得到了对应的经验公式（BJ08 模型）。适用周期范围扩展到了 0.01~10.0s。由于其拟合所用的数据库来源较广，预测方程模型科学合理，和其余预测方程相比适用性强，可用周期范围广，是目前使用最广泛的预测模型之一，计算公式如下：

$$
\left.
\begin{aligned}
&C1 = 1 - \cos(\pi/2 - 0.366\ln(T_{\max}/\max(T_{\min},\ 0.109))) \\
&C2 = \begin{cases} 1 - 0.105\left(1 - 1/(1 + e^{100T_{\max}^{-5}})\right)\left(\dfrac{T_{\max} - T_{\min}}{T_{\max} - 0.0099}\right) & T_{\max} < 0.2 \\ 0 \end{cases} \\
&C3 = \begin{cases} C2 & T_{\max} < 0.109 \\ C1 \end{cases} \\
&C4 = C1 + 0.5(\sqrt{C3} - C3)(1 + \cos(\pi T_{\min}/0.109))
\end{aligned}
\right\}
\qquad (4.3 - 4)
$$

$$
\begin{cases}
T_{\max} < 0.109 & \rho_{\varepsilon(T_1),\ \varepsilon(T_2)} = C2 \\
T_{\min} > 0.109 & \rho_{\varepsilon(T_1),\ \varepsilon(T_2)} = C1 \\
T_{\max} < 0.2 & \rho_{\varepsilon(T_1),\ \varepsilon(T_2)} = \min(C2,\ C4) \\
\text{其余情况} & \rho_{\varepsilon(T_1),\ \varepsilon(T_2)} = C4
\end{cases}
$$

对比基于我国观测数据统计的 0.01~2.0s 内的相关系数计算结果和 BJ08 模型的预测结果，如图 4.3-5 和图 4.3-6 所示。整体来看，二者的变化趋势可以认为是大体一致的，周期点间距越接近，相关系数越接近 1，随着周期点间距变远，相关系数降低。为了可以直观看出二者不同周期段上的差异，经过线性内插得到任意周期点 T_1、T_2 之间 $\rho(\varepsilon(T_1), \varepsilon(T_2))$ 差值（Baker 预测值减去观测值）的等值线图，结果如图 4.3-7 所示。在目标周期段 0.01~2.0s，整体差异控制在 -0.15~0.15，2/3 以上的观测结果与 BJ08 模型预测结果差异在 ±0.05 之间。整体而言，可以认为 BJ08 模型较好拟合了我国 $M_S5.5~7.0$ 地震相关系数统计结果。

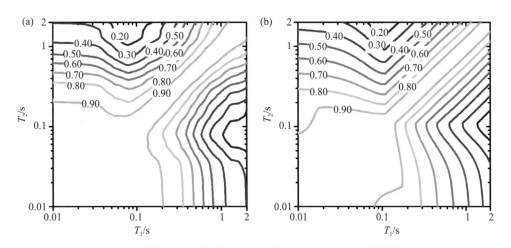

图 4.3-5　新拟合预测方程下计算相关系数结果（a）和 BJ08 预测模型（b）对比

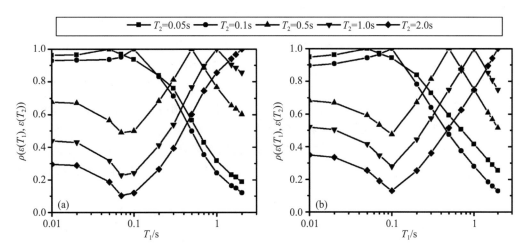

图 4.3-6　新拟合预测方程下计算相关系数结果（a）和 BJ08 预测模型（b）
不同周期点相关系数对比

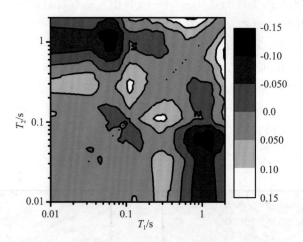

图 4.3 - 7　相关系数观测结果与 BJ08 模型误差图

此外，Carlton and Abrahamson（2014）指出相关系数的计算结果对地震动的高频成分敏感，并提出了参数 $T_{amp1.5}$（$S_a(T)$ 达到 1.5 倍 PGA 的最短周期值）的概念来衡量影响反应谱的高频分量所在周期。统计 BJ08 模型所用的数据库的 $T_{amp1.5}$ 值为 0.1s，指出如果其他高地震活动性区域统计的数据库也具有类似的 $T_{amp1.5}$ 值，那么 $\rho(\varepsilon(T_1)，\varepsilon(T_2))$ 计算结果应当与 BJ08 模型接近。本节用于统计我国相关系数所用数据库的 $T_{amp1.5}$ 值计算结果为 0.09s，与 0.1s 较为接近，可以认为不需要考虑高频分量的影响而进行修正，而且最后结果较好的一致性也与 Carton and Abrahamson（2014）的结论基本一致。

4.3.5　相关系数矩阵的震级敏感性

各国学者经过对不同地区强震动记录的经验相关系数的统计发现，震级对相关系数的计算确实存在一定的影响，如学者 Daneshvar et al.（2015）基于加拿大强震动记录计算得到的经验相关系数在大小震下表现出了不同的特征。说明不同地域、不同数据库统计得到的相关系数具有不同的震级敏感性。因此，我们首先直公式推导的角度来对该问题进行说明，进而采用中国不同震级分组的强震动记录来进行分析。

对于地震事件 $i=1$、2、3、…，某周期点 T_1 的反应谱在 n 个强震观测台站的预测结果为 $\lg S_a(T_1)_{ij}$，$j=1$、…、n，第 j 个台站或者场址到震中的距离为 R_{ij} 则有如下关系式：

$$
地震事件1\begin{cases}
\lg(S_a(T_1))_{11} = \mu_{\lg S_a}(M_1, R_{11}, T_1) + \varepsilon(T_1)_{11}\sigma_{\lg S_a}(M_1, T_1) \\
\lg(S_a(T_1))_{12} = \mu_{\lg S_a}(M_1, R_{12}, T_1) + \varepsilon(T_1)_{12}\sigma_{\lg S_a}(M_1, T_1) \\
\vdots \\
\lg(S_a(T_1))_{1n} = \mu_{\lg S_a}(M_1, R_{1n}, T_1) + \varepsilon(T_1)_{1n}\sigma_{\lg S_a}(M_1, T_1)
\end{cases}
\tag{4.3 - 5a}
$$

$$地震事件2\begin{cases} \lg(S_a(T_1))_{21} = \mu_{\lg S_a}(M_2, R_{21}, T_1) + \varepsilon(T_1)_{21}\sigma_{\lg S_a}(M_2, T_1) \\ \lg(S_a(T_1))_{22} = \mu_{\lg S_a}(M_2, R_{22}, T_1) + \varepsilon(T_1)_{22}\sigma_{\lg S_a}(M_2, T_1) \\ \vdots \\ \lg(S_a(T_1))_{2n} = \mu_{\lg S_a}(M_2, R_{2n}, T_1) + \varepsilon(T_1)_{2n}\sigma_{\lg S_a}(M_2, T_1) \end{cases} \qquad (4.3-5b)$$

……

或者表达为

$$\lg(S_a^{(i)}(T_1))_j = \mu_{\lg S_a}(M^{(i)}, R_j^{(i)}, T_1) + \varepsilon^{(i)}(T_1)_j\sigma_{\lg S_a}(M^{(i)}, T_1) \qquad (4.3-6)$$

对于周期点 T_2 有同样的表达式:

$$\lg(S_a^{(i)}(T_2))_j = \mu_{\lg S_a}(M^{(i)}, R_j^{(i)}, T_2) + \varepsilon^{(i)}(T_2)_j\sigma_{\lg S_a}(M^{(i)}, T_2) \qquad (4.3-7)$$

周期点 T_1 和 T_2 的 $\lg S_a$ 平均值可以近似采用如下线性关系式:

$$\mu_{\lg S_a}(M^{(i)}, R_j^{(i)}, T_2) = k^{(i)}\mu_{\lg S_a}(M^{(i)}, R_j^{(i)}, T_1) + d^{(i)} \qquad (4.3-8)$$

式 (4.3-7) 变形为

$$\lg(S_a^{(i)}(T_2))_j = k^{(i)}\mu_{\lg S_a}(M^{(i)}, R_j^{(i)}, T_1) + d^{(i)} + \varepsilon^{(i)}(T_2)_j\sigma_{\lg S_a}(M^{(i)}, T_2) \qquad (4.3-9)$$

设 $\alpha_1^{(i)} = \sigma_{\lg S_a}(M^{(i)}, T_1)$, $\alpha_2^{(i)} = \sigma_{\lg S_a}(M^{(i)}, T_2)$, 以及

$$\left.\begin{aligned} \boldsymbol{X}_1^{(i)} &= [\varepsilon^{(i)}(T_1)_1, \cdots, \varepsilon^{(i)}(T_1)_n]^T \\ \boldsymbol{X}_2^{(i)} &= [\varepsilon^{(i)}(T_2)_1, \cdots, \varepsilon^{(i)}(T_2)_n]^T \\ \boldsymbol{Y}_1^{(i)} &= [\mu_{\lg S_a}(M^{(i)}, R_1^{(i)}, T_1), \cdots, \mu_{\lg S_a}(M^{(i)}, R_n^{(i)}, T_1)]^T \\ \boldsymbol{Y}_2^{(i)} &= [\mu_{\lg S_a}(M^{(i)}, R_1^{(i)}, T_2), \cdots, \mu_{\lg S_a}(M^{(i)}, R_n^{(i)}, T_2)]^T \\ \boldsymbol{S}_1^{(i)} &= [\lg S_a^{(i)}(T_1)_1, \cdots, \lg S_a^{(i)}(T_1)_n]^T \\ \boldsymbol{S}_2^{(i)} &= [\lg S_a^{(i)}(T_2)_1, \cdots, \lg S_a^{(i)}(T_2)_n]^T \end{aligned}\right\} \qquad (4.3-10)$$

则有下式:

$$\left.\begin{aligned} \boldsymbol{S}_1^{(i)} &= \alpha_1^{(i)}X_1^{(i)} + Y_1^{(i)} \\ \boldsymbol{S}_2^{(i)} &= \alpha_2^{(i)}X_2^{(i)} + Y_2^{(i)} = \alpha_2^{(i)}X_2^{(i)} + k^{(i)}Y_1^{(i)} + d^{(i)} \end{aligned}\right\} \qquad (4.3-11)$$

最后，任意两个周期点加速度反应谱的相关系数矩阵可以表达为

$$
\begin{aligned}
&\rho(\boldsymbol{S}_1^{(i)},\ \boldsymbol{S}_2^{(i)})\\
&=\rho(\alpha_1^{(i)}\boldsymbol{X}_1^{(i)}+\boldsymbol{Y}_1^{(i)},\ \alpha_2^{(i)}\boldsymbol{X}_2^{(i)}+k^{(i)}\boldsymbol{Y}_1^{(i)}+d^{(i)})=\rho(\alpha_1^{(i)}\boldsymbol{X}_1^{(i)}+\boldsymbol{Y}_1^{(i)},\ \alpha_2^{(i)}\boldsymbol{X}_2^{(i)}+k^{(i)}\boldsymbol{Y}_1^{(i)})\\
&=\frac{\mathrm{E}((\alpha_1^{(i)}\boldsymbol{X}_1^{(i)}+\boldsymbol{Y}_1^{(i)})(\alpha_2^{(i)}\boldsymbol{X}_2^{(i)}+k^{(i)}\boldsymbol{Y}_1^{(i)}))-\mathrm{E}(\alpha_1^{(i)}\boldsymbol{X}_1^{(i)}+\boldsymbol{Y}_1^{(i)})\mathrm{E}(\alpha_2^{(i)}\boldsymbol{X}_2^{(i)}+k^{(i)}\boldsymbol{Y}_1^{(i)})}{\sqrt{\mathrm{D}(\alpha_1^{(i)}\boldsymbol{X}_1^{(i)}+\boldsymbol{Y}_1^{(i)})}\ \sqrt{\mathrm{D}(\alpha_2^{(i)}\boldsymbol{X}_2^{(i)}+k^{(i)}\boldsymbol{Y}_1^{(i)})}}\\
&=\frac{\mathrm{E}(\alpha_1^{(i)}\alpha_2^{(i)}\boldsymbol{X}_1^{(i)}\boldsymbol{X}_2^{(i)}+\alpha_1^{(i)}k^{(i)}\boldsymbol{X}_1^{(i)}\boldsymbol{Y}_1^{(i)}+\alpha_2^{(i)}\boldsymbol{X}_2^{(i)}\boldsymbol{Y}_1^{(i)}+k^{(i)}\boldsymbol{Y}_1^{(i)}\boldsymbol{Y}_1^{(i)})}{\sqrt{\mathrm{D}(\alpha_1^{(i)}\boldsymbol{X}_1^{(i)}+\boldsymbol{Y}_1^{(i)})}\ \sqrt{\mathrm{D}(\alpha_2^{(i)}\boldsymbol{X}_2^{(i)}+k^{(i)}\boldsymbol{Y}_1^{(i)})}}\\
&\quad-\frac{(\alpha_1^{(i)}\mathrm{E}(\boldsymbol{X}_1^{(i)})+\mathrm{E}(\boldsymbol{Y}_1^{(i)}))(\alpha_2^{(i)}\mathrm{E}(\boldsymbol{X}_2^{(i)})+\mathrm{E}(k^{(i)}\boldsymbol{Y}_1^{(i)}))}{\sqrt{\mathrm{D}(\alpha_1^{(i)}\boldsymbol{X}_1^{(i)}+\boldsymbol{Y}_1^{(i)})}\ \sqrt{\mathrm{D}(\alpha_2^{(i)}\boldsymbol{X}_2^{(i)}+k^{(i)}\boldsymbol{Y}_1^{(i)})}}\\
&=\frac{\alpha_1^{(i)}\alpha_2^{(i)}\mathrm{E}(\boldsymbol{X}_1^{(i)}\boldsymbol{X}_2^{(i)})+\alpha_1^{(i)}k^{(i)}\mathrm{E}(\boldsymbol{X}_1^{(i)}\boldsymbol{Y}_1^{(i)})+\alpha_2^{(i)}\mathrm{E}(\boldsymbol{X}_2^{(i)}\boldsymbol{Y}_1^{(i)})+k^{(i)}(\mathrm{E}(\boldsymbol{Y}_1^{(i)}\boldsymbol{Y}_1^{(i)})-\mathrm{E}(\boldsymbol{Y}_1^{(i)})^2)}{\sqrt{\mathrm{D}(\alpha_1^{(i)}\boldsymbol{X}_1^{(i)}+\boldsymbol{Y}_1^{(i)})}\ \sqrt{\mathrm{D}(\alpha_2^{(i)}\boldsymbol{X}_2^{(i)}+k^{(i)}\boldsymbol{Y}_1^{(i)})}}\\
&=\frac{\alpha_1^{(i)}\alpha_2^{(i)}\rho(\boldsymbol{X}_1^{(i)}\boldsymbol{X}_2^{(i)})\ \sqrt{\mathrm{D}(\boldsymbol{X}_1^{(i)})}\ \sqrt{\mathrm{D}(\boldsymbol{X}_2^{(i)})}}{\sqrt{\mathrm{D}(\alpha_1^{(i)}\boldsymbol{X}_1^{(i)}+\boldsymbol{Y}_1^{(i)})}\ \sqrt{\mathrm{D}(\alpha_2^{(i)}\boldsymbol{X}_2^{(i)}+k^{(i)}\boldsymbol{Y}_1^{(i)})}}\\
&\quad+\frac{\alpha_1^{(i)}k^{(i)}\mathrm{cov}(\boldsymbol{X}_1^{(i)},\ \boldsymbol{Y}_1^{(i)})+\alpha_2^{(i)}\mathrm{cov}(\boldsymbol{X}_2^{(i)},\ \boldsymbol{Y}_1^{(i)})+k^{(i)}\mathrm{D}(\boldsymbol{Y}_1^{(i)})}{\sqrt{\mathrm{D}(\alpha_1^{(i)}\boldsymbol{X}_1^{(i)}+\boldsymbol{Y}_1^{(i)})}\ \sqrt{\mathrm{D}(\alpha_2^{(i)}\boldsymbol{X}_2^{(i)}+k^{(i)}\boldsymbol{Y}_1^{(i)})}}
\end{aligned}
$$

$$(4.3-12)$$

$\mathrm{D}(\cdot)$、$\mathrm{E}(\cdot)$表示样本方差和期望。

由于$\varepsilon(T)$服从标准正态分布假设，$\mathrm{E}(\boldsymbol{X}_1^{(i)})=\mathrm{E}(\boldsymbol{X}_2^{(i)})=0$和$\mathrm{D}(\boldsymbol{X}_1^{(i)})=\mathrm{D}(\boldsymbol{X}_2^{(i)})=1$，由于$\boldsymbol{X}_1^{(i)}$、$\boldsymbol{X}_2^{(i)}$可以认为独立于$\boldsymbol{Y}_1^{(i)}$，即$\mathrm{cov}(\boldsymbol{X}_1^{(i)},\ \boldsymbol{Y}_1^{(i)})=\mathrm{cov}(\boldsymbol{X}_2^{(i)},\ \boldsymbol{Y}_1^{(i)})=0$，式（4.3-12）写作：

$$
\begin{aligned}
\rho(\boldsymbol{S}_1^{(i)},\ \boldsymbol{S}_2^{(i)})&=\frac{\alpha_1^{(i)}\alpha_2^{(i)}}{\sqrt{(\alpha_1^{(i)})^2+\mathrm{D}(\boldsymbol{Y}_1^{(i)})}\ \sqrt{(\alpha_2^{(i)})^2+\mathrm{D}(\boldsymbol{Y}_1^{(i)})}}\rho(\boldsymbol{X}_1^{(i)}\boldsymbol{X}_2^{(i)})\\
&\quad+\frac{k^{(i)}\mathrm{D}(\boldsymbol{Y}_1^{(i)})}{\sqrt{(\alpha_1^{(i)})^2+\mathrm{D}(\boldsymbol{Y}_1^{(i)})}\ \sqrt{(\alpha_2^{(i)})^2+\mathrm{D}(\boldsymbol{Y}_1^{(i)})}}
\end{aligned}
$$

$$(4.3-13)$$

由于$\rho(\boldsymbol{X}_1^{(i)}\boldsymbol{X}_2^{(i)})$近似相等于$\rho(\boldsymbol{S}_1^{(i)},\ \boldsymbol{S}_2^{(i)})$，则最终我们得到如下关系式：

$$
\rho(\boldsymbol{S}_1^{(i)},\ \boldsymbol{S}_2^{(i)})=\frac{\dfrac{k^{(i)}\mathrm{D}(\boldsymbol{Y}_1^{(i)})}{\sqrt{(\alpha_1^{(i)})^2+\mathrm{D}(\boldsymbol{Y}_1^{(i)})}\ \sqrt{(\alpha_2^{(i)})^2+\mathrm{D}(\boldsymbol{Y}_1^{(i)})}}}{\left(1-\dfrac{\alpha_1^{(i)}\alpha_2^{(i)}}{\sqrt{(\alpha_1^{(i)})^2+\mathrm{D}(\boldsymbol{Y}_1^{(i)})}\ \sqrt{(\alpha_2^{(i)})^2+\mathrm{D}(\boldsymbol{Y}_1^{(i)})}}\right)}
$$

$$= \frac{k^{(i)} \mathrm{D}(\boldsymbol{Y}_1^{(i)})}{\sqrt{(\alpha_1^{(i)})^2 + \mathrm{D}(\boldsymbol{Y}_1^{(i)})} \sqrt{(\alpha_2^{(i)})^2 + \mathrm{D}(\boldsymbol{Y}_1^{(i)})} - \alpha_1^{(i)} \alpha_2^{(i)}} \quad (4.3-14)$$

式（4.3-14）表明 $\rho(\boldsymbol{S}_1^{(i)}, \boldsymbol{S}_2^{(i)})$ 受参数 $k^{(i)}$、$\alpha_1^{(i)}$、$\alpha_2^{(i)}$ 控制，而上述参数均与震级直接相关，该式同样可以用来估计震级对于相关系数矩阵的影响。当 T_1 接近 T_2 时，不同震级下的均趋近为 1，对应的 $\alpha_1^{(i)}$ 和 $\alpha_2^{(i)}$ 也趋近一致，因此在高相关性区域，震级对于 $\rho(\boldsymbol{S}_1^{(i)}, \boldsymbol{S}_2^{(i)})$ 的计算结果影响可以忽略不计。与此相反，当 T_1 与 T_2 相差较大，即在低相关系数区域，由于 $k^{(i)}$、$\alpha_1^{(i)}$、$\alpha_2^{(i)}$ 随着震级不同而存在显著差异，因此最终的计算结果受震级影响显著。后续的震级分组计算实例也印证了这一点。

值得说明的是，国内部分学者由于所在地区缺少适用预测方程，直接基于强震动记录按照式（4.3-15）来统计 $\rho(\lg S_a(T_1), \lg S_a(T_2))$，并用于条件均值目标谱的构建中。

$$\rho(\lg S_a(T_1), \lg S_a(T_2)) = \frac{\sum_{i=1}^{n} [\lg S_a(T_1) - \overline{\lg S_a(T_1)}][\lg S_a(T_2) - \overline{\lg S_a(T_2)}]}{\sqrt{\sum_{i=1}^{n} [\lg S_a(T_1) - \overline{\lg S_a(T_1)}]^2 \sum_{i=1}^{n} [\lg S_a(T_2) - \overline{\lg S_a(T_2)}]^2}}$$

$$(4.3-15)$$

严格意义上说，这种做法是不准确的，得到的结果无法用于条件均值谱构建。因为即使针对同一个地震事件而言，预测方程给出的某周期点标准差实质上是拟合结果残差的标准差，并非该地震事件观测值在该周期点的标准差 $\sigma_{\lg S_a(T)}$。这样计算得到的相关系数与 $\rho(\varepsilon(T_1), \varepsilon(T_2))$ 本质上并不一样，必须经过预测方程归一化之后才可以得到目标地震动参数之间的相关性估计，否则相当于额外考虑了地震事件内的离散性。如果考虑多个地震事件，这种差异将更显著而且不可控。

计算不同震级分组下各个记录 0.01~2.0s 的 $\varepsilon(T)$ 值，利用 K-S 检验对 $\varepsilon(T)$ 的分布是否满足正态分布加以检验，显著性水平为 0.01。M1 组、M2 组以及 M3 组的 p 值均在 0.01 以上，最小 p 值也不低于 0.05，可认为接受服从正态分布的基本假设，见图 4.3-8。不同震级分组下 $\rho(\varepsilon(T_1), \varepsilon(T_2))$ 计算结果一并绘于图 4.3-8，并与前文相关系数计算结果一并整理于附表 1 中供读者查阅参考。

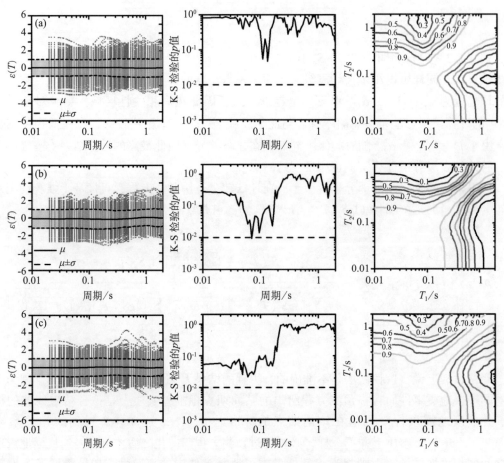

图 4.3-8　不同震级分组下标准差系数分布计算结果

　　在记录组（5.5≤M_s≤7.0 级）下相关系数计算结果与 BJ08 经验模型基本一致，但是不同震级分组之间的计算结果差异还是很显著的。M1、M2 组和 M3 组的 $T_{amp1.5}$ 值计算结果分别为 0.0701、0.1208 和 0.0885。从整体趋势来看，周期点之间越接近，二者的相关系数越接近 1，周期点之间间隔越远，相关系数越小。不同震级分组在不同周期段之间均有不同的相关系数表现。为了更直观说明他们之间的异同，这里分别选取 T_2 = 0.01、0.1、0.2、0.5、1.0 和 2.0s，计算 [0.01~2.0s] 范围内 T_1 与 T_2 之间的相关系数，并与 BJ08 经验预测模型加以对比，计算结果如图 4.3-9 所示。三个震级分组的整体趋势与 BJ08 模型基本一致，当 T_1 和 T_2 较为接近时，即高相关性区域三个分组下的计算结果与 BJ08 模型基本保持一致，但是较长周期与较短周期之间的低相关性区域则在不同分组表现出了不同的特征：M2 组在 T_{max} 超过 0.8s 后，低于 BJ08 经验模型的预测值，M3 组则恰好相反，在 T_{max} 超过 0.8s 后，高于 BJ08 模型；M1 组则基本与 BJ08 模型预测一致。文末附录以表格形式给出了 3 个震级分组下相关系数的计算结果。

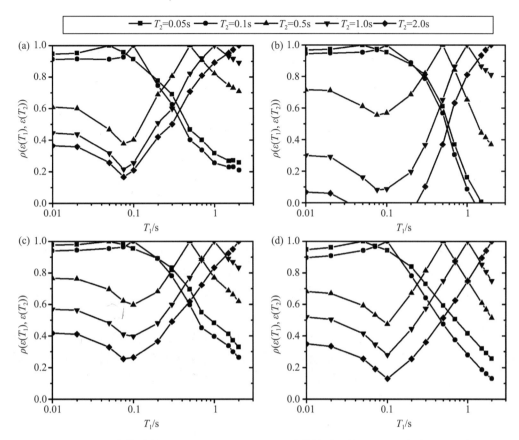

图 4.3-9 不同震级分组下 $\rho(\varepsilon(T_1), \varepsilon(T_2))$ 计算结果及与 Baker 经验关系对比结果

(a) M1 组；(b) M2 组；(c) M3 组；(d) BJ08 预测模型

4.3.6 小结

首先从相关系数的概念出发推导了非同源预测方程用于相关系数统计的可行性。进而通过对比芦山地震和汶川地震下，不同预测方程下相关系数计算结果，验证了通过 K-S 假设检验结果判断标准差系数是否符合正态分布可以作为非同源预测方程计算相关系数的可行性依据。以中国 2007~2014 年（5.5≤M_S≤7.0 级）的强震动记录数据库为基础，验证了我国危险性分析中使用的霍俊荣预测方程无法严格满足残差正态分布假定，因而重新拟合了新的预测方程，并统计了 0.01~2.0s 标准差系数的相关系数矩阵，结果与基于 NGA 数据库推导得到的 BJ08 经验公式预测值基本一致。最后，从公式推导的角度验证了相关系数的震级敏感性影响。并依据我国强震动记录不同震级下相关系数的统计结果差异，将最终结果分为 3 组：M1 组（5.5≤M_S<6.0 级），M2 组（6.0≤M_S<6.5 级），M3 组（6.5≤M_S≤7.0 级），分别给出了各分组下的统计结果供工程和研究参考。

4.4 条件（均值）谱记录选取应用实例

下面以两个中国场址的地震安全性评价工作为出发点，进行设定地震解耦（考虑/不考虑预测方程长短轴效应）和条件均值谱（分布）的构建与记录选取。需要强调的是，为了保证结果的工程可操作性，本节所依据的算例均为随机选取的已经完成的现有安全性评价报告，作者并未参与之前的危险性分析工作或者计算，进行设定地震解耦和后面条件均值谱构建所依据的一切资料均来自安全性评价报告本身，潜源划分图为扫描件数字化得到，这里所涉及的参数均是安全性评价报告中可以查溯到的，是工程场地地震安全性评价技术规范（GB 17741—2005）中要求给出的产出。

4.4.1 设定地震解耦

本节所研究的两个目标场址分别位于河北廊坊市（N39.309°，E116.502°）和四川雅安市（N29.795°，E102.8464°），依据安评报告为《港清三线输气管道工程地震安全性评价报告》和《荥经县"金海岸"返迁安置房建设项目工程场地地震安全性评价报告》，下文分别用场址 1 和场址 2 代替。场址位置和所在 250km 区域内主要潜源分布情况和所在地震带见图 4.4-1。对于场址 1，所有目标潜源均位于华北地震带，其 b 值和 ν 值均为相同的 0.83 和 4.2。对于场址 2，共有两个主要地震带，鲜水河东地震带（$b=0.855$，$\nu=33.1$）和龙门山地震带（$b=0.716$，$\nu=5.2$）。各个潜源所对应的 b 值、ν 值，震级上限 M_{max} 和各个震级分组的空间分布函数 f_{i,m_j}。

表 4.4-1　场址 1 的各潜源概率地震危险性分析参数

潜源	b	ν	震级上限 M_{max}	空间分布函数 f_{i,m_j}					
				4.5~5.4	5.5~5.9	6.0~6.4	6.5~6.9	7.0~7.4	≥7.5
1			6.5	0.0085	0.0085	0.0261	0	0	0
2			6.5	0.0151	0.0151	0.0285	0	0	0
3			8.0	0.0112	0.0112	0.0193	0.0286	0.0816	0.0182
4			7.0	0.0137	0.0137	0.0216	0.0346	0	0
5	0.712	5.2	6.5	0.0175	0.0175	0.0294	0	0	0
6			7.0	0.0115	0.0115	0.0213	0.0533	0	0
7			6.5	0.0096	0.0096	0.0265	0	0	0
8			6.0	0.0117	0.0117	0	0	0	0
9			8.0	0.0062	0.0062	0.0244	0.0911	0.1433	0.0219
10			6.5	0.0074	0.0074	0.0256	0	0	0

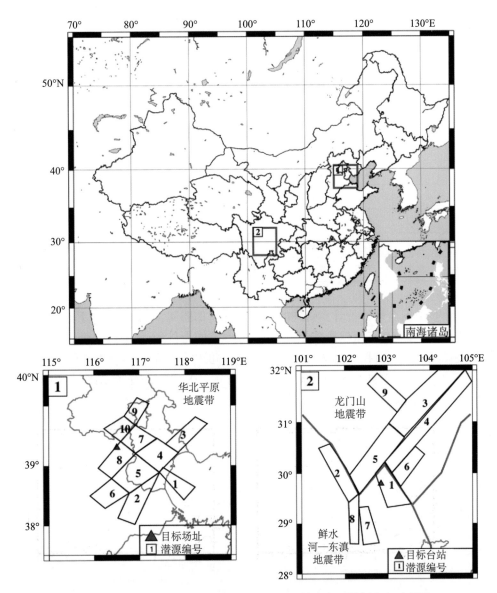

图 4.4 - 1　目标场址 1 和场址 2 的 250km 区域内主要潜源分布示意图

表 4.4 - 2　场址 2 的各潜源概率地震危险性分析参数

潜源	b	ν	震级上限 M_{max}	空间分布函数 f_{i,m_j}						
				4.0~4.9	5.0~5.4	5.5~5.9	6.0~6.4	6.5~6.9	7.0~7.4	≥7.5
1	0.855	33.1	6.5	0.0071	0.0067	0.0067	0.0057	0	0	0
2			8.0	0.0197	0.0234	0.0248	0.0397	0.0577	0.0835	0.1021
3	0.716	5.2	8.0	0.0863	0.0768	0.0681	0.0715	0.087	0.1014	0.1074
4			8.0	0.035	0.0271	0.0271	0.0171	0	0	0
5			6.5	0.0251	0.0272	0.0294	0.0334	0.04	0.0673	0
6			7.5	0.0083	0.008	0.0083	0.0093	0	0	0
7	0.855	33.1	6.5	0.0067	0.0072	0.0078	0.0088	0.0126	0.0227	0
8			7.5	0.0058	0.0062	0.0066	0.0088	0.0132	0.0249	0
9	0.716	5.2	7.5	0.0263	0.0321	0.0379	0.0491	0.068	0.0967	0.0977

　　上述两个场址安全性评价计算得到的一致概率谱如图 4.4 - 2 所示。下面以受关注较多的罕遇地震水平，即 50 年超越概率 2% 的一致概率谱作为目标，以 0.2s 和 2.0s 分别为假想短、长周期结构的目标自振周期 T^*，采用安全性评价中使用的预测方程进行设定地震解耦。场址 1：$S_a(T^* = 0.2\text{s}) = 0.538g$；$S_a(T^* = 2.0\text{s}) = 0.122g$；场址 2：$S_a(T^* = 0.2\text{s}) = 0.695g$；$S_a(T^* = 2.0\text{s}) = 0.145g$。

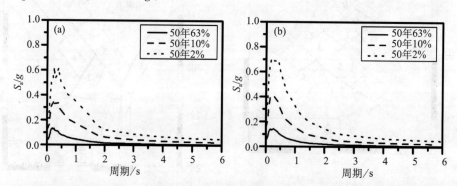

图 4.4 - 2　场址 1 和场址 2 的 50 年超越概率 2%、10% 和 63% 一致概率谱

　　依据主要潜源的震级上下限和空间范围，场址 1 的震级分档范围为 [4.5~8 级]，场址 2 的震级分档范围为 [4.0~8 级]，大致以 0.5 级为分档间隔，每档震级的中间取值作为该档震级的代表值；震中距 r 范围为 [0~250km]，以 5km 作为分档间隔；标准差系数 ε 区间为 [-3~3]。依据上节设计的计算流程计算各个潜在设定地震事件（M-R-ε）的贡献比例，将各个潜源的计算结果进行综合叠加后，得到设定地震事件（M-R-ε）的贡献比例分布如图 4.4 - 3 所示的 3D 解耦图。用不同位置带颜色的三维柱状图表示设定地震组合，x 轴代表震级，y 轴代表震中距，柱高度代表该事件对目标值的贡献比例，标准差系数用颜色表示，柱高为 0 表明该事件对目标值没有贡献，不参与设定地震事件计算。

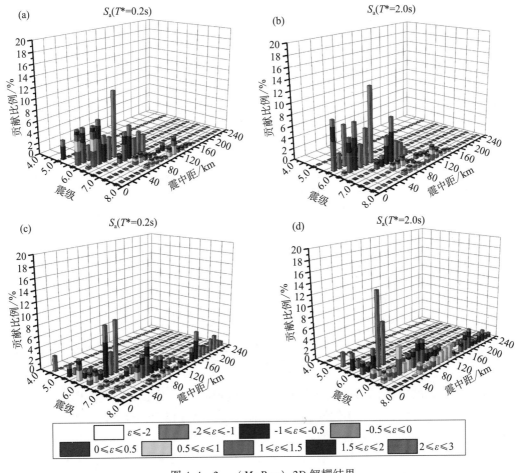

图 4.4 - 3　(M-R-ε) 3D 解耦结果

场址 1：(a)、(b)；场址 2：(c)、(d)

在求解出所有可能的设定地震事件的贡献比例后，最后用于条件谱构建的设定地震求解思路有两种：最大贡献地震和平均影响地震。最大贡献地震定义为贡献比例最大的 (M-R-ε) 组合；平均影响地震则是将每个可能的设定地震组合按照贡献比例进行加权平均得到的结果。最大贡献地震和平均影响地震均为危险性分析解耦的重要产出，一般视需求采用。一般来说，通常当近、远场同时出现高贡献比例的设定地震组合时，应当给出不同区域对应的最大贡献地震作为设定地震 (McGuire，1995)。而本节所涉及的两个算例的主要贡献地震事件所在区域相对较为集中，为全面考虑整个潜源区内所有微元对场地的影响特征，宜采用平均影响地震作为设定地震作为条件均值谱和分布的构建依据 (Baker，2010)。最大贡献地震和平均设定地震在对应目标值下的标准差系数计算结果一并列于表 4.4 - 3。对于场址 1来说，无论是短周期 0.2s 还是长周期 2.0s，其主要贡献地震和平均设定地震事件结果相仿，震级 $M5.5 \sim 6.5$，距离 R 在 60km 左右，这个结果和该场址相对密集的潜源分布是吻合的。对于潜源分布相对离散的场址 2，$T^* = 0.2s$ 和 $T^* = 2.0s$ 对应的最大贡献地震存在 20km 的差异，$R^* = 41.0\text{km}$ 和 $R^* = 61.0\text{km}$，对于长周期目标值，远场大震级上限潜源（$M7.5$ 以上）：3、4、9 号潜源所对应的设定地震贡献更加突出。对于平均设定事件来说，其主要差异体现在标准差系数上，这也是我们要进行 3D 解耦的意义，如果直接采用 2D 解耦，虽然同样可以进行条件均值谱计算，但是标准差系数的差异并不会体现在最后的贡献比例计算中。正如陶夏新等（2014）指出的，PSHA 中的目标值已是进行过不确定性校正的结果，如果直接借助预测方程均值反推设定地震（M，R），得到的结果很容易与地震环境自相矛盾。如果像本节解耦流程这样将标准差系数作为地震信息的一部分参与设定地震计算，就可以很好避免上述矛盾现象发生。

表 4.4-3　最大贡献地震和平均设定地震解耦结果

目标值		最大贡献地震					平均设定地震			
		M^*	R^* （km）	ε^*	ε_0	贡献比例 （%）	$\overline{M}$	$\overline{R}$ （km）	$\overline{\varepsilon}$	ε_1
场址 1	$S_a(T^* = 0.2\text{s}) = 0.538g$	6.25	61.0	2.0~3.0	2.25	11.8	6.49	57.6	1.75	1.59
	$S_a(T^* = 2.0\text{s}) = 0.122g$	6.25	61.0	2.0~3.0	2.43	13.3	6.53	60.1	1.93	1.73
场址 2	$S_a(T^* = 0.2\text{s}) = 0.695g$	6.25	61.0	2.0~3.0	2.44	9.3	6.84	85.8	1.93	2.00
	$S_a(T^* = 2.0\text{s}) = 0.145g$	6.25	41.0	2.0~3.0	2.04	13.7	6.92	87.6	1.90	1.78

针对前文提到的中国强震动记录预测方程长短轴问题，提出了引入方向角 θ 的 4D 解耦。下面以场址 1 为例，进行实例说明并与之前采用预测方程长轴计算的 3D 解耦结果进行对比。采用各个潜源的短边中点近似确定各个潜源的长轴方向如图 4.4-4 红线所示，采用 0~90° 的均匀分布来确定参数 θ 的概率密度函数：$P_\theta(\theta_\alpha)$，兼顾计算效率，这里取 10° 间隔。最后联立椭圆参数方程和场址与目标微元连线的直线方程，采用上节方法得到考虑 θ 的 4D 最大贡献地震和平均设定地震的解耦结果（M-R-ε-θ）如表 4.4-4、表 4.4-5 所示。

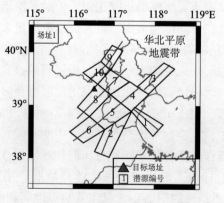

图 4.4-4　场址 1 中各潜源的长轴示意图

表 4.4 - 4　考虑和不考虑 θ 的最大贡献地震解耦结果

目标值	最大贡献地震（不考虑 θ）					最大贡献地震（考虑 θ）					
	M^*	R^* (km)	ε^*	ε_0	贡献比例 (%)	M^*	R^* (km)	θ^* (°)	ε^*	ε_0	贡献比例 (%)
$S_a(T^*=0.2\text{s})$ $=0.538g$	6.25	61.0	2.0~3.0	2.25	11.8	6.25	51.0	60	2.0~3.0	2.462	11.8
$S_a(T^*=2.0\text{s})$ $=0.122g$	6.25	61.0	2.0~3.0	2.43	13.3	6.25	51.0	50	2.0~3.0	2.510	9.6

表 4.4 - 5　考虑和不考虑 θ 的平均设定地震解耦结果

	平均设定地震（不考虑 θ）				平均设定地震（考虑 θ）				
	$\overline{M}$	$\overline{R}$ (km)	$\overline{\varepsilon}$	ε_1	$\overline{M}$	$\overline{R}$ (km)	θ (°)	$\overline{\varepsilon}$	ε_1
$S_a(T^*=0.2\text{s})=0.538g$	6.49	57.6	1.75	1.59	6.52	55.5	38	1.858	2.048
$S_a(T^*=2.0\text{s})=0.122g$	6.53	60.1	1.93	1.73	6.56	57.56	38	1.978	1.968

　　与仅考虑预测方程长轴的结果对比发现，在最大贡献地震的计算中，θ 角度会对震级、距离设定地震的计算结果产生一定影响，如距离上产生了大概 10km 的差距，但是通过了平均权重之后，平均设定地震结果的影响几乎可以忽略不计，考虑到计算效率和结果的简洁，直接以 3D 解耦结果下的平均设定地震进行条件分布计算。需要强调的是，在某些潜源分布情况下，如果需要准确估计最大贡献地震，为了得到尽量准确的结果，θ 的作用不可忽视。

　　下面基于上述解耦结果，我们进行条件周期为 0.2s 和 2.0s 的条件均值谱构造，虽然上文的计算结果表明，BJ08 模型可以较好预测中国强震动记录的相关系数经验矩阵，本节将从实际应用的角度对相关系数矩阵的影响进行讨论。一个是本节基于中国强震动记录数据拟合得到的经验矩阵；一个是采用 BJ08 模型计算得到的预测矩阵，探讨条件均值谱计算结果的差异。由图 4.4 - 5 可以看到，对于场址 1 和场址 2，在 0.01 到 2.0s 范围内，BJ08 模型和经验相关系数矩阵计算得到的结果基本一致，在条件周期为 2.0s 时，0.6 到 2.0s 之间二者出现了细小的差别，BJ08 模型出现了轻微的低估，考虑到后文希望计算长达 6.0s 的目标谱，而观测矩阵的有效范围受原始数据限制，可靠范围仅到 2.0s，后面直接采用有效周期范围长达 10.0s 的 BJ08 预测模型进行计算。

　　最后条件均值谱的计算结果与 50 年 2% 超越概率曲线计算结果对比如图 4.4 - 6 所示，在目标周期处，条件反应谱均值与目标值一致，随着周期点远离目标周期点，条件均值目标谱逐渐偏离一致概率谱。从整个周期来看，一致概率谱整体要偏于保守，这种差异在非目标周期表现得尤为显著。至此条件均值谱的构建完成，下面将从匹配条件均值目标谱和匹配条件谱（均值与标准差）两个角度分别进行讨论。

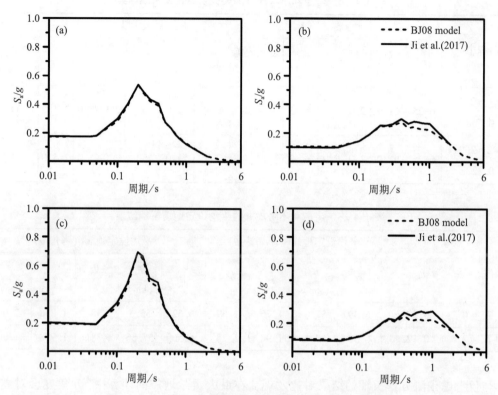

图 4.4-5　采用不同相系数矩阵计算得到的 CMS 目标谱

场址 1：（a），（b）；场址 2：（c），（d）

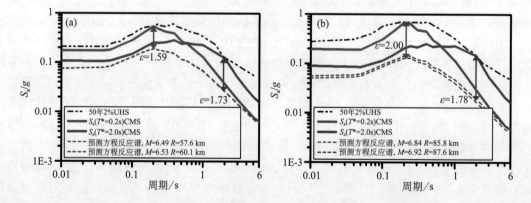

图 4.4-6　场址 1 和场址 2 不同条件周期下的条件均值谱

4.4.2　条件（均值）谱记录匹配

1. 条件均值谱 CMS 匹配

条件均值谱 CMS 的匹配本质上是目标谱的匹配，采用与上一章相同的流程既可通过上文叙述的最小二乘法对目标周期段计算最小误差平方和最小的若干条记录作为结果。区别有两点：①CMS 目标谱匹配的调幅依据一般均采用 $S_a(T_1)$ 单点调幅。②地震动参数 (M, R) 可以依据解耦得到的设定地震进行大致确定，如果谱型匹配不佳，适当放宽场地，距离，甚至震级的范围，并采用 3.3 节的优化权重匹配方法对结果进行改进，最后保证记录选取结果均值谱与条件均值谱相对误差在一定范围内（如 20% 内）即可。一般情况下，由于条件均值谱自身谱型合理性的优势，在 NGA 和 NSMONS 数据库同时参与记录选取的情况下，除非震级距离等地震动参数限制较严格，一般情况下很容易得到匹配度较高的结果，尤其是记录选取数量较少，如 7~10 条的时候。具体技术细节和流程可参考上一章，这里仅给出最终上文四种解耦结果下的条件均值谱记录选取结果以供参考，记录选取数量为 30 条，四种工况下的强震动记录反应谱结果和对数标准差如图 4.4-7 所示。

2. 条件谱 CS 匹配

由图 4.4-7 可以看到，仅仅匹配条件均值谱均值并无法控制结果的标准差，最后与目标分布的标准差差别较大，下面基于 4.2.3 节提到的两步筛选法方法首先构建对应的条件分布，进而采用拉丁超立方抽样技术构造出多元正态分布的模拟谱，在匹配模拟谱后，采用贪婪优化算法对均值和标准差做修正。采用单分量强震动记录匹配，调幅系数上限设置为 5，最后得到场址 1 和场址 2 在不同条件目标周期下的调幅记录选取结果如图 4.4-8 所示。由于匹配结果可以看到中位值，均值和对数标准差与目标谱保持了较好的一致性（目标分布服从的是对数下的多元正态分布，所以严格意义上其控制的是谱加速度的中位值，即对数下谱加速度的均值）。

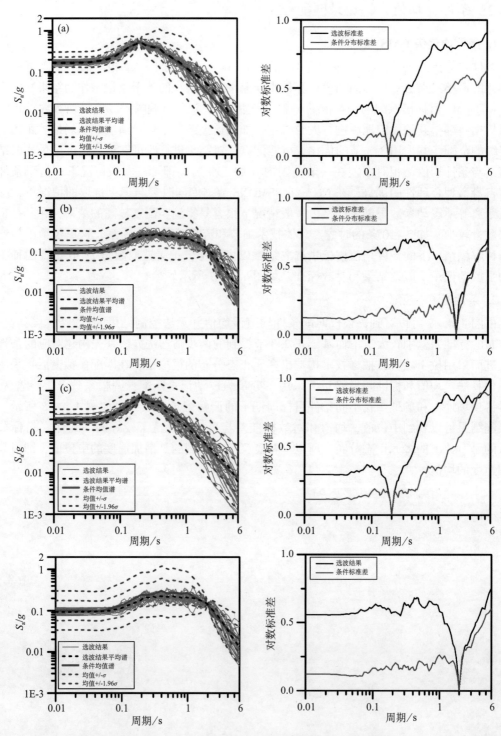

图 4.4-7　基于 CMS 的 30 条强震动记录选取结果

场址 1：（a）、（b）；场址 2：（c）、（d）

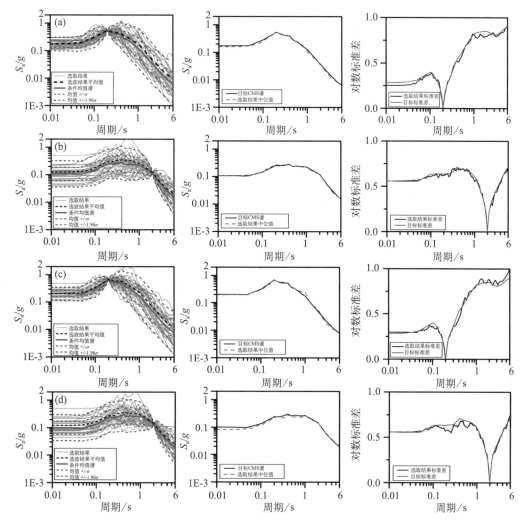

图 4.4-8　基于 CS 的 30 条强震动记录选取结果

场址 1：（a）、（b）；场址 2：（c）、（d）

4.4.3　危险一致性验证思路

虽然 CMS 目标谱本身的谱型可以描述场址危险性，但是得到的强震动记录数据集由于没有控制离散性，和目标条件分布并不匹配，记录选取过程中各个非目标周期点不可控的离散性会使其计算不同周期点超越概率曲线并没有意义。匹配 CMS 目标谱的初衷是通过若干条强震动记录得到结构响应均值估计，而匹配 CS 的目的是估计结构响应分布，并最终用于结构指标的概率危险性曲线计算中。本小节将针对场址 1 和场址 2 的 CS 记录选取结果的危险一致性进行验证，各个幅值下的设定地震解耦，目标谱构建以及对应的记录选取流程可参考上文，不再一一赘述。

条件均值谱通常基于结构自振周期 $S_a(T_1)$ 进行单点调幅，解耦和最后的构造，在实际情况下，目标结构响应并不受单一自振周期控制，可能存在高阶振型周期，非线性效应下的周期延长等问题（Haselton et al.，2009）。那么对于同一个工程场址，保证不同条件周期下构造的条件均值谱具有相同的危险性水平就显得十分重要了，这个也是条件谱概念最本质的优越性体现：不管条件目标周期如何选择，基于同一个一致超越概率曲线构造的条件均值谱应当可以实现其记录选取结果数据集计算得到的超越概率是一致的（Lin et al.，2013b），具体来说，其思路如下：

采用全概率理论，基于 $S_a(T^*)$ 的 CS 记录选取结果，任意周期 T 点的加速度反应谱值 $S_a(T)$ 的年超越概率 $\lambda(S_a(T)>y)$ 计算公式如下：

$$\lambda(S_a(T)>y)=\int_x P(S_a(T)>y \mid S_a(T^*)=x) \mid \mathrm{d}\lambda(S_a(T^*)>x)\mid \quad (4.4-1)$$

式中，$P(S_a(T)>y \mid S_a(T^*)=x)$ 代表 $S_a(T^*)$ 调幅至 x 值的记录选取结果中 $S_a(T)$ 超过 y 值的概率，这里直接采用 N 条记录选取结果中满足要求的记录数量比例来近似估计。

由于中国安全性评价报告一般来说仅给出三个最常用危险性水平：50 年 2%、10% 和 63% 超越概率下的一致概率谱计算结果，所以 $\lambda(S_a(T^*)>x)$ 并无法直接通过对 $S_a(T^*)$ 超越概率曲线进行求导得到。这里基于这三个点进行数线性插值得到近似的目标值在该超越概率范围附近的超越概率曲线（Cornell，1996；Sewell et al.，1991），即：

$$\lambda(S_a(T^*)>x)=k_0(x)^{-k} \quad (4.4-2)$$

对式（4.4-2）进行求导得到式（4.4-3），代入公式（4.4-1）中即可得到计算记录选取结果的 $\lambda(S_a(T)>y)$ 的公式如式（4.4-4）所示：

$$\mathrm{d}\lambda(S_a(T^*)>x)=-kk_0(x)^{(-k-1)}\mathrm{d}x \quad (4.4-3)$$

$$\lambda(S_a(T)>y)=\int_x P(S_a(T)>y \mid S_a(T^*)=x)\mid -kk_0(x)^{(-k-1)}\mid \mathrm{d}x \quad (4.4-4)$$

将计算结果与基于地震危险性分析得到的线性插值超越概率曲线进行对比，即可以实现对记录选取结果地震危险一致性的评价和验证。该思路并不能用来判断匹配 CMS 目标谱的强震动记录。因为 $P(S_a(T)>y \mid S_a(T^*)=x)$ 会受记录选取结果的离散性影响，而对于不控制记录选取离散性的 CMS 方法来说，其仅仅以和目标谱的匹配程度作为衡量指标，如匹配较好，记录选取结果离散性极小，$P(S_a(T)>y \mid S_a(T^*)=x)$ 计算结果非 0 即 1，完全决定于条件均值谱自身的谱型，那么后续的超越概率曲线就失去了计算的意义。因此，这里主要对匹配 CS 反应谱条件分布的强震动记录选取结果做危险一致性验证。

4.4.4　记录选取结果危险一致性验证

本节选择了五个不同的条件周期 $T^*=0.01$、0.2、0.5、1.0、$2.0s$ 进行构建 CS。以场

址 1 为例，给出上述五个周期点的年超越概率曲线拟合结果如图 4.4 - 9 所示，可以看到对数线性插值的结果较好拟合了地震安评中地震概率危险性分析给出的三个超越概率水平的结果。将 0.02g 到 0.9g 离散为 14 个点，逐一依据其进行不同条件周期在不同目标值下的强震动记录选取（同时匹配均值和方差），每组数量均为 30 条。采用上节的流程逐一计算其对应的超越概率曲线。

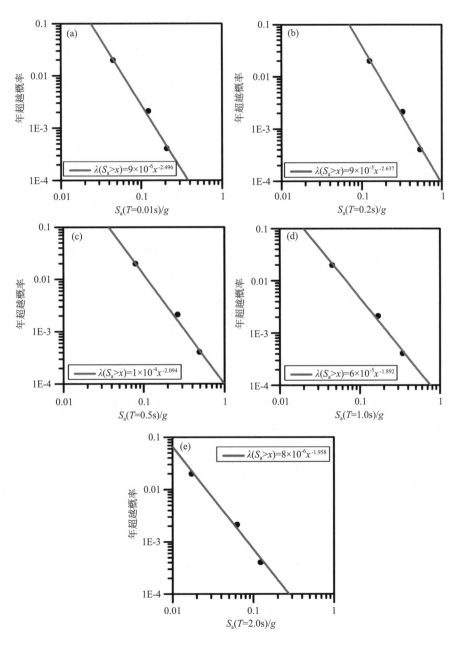

图 4.4 - 9　场址 1 不同周期点 $S_a(T)$ 的年超越概率曲线

（a）$S_a(T=0.01\text{s})$；（b）$S_a(T=0.2\text{s})$；（c）$S_a(T=0.5\text{s})$；（d）$S_a(T=1.0\text{s})$；（e）$S_a(T=2.0\text{s})$

　　场址 1 和场址 2 在不同条件周期下记录选取结果的超越概率曲线如图 4.4－10 和图 4.4－11 所示，可以看到与 T=0.01、0.2、0.5、1.0、2.0s 这五个周期点的 PSHA 分析结果插值得到的目标超越概率曲线基本吻合，哪怕条件周期和目标周期相差很大，彼此之间相关性较弱，基于 $S_a(T^*=0.01s)$ 计算 $S_a(1.0s)$ 或者 $S_a(2.0s)$ 的超越概率曲线结果也保持了很好的一致性。当 $T^*=T$ 时候，$P(S_a(T)>y\mid S_a(T^*)=x)$ 变为非 0 即 1 的阶跃函数，最后超越概率曲线形状也呈阶梯状。场址 1 和场址 2 的记录选取结果表明基于本书所用方法选取的

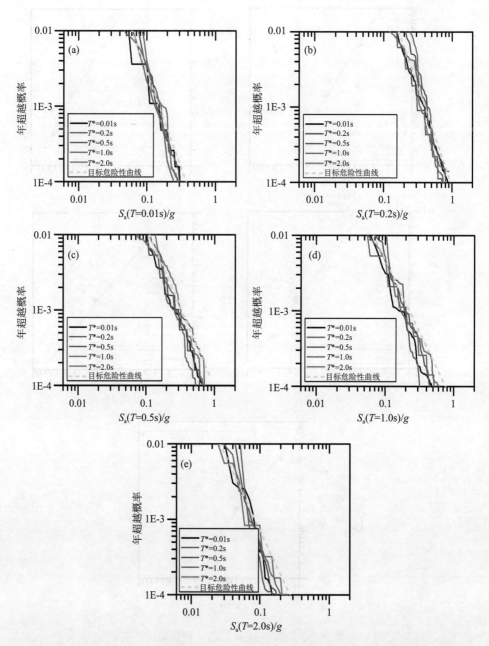

图 4.4－10　场址 1 不同条件周期下 CS 记录选取结果的超越概率曲线计算结果对比

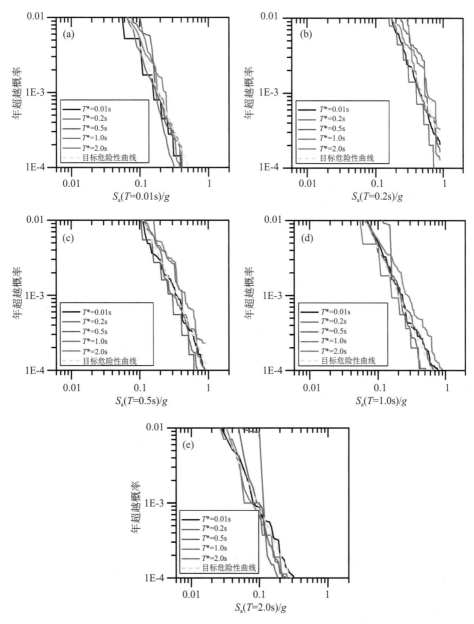

图 4.4-11　场址 2 不同条件周期下 CS 记录选取结果的超越概率曲线计算结果对比

结果通过了地震危险性一致性验证，这一点除了保证了其本身物理意义的合理性外，也是后续结构指标的概率危险性曲线计算中危险一致性的重要保证。这一点会在最后一章从结构性态分析的角度再次提及和验证。

4.4.5　小结

在我国安全性评价解耦结果的基础上，构建了条件均值谱 CMS 和条件谱 CS。将其与一致概率谱进行对比后发现，一致概率谱在非目标周期处偏于保守，不仅可能造成不必要的浪费还影响了谱形的真实合理。基于拉丁超立方抽样技术构建符合多元正态分布的模拟谱，然后两步筛选匹配后，采用贪婪优化技术进行结果优化，最终得到了较好匹配均值和标准差的 CS 记录选取结果。基于不同条件目标周期点（$T^* = 0.01$、0.2、0.5、1.0、2.0s）的 CS 的记录选取结果互相计算超越概率曲线，并以安全性评价中地震概率危险性分析结果得到的地震危险曲线作为基础进行对比，结果表明，即使是相关性较低的 0.01s 和 2.0s 之间，依然可以保证计算得到与对方一致的超越概率曲线，从记录选取结果的角度验证了本书方法构造的中国 CS 记录选取结果具有较好的危险一致性。

参考文献

陈波，2014，结构非线性动力分析中地震动记录的选择和调整方法研究［D］，北京：中国地震局地球物理研究所

陈厚群、李敏、石玉成，2005，基于设定地震的重大工程场地设计反应谱的确定方法［J］，水利学报，36（12）：1399~1404

高孟潭，1994，潜在震源区期望震级和期望距离及其计算方法［J］，地震学报，16（3）：346~351

高孟潭，2015，GB 18306—2015《中国地震动参数区划图》宣贯教材［M］，北京：中国标准出版社

韩建平、陈继强、闫青等，2015，考虑谱形影响的地震动强度指标研究进展［J］，工程力学，32（10）：9~17

胡进军、李琼林、吕景浩等，2018，基于 CMS 的核电厂安全壳设计地震动确定方法［J］，振动与冲击，37（24）：38~45

胡聿贤，1999，地震安全性评价技术教程［M］，北京：地震出版社

胡聿贤，2001，GB 18306—2001《中国地震动参数区划图》宣贯教材［M］，北京：中国标准出版社

霍俊荣，1989，近场强地面运动衰减规律的研究［D］，哈尔滨：中国地震局工程力学研究所

霍俊荣、胡聿贤、冯启民，1991，地面运动时程强度包络函数的研究［J］，地震工程与工程振动，11（01）：1~12

冀昆，2018，我国不同抗震设防需求下的强震动记录选取研究［D］，中国地震局工程力学研究所

冀昆、温瑞智、任叶飞，2016，中国地震安全性评价中天然强震记录选取［J］，哈尔滨工业大学学报，48（12）：183~188

李琳、温瑞智、周宝峰等，2013，基于条件均值反应谱的特大地震强震记录的选取及调整方法［J］，地震学报，35（3）：380~389

李思雨，2016，基于目标谱的西安地区地震动选择与调幅［D］，哈尔滨工业大学

李小军，2006，工程场地地震安全性评价工作及相关技术问题［J］，震灾防御技术，1（1）：15~24

吕大刚、刘亭亭、李思雨等，2018，目标谱与调幅方法对地震动选择的影响分析［J］，地震工程与工程振动，38（04）：21~28

潘华、高孟潭、谢富仁，2013，新版地震区划图地震活动性模型与参数确定［J］，震灾防御技术，8（1）：11~23

陶夏新、陶正如、师黎静，2014，设定地震——概率地震危险性评估和确定性危险性评估［J］，地震工程

与工程振动，34（4）：101~109

俞言祥、李山有、肖亮，2013，为新区划图编制所建立的地震动衰减关系［J］，震灾防御技术，8（01）：24~33

朱瑞广、于晓辉、吕大刚，2015，基于地震动模拟的一致危险谱和条件均值谱生成及应用［J］，工程力学，32（S1）：196~201

GB 17741—2005 工程场地地震安全性评价技术规范［S］

Baker J W, 2005, Vector-valued Ground motion intensity measures for probabilistic seismic demand analysis ［D］, Ph. D. thesis, Department of Civil and Environmental Engineering, Stanford University, C A

Baker J W, 2010, Conditional mean spectrum: Tool for ground-motion selection ［J］, Journal of Structural Engineering, 137 (3): 322-331

Baker J W and Cornell C A, 2006a, Correlation of response spectral values for multicomponent ground motions ［J］, Bulletin of the seismological Society of America, 96 (1): 215-227

Baker J W and Cornell C A, 2006b, Spectral shape, epsilon and record selection ［J］, Earthquake Engineering & Structural Dynamics, 35 (9): 1077-1095

Baker J W and Jayaram N, 2008, Correlation of spectral acceleration values from NGA ground motion models ［J］, Earthquake Spectra, 24 (1): 299-317

Bommer J J and Scott S G, Sarma S K, 2000, Hazard-consistent earthquake scenarios ［J］, Soil Dynamics and Earthquake Engineering, 19 (4): 219-231

Carlton B and Abrahamson N, 2014, Issue and approaches for implementing conditional spectral in practice ［J］, Bulletin of the Seismological Society of America, 104 (1): 503-512

Cornell C A, 1968, Engineering seismic risk analysis ［J］, Bulletin of the Seismological Society of America, 58 (5): 1583-1606

Cornell C A, 1996, Calculating building seismic performance reliability: a basis for multi-level design norms ［C］ 1996, Proc. Eleventh Conf. on Earthquake Engineering, Acapulco, Mexico

Daneshvar P, Bouaanani N, Godia A, 2015, On computation of conditional mean spectrum in Eastern Canada ［J］, Journal of Seismology, 19 (2): 443-467

Goda K, Atkinson G M, 2009, Probabilistic characterization of spatially correlated response spectra for earthquakes in Japan ［J］, Bulletin of the Seismological Society of America, 99 (5): 3003-3020

Haselton C B, Baker J W, Bozorgnia Y et al., 2009, Evaluation of ground motion selection and modification methods: predicting median interstory drift response of buildings ［R］, PEER Report

Hu Y X and Zhang M Z, 1983, Attenuation of ground motion for regions with no ground motion data ［C］ //Proceeding of 4th Canadian Conference on Earthquake Engineering, 485-494

Jayaram N, Lin T, Baker J W, 2011, A computationally efficient ground-motion selection algorithm for matching a target response spectrum mean and variance ［J］, Earthquake Spectra, 27 (3): 797-815

Ji K, Bouaanani N, Wen R et al., 2017, Correlation of spectral accelerations for earthquakes in China ［J］, Bulletin of the Seismological Society of America, 107 (3): 1213-1226

Ji K, Bouaanani N, Wen R et al., 2018, Introduction of conditional mean spectrum and conditional spectrum in the practice of seismic safety evaluation in China ［J］, Journal of Seismology, 22 (4): 1005-1024

Lin T, Harmsen S C, Baker J W et al., 2013a, Conditional spectrum computation incorporating multiple causal earthquakes and ground-motion prediction models ［J］, Bulletin of the Seismological Society of America, 103 (2A): 1103-1116

Lin T, Haselton C B, Baker J W, 2013b, Conditional spectrum-based ground motion selection, Part I: hazard consistency for risk-based assessments [J], Earthquake engineering & structural dynamics, 42 (12): 1847-1865

Lin T, Haselton C B, Baker J W, 2013c, Conditional spectrum-based ground motion selection, Part II: Intensity-based assessments and evaluation of alternative target spectra [J], Earthquake Engineering & Structural Dynamics, 42 (12): 1867-1884

McGuire R K, 1995, Probabilistic seismic hazard analysis and design earthquakes: closing the loop [J], Bulletin of the Seismological Society of America, 85 (5): 1275-1284

Sewell R T, Toro G R and McGuire R K, 1991, Impact of ground motion characterization on conservatism and variability in seismic risk estimates [R], Report NUREG/CR-6467, U. S. Nuclear Regulatory Commission, Washington D. C.

Zhu R G, Lu D G, Yu X H et al. , 2017, Conditional Mean Spectrum of Aftershocks [J], Bulletin of the Seismological Society of America, 107 (4): 1940-1953

第五章　基于广义条件目标谱的地震动输入选取

作为一种以地震危险一致性作为出发点的方法，条件谱 CMS/CS 作为目标谱适用于谱加速度相关性强的结构响应计算中。但是随着研究的深入和应用的广泛，该方法推广遇到了以下两个瓶颈问题：首先，CMS/CS 仅采用单一周期点的加速度谱值作为条件周期，而在需要考虑多振型效应的长周期结构时，或者双向地震动输入时，准确估计结构响应应需要兼顾多个周期点的反应谱值（Bradley，2010a；Kwong and Chopra，2017）。作为依据单周期点反应谱值进行设定地震解耦和构建的条件目标谱在该方面存在明显的短板。该问题是限制 CMS 推广和广泛应用的重要瓶颈。其次，加速度反应谱本质上是弹性单自由度体系的响应值，因此并不能很好体现地震动的持时和能量累积效应。Bradely（2010a）针对该问题提出了广义条件地震动强度指标分布（GCIM，Generalized Conditional Intensity Measurements）的概念，也有学者称之为广义 CMS 方法。实现选取的地震动同时满足任意感兴趣强度参数集 {IM} 的统计分布，包括能量指标、持时指标、工程烈度指标、幅值指标等。该方法不仅可以指导强震动记录选取，同时可以对已有选取结果的 {IM} 分布进行检验，从而探究其与任意结构响应指标的相关性（Bradely，2012a）。Kwong and Chorpa（2017）针对可能受多阶振型影响的结构，提出了一种简化的广义 CMS 算法，构建时使得广义 CMS 可以在同一危险性下，同时匹配两个条件周期，而不需要进行单独解耦和条件均值谱计算。上述的研究成果提供了广义条件谱两种可行的构建思路。

本章将在现有研究成果的基础上构建同时满足多个地震参数统计特征的条件分布。首先建立基于中国 NSMONS 数据库的广义地震参数相关系数矩阵（5.1 节），然后提出广义参数条件目标分布构建与记录匹配方法（5.2 节），强调与中国目前数据库和危险性分析结果的衔接以保证结果的工程可用性，同时为下一章性态地震动应用提供记录选取方法依据。最后以中国某安全性评价工程实例构建同时考虑幅值（PGA、PGV）、频谱（S_a）、持时（D_s595），以及谱强度参数（SI 和 ASI）的广义条件目标谱。

5.1　广义地震动强度指标相关系数矩阵构建

和狭义条件谱构建一样，计算各个地震动强度指标之间的相关系数经验矩阵是构建广义条件谱的基础工作。目前已经有的相关系数经验预测公式均基于国外数据库得到，为了充分体现中国强震动记录数据特点，有必要针对中国 NSMONS 数据库构建具有工程代表性的广义地震动强度指标相关系数经验矩阵。

5.1.1　广义地震动强度指标计算

为了更好考虑适用于中国地震危险性特征和强震动记录数据库的广义参数分布记录选

取，首先统计计算中国数据库的广义地震动强度指标。在数目众多的广义地震动强度指标中我们选取了除了加速度反应谱值 S_a 外具有代表性的 5 个指标作为研究对象，包括豪斯纳谱强度 SI、加速度谱强度 ASI、显著持时 D_s，以及加速度峰值 PGA、峰值速度 PGV。其中 $S_a(T)$ 和 PGA 的相关系数已经在上一章做了深入研究（这里将 $S_a(0.01s)$ 与 PGA 等效对待，不单独讨论 PGA 的相关系数矩阵，结果以 $S_a(0.01s)$ 的计算结果代替）。上述指标的定义整理为表 5.1-1。上述指标除了不同角度对地震动三要素进行刻画外：幅值（PGA、PGV）、频谱（S_a）和持时（D_s575 和 D_s595），还包含了两个广泛认为与结构破坏相关性显著的谱强度指标（SI 和 ASI）作为补充。

表 5.1-1　本章所研究的地震动强度指标定义

英文缩写	中文名称	定义公式	单位	参考文献
SI	（豪斯纳）谱强度	$\int_{0.1}^{2.5} S_v(\xi = 0.05, T)\,dT$	cm	Housner（1952）
ASI	加速度谱强度	$\int_{0.1}^{0.5} S_a(\xi = 0.05, T)\,dT$	Gal·s	Von et al.（1988）
D_s575/D_s595	显著持时	$I_A = \dfrac{\pi}{2g}\int_0^{D_t}\left[Acc(t)\right]^2 dt$ $D_s595 = 0.95I_A - 0.05I_A$ $D_s575 = 0.75I_A - 0.05I_A$	s	Bommer and Martínez-Pereira（1999）
PGV	速度峰值	$\max\lvert Acc(t)\rvert$	cm/s	—
PGA	加速度峰值	$\max\lvert Vel(t)\rvert$	cm/s^2	—

对中国 2007~2015 年的 NSMONS 数据库中地震信息较为齐全和地震动加速度三分量均齐备的 7183 条地震记录进行了基线校正和滤波处理，逐一对校正后记录计算了对应的 SI、ASI、D_s595（D_s575 与 D_s595 概念一致，后文不再重复计算，以 D_s595 为记录选取参数）以及 PGV。为了避免台站水平分量方向不同导致的不确定性，考虑到后面拟合预测方程的需要，计算记录两个水平分量的地震动强度指标的几何平均值，将各地震动强度指标随面波震级和震中距的分布情况绘于图 5.1-1。

除震级、震中距外，强震台站的 V_{S30} 信息在后文的持时预测方程中具有关键作用，我们采用下面方法来逐步综合估计 NSMONS 台站的 V_{S30} 值。

（1）对于已有 20m 钻孔建台资料的强震台站，主要以西部地区台站为主，基于 V_{S20} 和钻孔信息，线性外插得到对应的 V_{S30}（Yu et al., 2016）。

（2）对于没有钻孔资料但是强震动记录较多的强震台站，基于 HVSR 谱比法确定的中国强震台站场地分类结果，具体细节请参考 3.2 节。

（3）对于（1）与（2）中无法确定的强震台站，对于强震台站记录中标注为"土层"的台站，划分为 II 类台站，对于强震台站记录中标注为"基岩"的台站，划分为 I 类/I$_0$ 类场地。

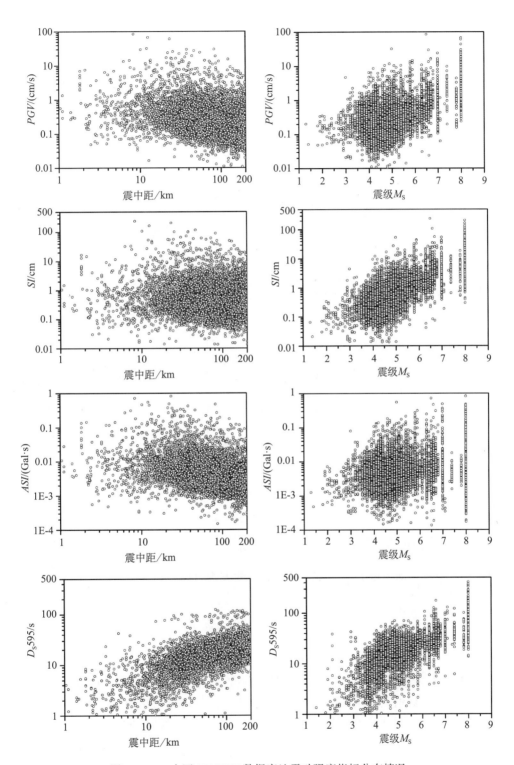

图 5.1-1　中国 NSMONS 数据库地震动强度指标分布情况

　　(4) 除了 (1) 步中确定的场地资料 V_{S30} 值外，对于 (2) 和 (3) 步骤中确定的场地分类，参考 3.3 节，得到中国各类场地 V_{S30} 值范围的中间取值近似作为各类场地的代表值如表 5.1-2 所示。

表5.1-2　我国抗震规范场地分类 V_{S30} 代表值

场地类别	IV	III	II	I
代表值/（m/s）	130	200	360	600

　　最终得到的 NSMONS 数据库 V_{S30} 值的震级和震中距分布如图 5.1-2 所示。需要说明的是，虽然表 5.1-1 给出了 IV 类场地的理论 V_{S30} 估计值，但是依据地震行业规范 DB/T 17—2006《地震台站建设规范　强震台站》要求，强震台站并不允许建于该类极软弱场地上，因而统计结果中并没有台站划分为 IV 类场地，V_{S30} 最低为 200m/s。

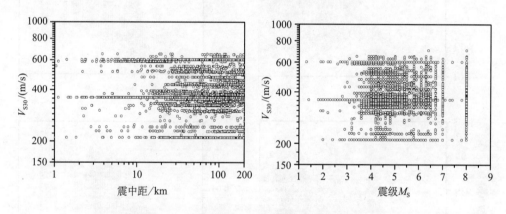

图5.1-2　中国 NSMONS 强震台站 V_{S30} 分布

5.1.2　地震动强度指标预测方程检验与拟合

　　对于第 i 个地震动强度 IM_i 指标而言，其预测方程可以表达为下式的一般形式：

$$\ln IM_i = \mu_i(M,\ R,\ site,\ \cdots) + \varepsilon_i \sigma_{IM_i} \qquad (5.1-1)$$

式中，$\mu_i(M,\ R,\ site,\ \cdots)$ 和 σ_{IM_i} 为设定地震 $(M,\ R,\ site,\ \cdots)$ 下地震动强度指标预测方程得到的 IM 指标对数均值和标准差。方程经过变换后，标准差系数 ε_i 可以定义为某设定地震条件下反应谱目标值与地震动衰减关系均值之间的差值，用 IM 指标的标准差的倍数来度量，如式 (5.1-2) 所示，在理想衰减关系下该标准差系数服从标准正态分布。

$$\varepsilon_i = \frac{\ln IM_i - \mu_i(M,\ R,\ site,\ \cdots)}{\sigma_{IM_i}} \qquad (5.1-2)$$

和谱加速度之间相关系数矩阵一样，任意两个地震动强度指标 IM_i 和 IM_j 之间的相关系数同样可以用标准差系数之间的 Pearson 线性相关系数 $\rho(\varepsilon_i, \varepsilon_j)$ 来代替计算，如式（5.1-3）所示：

$$\rho(\varepsilon_i, \varepsilon_j) = \frac{\sum_{i=1}^{n} [\varepsilon_i - \overline{\varepsilon_i}][\varepsilon_j - \overline{\varepsilon_j}]}{\sqrt{\sum_{i=1}^{n} [\varepsilon_i - \overline{\varepsilon_i}]^2 \sum_{i=1}^{n} [\varepsilon_j - \overline{\varepsilon_j}]^2}} \qquad (5.1-3)$$

任意地震动强度指标之间的相关系数矩阵计算原理与第四章中加速度反应谱值的相关系数矩阵原理是基本一致的，目前已有的相关系数矩阵和公式均基于 PEER 的 NGA 数据库计算得到，所依据的预测方程或者衰减关系也是基于 NGA 数据库计算得到。虽然前文的结果表明，衰减关系在选择时只要满足标准差系数服从正态分布就可以用于计算相关系数。下文我们将逐一对目标地震动强度指标进行基于 NSMONS 地震数据库的同源衰减关系拟合，力求得到可以真实反映中国数据库不同 IM 指标分布的相关系数矩阵，避免结果受到非同源衰减关系的影响。最后逐一对各预测方程下标准差系数是否服从正态分布进行 K-S 假设检验。针对 PGV、PGA、$S_a(T)$、ASI、SI、D_s 这些目标参数指标，预测方程有两种计算思路，一种是基于地震事件参数直接进行拟合，如 $S_a(T)$、PGV 和 PGA 等衰减关系方程；一种是借助自身与 $S_a(T)$ 之间的关系，通过统计分布之间的关系，直接进行数学推导变换得到。其中，谱加速度 S_a 和 PGA 的预测方程直接采用第四章得到的结果，这里不再赘述。

1. 地震动峰值速度 PGV 预测方程

首先，与上文计算谱加速度标准差相关系数一样，剔除汶川地震主震记录，避免孤立的大震事件影响后面的计算结果，最后选用 $M_s 3.0 \sim 7.9$、震中距 $0 \sim 200\text{km}$ 的强震动记录作为目标数据进行拟合，场地条件选用 $V_{S30} = 550\text{m/s}$ 以下的强震动记录，该区间的强震动记录覆盖了整个强震动记录数据库的 90% 以上，拟合方程和相关系数的计算结果更具有代表性。需要注意的是，这里衰减关系是为了后续相关系数计算服务，因为目标是更好代表目标强震动记录数据库特点，在覆盖尽量多的强震动记录前提下可以得到无偏的残差估计。衰减关系参数采取方程（5.1-4）进行最小二乘拟合：

$$\lg PGV = c_1 + c_2 M + c_3 \lg(R + R_0) + \sigma \qquad (5.1-4)$$

式中，震级 M 采用 M_s，对于 5.5 级以上的地震事件，对明确具有断层信息的破坏性地震事件，如芦山地震等；R 为对应的断层距；对于其余地震和 5.5 级以下的小震，震源符合点源假设，使用震中距代替断层距；c_1、c_2、c_3 和 R_0 为待拟合回归系数，采用最小二乘法拟合得到各系数和对数残差标准差 $\sigma_{\ln PGV}$ 如表 5.1-3 所示。

表 5.1-3 拟合 *PGV* 预测方程系数

回归系数	c_1	c_2	c_3	R_0	$\sigma_{\ln PGV}$
	−0.6602	0.4086	−1.002	5.304	0.314

计算结果 ε_{PGV} 的残差随震级和震中距的分布情况如图 5.1-3 所示。

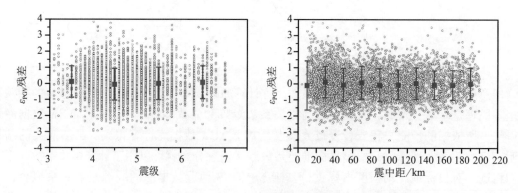

图 5.1-3 ε_{PGV} 残差随震级和震中距分布图

从 ε_{PGV} 的残差分布来看，整体均值在 0 上下波动，标准差在 1 上下波动。采用 K-S 假设检验对该方程是否符合正态分布进行检验，在置信水平 0.01 下，检验结果 p 值为 0.1101，接受该预测方程计算得到的 ε_{PGV} 符合正态分布的假设，而且均值和标准差表明与标准正态分布都十分接近，不仅证明了该预测方程结果完全适用于后面相关系数拟合，同时也是对该方程预测结果可靠性的肯定。

为了和前文谱加速度 S_a 相关系数计算的结果保持衔接，我们将在后文对适用于 $M_S 5.5 \sim$ 7.0 的强震动记录做相关系数计算。有必要单独对该方程对 NSMONS 数据库中 $M_S 5.5 \sim 7.0$

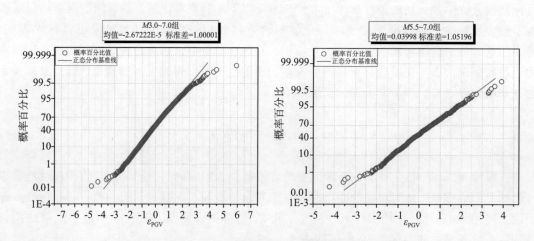

图 5.1-4 ε_{PGV} 分布与基准正态分布概率百分比分布图

强震动记录的 ε_{PGV} 分布情况作检验。采用 K-S 假设检验后得到 p 值为 0.6175，远超置信水平 0.01，因此该预测方程完全可以用于后面的相关系数计算中。上述两种震级分组下 ε_{PGV} 残差分布的概率百分比分布与正态分布基准线的对比图如图 5.1-4 所示。

2. 显著持时 D_s 预测方程

地震动持时的影响因素较多也较复杂，基于 NGA 数据库 M_W 4.8~7.9 的地震事件对显著持时 D_s595 和 D_s575 给出了目前广泛认可的预测方程形式（Bommer et al.，2009），所用方程形式如式（5.1-5）所示，回归参数的取值见表 5.1-5。

$$\ln D_s = c_0 + m_1 M_W + (r_1 + r_2 M_W)\ln\sqrt{R_{rup}^2 + h_1^2} + v_1 \ln V_{S30} + z_1 Z_{tor} \qquad (5.1-5)$$

表 5.1-4 D_s575 与 D_s595 预测方程参数

	c_0	m_1	r_1	r_2	h_1	v_1	z_1	σ
D_s575	−5.6298	1.2619	2.0063	−0.252	2.3316	−0.29	−0.0522	0.5289
D_s595	−2.2393	0.9368	1.5686	−0.1953	2.5	−0.3478	−0.0365	0.4616

可以看到，地震动持时作为影响因素较复杂的地震动强度指标，其预测方程采用了包括矩震级、断层距、V_{S30} 等一系列控制变量，在进行下一步评价之前，需要统计和转换 NSMONS 数据库的上述参数，矩震级参考文献（徐培彬、温瑞智，2018）中的转换方法，对 NSMONS 强震动记录进行经验关系拟合转换得到 M_S 震级对应的 M_W 结果。从（Bommer et al.，2009）预测方程拟合所依据的数据库来看，该方程的适用条件为 5 级以上的地震事件，因此我们没有对 M_S 3.0~7.0 震级组的 NSMONS 数据库记录做重新拟合，仅对该方程在 M_S 5.5~7.0 震级组的事件下计算得到的 ε_{D_s595} 分布情况做研究。对于 5.5 级以上的地震事件，对明确具有断层信息的破坏性地震事件，如芦山地震等，计算相应文献反演的断层信息来确定断层距。

由图 5.1.5 可知，虽然该预测方程并没有用 NSMONS 数据库拟合，但是 ε_{D_s595} 分布的计算结果表明该方程还是较好预测了 M_S 5.5~7.0 地震事件的整体分布，整体均值在 0 上下波动，标准差在 1 上下波动。采用 K-S 假设检验对该方程是否符合正态分布进行检验，在置信水平 0.01 下，检验结果 p 值为 0.3398，从图 5.1-6 与理论正态分布的对比也可以发现，只有少数离散点轻微偏离了理论分布。该预测方程计算得到的 ε_{D_s595} 符合正态分布的假设。因此，本章将直接使用 Bommer et al.（2009）的预测方程计算后面的相关系数矩阵和广义条件参数记录选取，不再进行重新拟合。

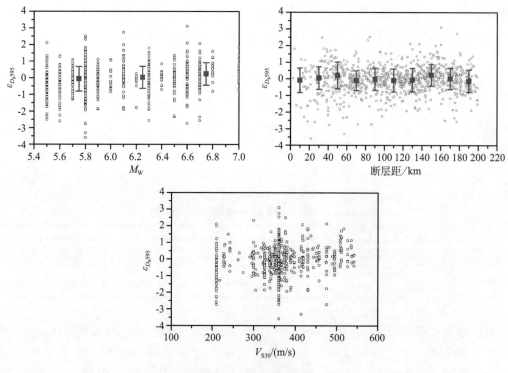

图 5.1 - 5　ε_{D_s595} 残差分布

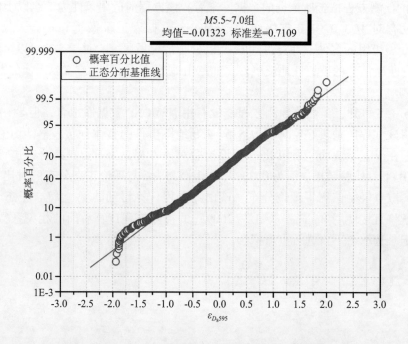

图 5.1 - 6　ε_{D_s595} 与基准正态分布概率百分比分布图

3. 豪斯纳谱强度 *SI* 预测方程

通常定义为5%谱速度在0.1~2.5s下的积分值为豪斯纳谱强度 *SI*，我们这里近似采用伪谱速度 P_{S_v} 来代替谱速度 S_v，直接利用 S_a 与 P_{S_v} 之间的关系基于加速度谱的衰减关系来推导豪斯纳烈度的预测方程（Bradley et al.，2009），避免了重新确定方程模型等一系列繁琐的工作，同时可以在已有相关系数矩阵的基础上进行推导。

首先，基于加速度谱 S_a 预测方程确定 P_{S_v} 的均值和标准差为

$$SI = \int_{0.1}^{2.5} S_v(T, 5\%)\,\mathrm{d}T \approx \int_{0.1}^{2.5} P_{S_v}(T, 5\%)\,\mathrm{d}T \qquad (5.1-6)$$

由于加速度谱值 S_a 服从对数正态分布，则 S_a 本身的均值和标准差可以由 S_a 预测方程得到的对数均值和对数标准差转换得到：

$$\left.\begin{array}{l} \mu_{S_a} = \exp\left(\mu_{\ln S_a}\left(\dfrac{\sigma_{\ln S_a}^2}{2}\right)\right) = S_a \exp\left(\dfrac{\sigma_{\ln S_a}^2}{2}\right) \\[4mm] \sigma_{S_a} = \mu_{S_a}\sqrt{\exp(\sigma_{\ln S_a}^2) - 1} \end{array}\right\} \qquad (5.1-7)$$

周期点 T_i 的伪速度谱 P_{S_v} 与加速度谱 S_a 之间本身符合如下关系：

$$P_{S_v}(T_i) = \frac{S_a(T_i)}{\omega_i} = \frac{S_a(T_i)T_i}{2\pi} \qquad (5.1-8)$$

则 P_{S_v} 的均值和标准差可以转换为下式，实际相当于给出了 P_{S_v} 的预测方程。

$$\left.\begin{array}{l} \mu_{P_{S_v}} = \mu_{S_a}/\omega_i \\[3mm] \sigma_{P_{S_v}} = \sigma_{S_a}/\omega_i \end{array}\right\} \qquad (5.1-9)$$

然后基于 P_{S_v} 的预测方程就可以很方便的计算出 *SI* 对应的预测方程：

$$SI = \int_{0.1}^{2.5} P_{S_v}(T, 5\%)\,\mathrm{d}T = \Delta T \sum_{i=1}^{n} P_{S_v}(T, 5\%) \qquad (5.1-10)$$

由于 P_{S_v} 与 S_a 服从线性关系，则 *SI* 均值和标准差可以表示为

$$\mu_{\mathrm{SI}} = \Delta T \sum_{i=1}^{n} \mu_{P_{S_v}}$$

$$\sigma_{\mathrm{SI}} = (\Delta T)^2 \sum_{i=1}^{n} \sum_{j=1}^{n} (\rho_{PSV_i,\ PSV_j}\sigma_{PSV_i,\ PSV_j}) = (\Delta T)^2 \sum_{i=1}^{n} \sum_{j=1}^{n} (\rho_{Sa_i,\ Sa_j}\sigma_{PSV_i,\ PSV_j})$$

$$\approx (\Delta T)^2 \sum_{i=1}^{n} \sum_{j=1}^{n} \left(\rho_{\ln Sa_i, \ln Sa_j} \sigma_{PSV_i, PSV_j} \right) \tag{5.1-11}$$

假设 SI 服从均值为 $\mu_{\ln SI}$ 和 $\sigma_{\ln SI}$ 的对数正态分布，至此，基于谱加速度 S_a 的 SI 的预测方程推导完成。

$$\left. \begin{array}{l} \mu_{\ln SI} = \dfrac{\mu_{SI}^2}{\sqrt{\sigma_{SI}^2 + \mu_{SI}^2}} \\[3mm] \sigma_{\ln SI} = \sqrt{\ln\left[\left(\dfrac{\sigma_{SI}}{\mu_{SI}}\right)^2 + 1\right]} \end{array} \right\} \tag{5.1-12}$$

基于上文计算得到的 S_a 衰减关系，我们计算得到了适用于中国 NSMONS 数据库的 SI 预测方程，为了证明预测结果的可靠性，我们按照相同的流程计算了标准差系数 ε_{SI}，结果如图 5.1-7、图 5.1-8 所示。从标准差系数 ε_{SI} 的分布来看，在震级 3 到 7 之间整体均值在 0 上下波动，标准差在 1 上下波动。采用 K-S 假设检验对该方程是否符合正态分布进行检验后，对于 $M_S 3.0\sim 7.0$ 的 NSMONS 记录数据，检验结果 p 值为 0.108。对于重点关注的 $M_S 5.5\sim 7.0$ 的记录数据，检验结果 p 值为 0.6970，在置信水平 0.01 下，接受该预测方程计算得到的 ε_{SI} 符合正态分布的假设，而且均值和标准差表明与标准正态分布的 0 与 1 十分接近，不仅证明了该预测方程结果完全适用于后面相关系数拟合，同时也是对该方程预测结果可靠性的肯定，证明了前面基于 S_a 预测方程进行推导谱强度 SI 预测方程是可行的一种做法。

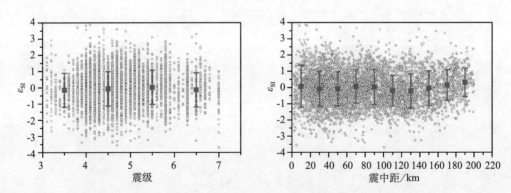

图 5.1-7　ε_{SI} 随震级和震中距分布图

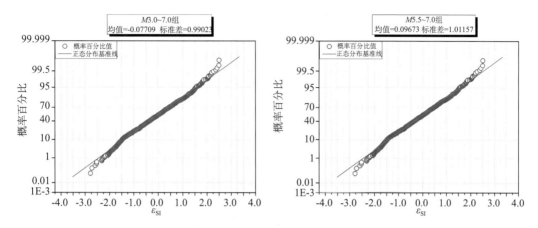

图 5.1 − 8　ε_{SI} 与基准正态分布概率百分比分布图

4. 加速度谱强度 *ASI* 预测方程

加速度谱强度 *ASI* 本身就是基于谱加速度推导得到的一个强度指标，因此我们同样没有必要单独拟合预测方程，采用豪斯纳谱烈度一样的思路基于谱加速度预测方程进行推导（Bradley，2010b），具体流程如下：

首先，基于加速度谱 S_a 预测方程确定 *ASI* 的均值和标准差：

由于加速度谱值 S_a 服从对数正态分布，则 S_a 本身的均值和标准差可以由 S_a 预测方程得到的对数均值和对数标准差转换得到：

$$\left. \begin{aligned} \mu_{S_a} &= \exp\left(\mu_{\ln S_a}\left(\frac{\sigma_{\ln S_a}^2}{2}\right)\right) = S_a \exp\left(\frac{\sigma_{\ln S_a}^2}{2}\right) \\ \sigma_{S_a} &= \mu_{S_a}\sqrt{\exp(\sigma_{\ln S_a}^2) - 1} \end{aligned} \right\} \qquad (5.1-13)$$

基于加速度谱 S_a 预测方程确定 *ASI* 的均值和标准差，推导如下：

$$ASI = \int_{0.1}^{0.5} S_a(T, 5\%)\,\mathrm{d}T \approx \Delta T \sum_{i=1}^{n} S_{ai} \qquad (5.1-14)$$

ASI 均值和标准差可以表示为

$$\left. \begin{aligned} \mu_{ASI} &= \Delta T \sum_{i=1}^{n} \mu_{S_a} \\ \sigma_{ASI} &= (\Delta T)^2 \sum_{i=1}^{n}\sum_{j=1}^{n}(\rho_{Sa_i, Sa_j}\sigma_{Sa_i, Sa_j}) \approx (\Delta T)^2 \sum_{i=1}^{n}\sum_{j=1}^{n}(\rho_{\ln Sa_i, \ln Sa_j}\sigma_{Sa_i, Sa_j}) \end{aligned} \right\} \qquad (5.1-15)$$

假设 ASI 服从均值为 $\mu_{\ln SI}$ 和 $\sigma_{\ln SI}$ 的对数正态分布，则有如下关系：

$$\left.\begin{array}{l} \mu_{\ln ASI} = \dfrac{\mu_{ASI}^2}{\sqrt{\sigma_{ASI}^2 + \mu_{ASI}^2}} \\[4mm] \sigma_{\ln ASI} = \sqrt{\ln\left[\left(\dfrac{\sigma_{ASI}}{\mu_{ASI}}\right)^2 + 1\right]} \end{array}\right\} \qquad (5.1-16)$$

基于上文计算得到的 S_a 衰减关系，我们可以计算得到适用于中国 NSMONS 数据库的 ASI 预测方程，为了证明预测结果的可靠性，我们采用相同的流程计算 $M_S3.0$ 到 $M_S7.0$ 之间 NSMONS 数据库标准差系数 ε_{ASI} 的分布情况结果如图 5.1-9、图 5.1-10 所示。从标准差系数 ε_{ASI} 的分布整体均值在 0 上下波动，标准差在 1 上下波动。采用 K-S 假设检验对该方程是否符合正态分布进行检验后，对于 $M_S3\sim7$ 的 NSMONS 记录数据，在置信水平 0.01 下，检验结果 p 值为 0.3085。对于下文要进行相关系数计算的 $M_S5.5\sim7.0$ 的记录数据，检验结果 p 值为 0.7018，接受该预测方程计算得到的 ε_{ASI} 符合正态分布的假设，而且均值和标准差分布

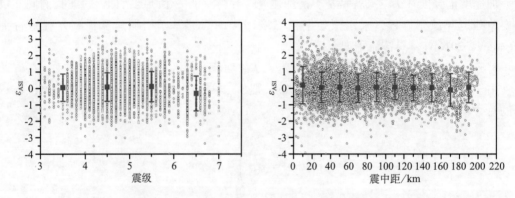

图 5.1.9　标准差系数 ε_{ASI} 随震级、震中距分布图

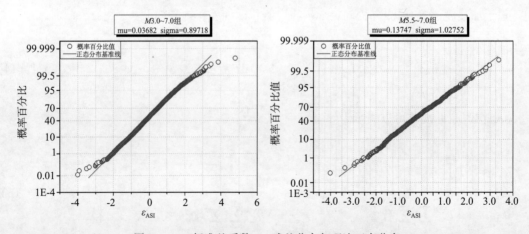

图 5.1.10　标准差系数 ε_{ASI} 残差分布与理论正态分布

表明与标准正态分布的理论值 0 与 1 十分接近，证明了该预测方程结果不仅完全适用于后面相关系数拟合，同时也较可靠的预测了 ASI 的观测值，同时也是对第四章 S_a 预测方程准确性的旁证。

5.1.3　广义地震动强度指标相关矩阵构造

下面基于上文的预测方程构造地震动强度指标两两之间的相关矩阵，并作为参考将该结果与目前已有的基于 NGA 数据库的预测方程做逐一对比。由于本章拟合的预测方程适用范围包括了 $M_S 3.0 \sim 7.0$ 较广的范围，因此除为了与前文衔接，计算了工程意义较显著的 $M_S 5.5 \sim 7.0$ 强震动记录数据的广义 IM 相关矩阵，同时还计算了 $M_S 3.0 \sim 7.0$ 数据库的对应结果作为参考。本小节首先逐一计算某一周期点 T_i 的加速度反应谱值 $S_a(T_i)$ 与其他 IM 指标的相关系数矩阵，然后计算其他 IM 之间的相关系数，最后合并得到囊括所有目标地震动强度的相关系数矩阵。

1. $S_a(T_i)$ 与其他参数指标的相关系数矩阵构建

1）$S_a(T_i)$ 与 PGV 相关矩阵

首先给出基于美国 NGA 数据库以及 NGA 衰减关系得到的 $S_a(T_i)$ 与 PGV 相关矩阵预测模型（Bradley，2012b），经验模型形式如式（5.1-17）所示：

$$\rho_{\ln PGV,\ \ln S_a(T_i)} = \frac{a_n + b_n}{2} - \frac{a_n - b_n}{2}\tanh\left[d_n \ln(T_i / c_n) \right] \tag{5.1-17}$$

依据式（5.1-17）基于 NSMONS 数据库观测结果计算任意周期点的谱加速度值 $S_a(T_i)$ 与峰值速度 PGV 的相关矩阵，并与预测方程进行对比，结果如表 5.1-5 和图 5.1-11 所示。对于 $M_S 5.5 \sim 7.0$ 和 $M_S 3.0 \sim 7.0$ 这两个震级组来说，整体上预测结果与观测结果的相关系数曲线趋势与形状是相同的。$M_S 5.5 \sim 7.0$ 震级组的预测结果与观测结果相差在 ±0.10 以内，对于 $M_S 3.0 \sim 7.0$ 震级组，预测结果与观测结果相差在 ±0.2 之间。考虑到预测结果与本章观测结果的差异，为充分体现中国记录特点，后续 GCIM 构建与记录选取时采用本章 $M_S 5.5 \sim 7.0$ 组的计算结果作为相关系数矩阵。

$$\rho(\varepsilon(S_a(T_i)),\ \varepsilon(PGV)) = \frac{\displaystyle\sum_{i=1}^{n}\left[\varepsilon(S_a(T_i)) - \overline{\varepsilon(S_a(T_i))} \right]\left[\varepsilon(PGV) - \overline{\varepsilon(PGV)} \right]}{\sqrt{\displaystyle\sum_{i=1}^{n}\left[\varepsilon(S_a(T_i)) - \overline{\varepsilon(S_a(T_i))} \right]^2 \sum_{i=1}^{n}\left[\varepsilon(PGV) - \overline{\varepsilon(PGV)} \right]^2}}$$

$$\tag{5.1-18}$$

表 5.1－5　0.01~6.0s 谱加速度 PGV 与 S_a 相关系数

周期/s	0.01	0.02	0.05	0.07	0.1	0.2	0.3	0.5	0.7
Bradley 预测方程	0.729	0.720	0.617	0.572	0.552	0.612	0.689	0.770	0.794
M_s5.5~7.0 观测结果	0.739	0.732	0.632	0.539	0.525	0.668	0.771	0.844	0.861
M_s3.0~7.0 观测结果	0.819	0.811	0.684	0.600	0.645	0.819	0.843	0.806	0.785
周期/s	1.0	1.5	1.7	2.0	2.5	3.0	4.0	5.0	6.0
Bradley 预测方程	0.786	0.765	0.763	0.761	0.759	0.758	0.748	0.730	0.714
M_s5.5~7.0 观测结果	0.832	0.793	0.786	0.773	0.748	0.716	0.660	0.633	0.645
M_s3.0~7.0 观测结果	0.757	0.748	0.754	0.763	0.776	0.783	0.789	0.795	0.816

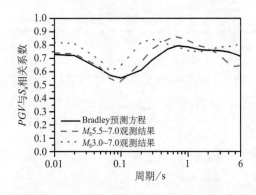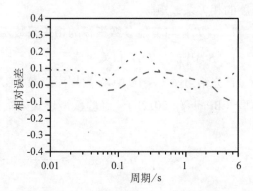

图 5.1－11　PGV 与 S_a 相关系数观测值及与预测值对比

2）$S_a(T_i)$ 与 D_s595 相关矩阵

Bradley 基于美国 NGA 数据库以及 NGA 衰减关系得到的 $S_a(T_i)$ 与 D_s595 和 D_s575 相关矩阵预测模型如式（5.1－19）所示，具体参数见文献（Bradley, 2011c）。

$$\rho_{\ln D_s, \ln S_a(T_i)} = a_{n-1} + \frac{\ln\left(\dfrac{T}{b_{n-1}}\right)}{\ln\left(\dfrac{b_n}{b_{n-1}}\right)}(a_n - a_{n-1}) \qquad b_{n-1} \leqslant T < b_n \qquad (5.1-19)$$

由于 Bommer et al.（2009）预测方程通过了残差正态分布检验，且预测结果也与观测值较为吻合，D_s595 并没有基于 NSMONS 数据拟合衰减关系预测方程。该预测方程适用范围为 M_w4.8~7.9，因此这里仅对比 M_s5.5~7.0 震级组下的相关系数观测结果，结果如表 5.1－6 所示。整体相对误差（观测值－预测值）控制在了 ±0.2 之间，在 0.3s 之前预测方程低估了观测结果，而在 0.3~5.0s 周期段预测方程与观测结果较为接近。考虑到短周期处的差异，后续 GCIM 构建时采用本章计算结果作为 D_s595 与 S_a 的相关系数矩阵。

表 5.1 − 6　0.01~6.0s 谱加速度 S_a 与 D_s595 相关系数

周期/s	0.01	0.02	0.05	0.07	0.1	0.2	0.3	0.5	0.7
Bradley 预测方程	−0.41	−0.41	−0.4	−0.386	−0.374	−0.357	−0.322	−0.222	−0.156
$M_S5.5\text{~}7.0$ 观测结果	−0.256	−0.255	−0.246	−0.223	−0.181	−0.26	−0.293	−0.245	−0.177
周期/s	1.0	1.5	1.7	2.0	2.5	3.0	4.0	5.0	6.0
Bradley 预测方程	−0.086	−0.008	0.013	0.041	0.08	0.111	0.16	0.199	0.23
$M_S5.5\text{~}7.0$ 观测结果	−0.083	0.004	0.025	0.049	0.087	0.106	0.11	0.105	0.097

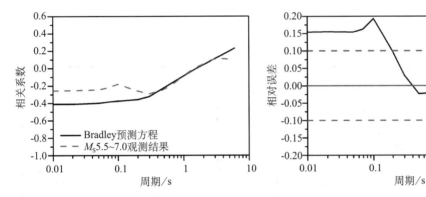

图 5.1 − 12　D_s595 与 S_a 相关系数观测值及与预测值对比

3) $S_a(T_i)$ 与 SI 相关系数矩阵

基于美国 NGA 数据库以及 NGA 衰减关系得到的 $S_a(T_i)$ 与 SI 相关矩阵预测模型与 PGV 和 S_a 的形式一致，见式（5.1 − 17）（Bradley，2011b）。基于 NSMONS 数据库观测结果对应的相关系数矩阵，同时和预测方程进行对比。采用计算任意周期点的谱加速度值 $S_a(T_i)$ 与谱烈度 SI 的相关矩阵，结果如表 5.1 − 7 所示。对于 $M_S5.5\text{~}7.0$ 和 $M_S3.0\text{~}7.0$ 这两个数据组来说，整体上预测结果与观测结果的相关系数曲线趋势与形状是相同的。在 0.1s 之前的短周期段，$M_S5.5\text{~}7.0$ 和 $M_S3.0\text{~}7.0$ 的预测结果与观测结果相比均存在大约 0.1 水平的高估，在后面的周期段，$M_S5.5\text{~}7.0$ 预测结果与观测结果较为接近，整体上二者相对误差控制在了±0.1 之间，$M_S3.0\text{~}7.0$ 震级组预测结果与观测结果相差在±0.2 之间。

$$\rho(\varepsilon(S_a(T_i)),\ \varepsilon(SI)) = \frac{\sum_{i=1}^{n} [\varepsilon(S_a(T_i)) - \overline{\varepsilon(S_a(T_i))}][\varepsilon(SI) - \overline{\varepsilon(SI)}]}{\sqrt{\sum_{i=1}^{n} [\varepsilon(S_a(T_i)) - \overline{\varepsilon(S_a(T_i))}]^2 \sum_{i=1}^{n} [\varepsilon(SI) - \overline{\varepsilon(SI)}]^2}}$$

$$(5.1-20)$$

表 5.1－7　　0.01~6.0s 谱加速度 S_a 与 SI 相关系数

周期/s	0.01	0.02	0.05	0.07	0.1	0.2	0.3	0.5	0.7
Bradley 预测方程	0.598	0.582	0.473	0.426	0.399	0.491	0.623	0.807	0.879
M_s5.5~7.0 观测结果	0.525	0.516	0.404	0.304	0.303	0.490	0.640	0.834	0.925
M_s3.0~7.0 观测结果	0.523	0.512	0.363	0.266	0.339	0.678	0.807	0.915	0.947
周期/s	1.0	1.5	1.7	2.0	2.5	3.0	4.0	5.0	6.0
Bradley 预测方程	0.786	0.916	0.926	0.916	0.897	0.860	0.822	0.763	0.728
M_s5.5~7.0 观测结果	0.956	0.944	0.936	0.922	0.875	0.822	0.734	0.692	0.688
M_s3.0~7.0 观测结果	0.951	0.938	0.934	0.926	0.908	0.887	0.847	0.823	0.817

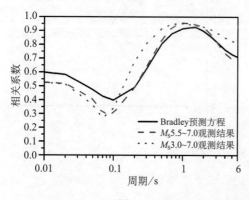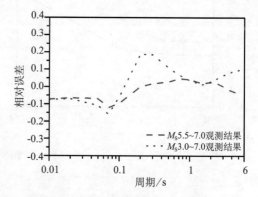

图 5.1－13　SI 与 S_a 相关系数观测值及与预测值对比

4）$S_a(T_i)$ 与 ASI 相关系数矩阵

基于美国 NGA 数据库以及 NGA 衰减关系得到的 $S_a(T_i)$ 与 ASI 相关矩阵预测模型与 PGV 和 S_a 的形式一致，见式（5.1－17）（Bradley，2011b）。基于 NSMONS 数据库观测结果对应的相关系数矩阵，同时和预测方程进行对比。采用计算任意周期点的谱加速度值 $S_a(T_i)$ 与加速度谱强度 ASI 的相关矩阵，结果如表 5.1－8 所示，对于 M_s5.5~7.0 震级组，整体上预测结果与观测结果相差不大，相对误差在正负 0.1 以内。对于 M_s3.0~7.0 震级组，预测结果与观测结果在 1.0s 以后出现了较大偏差，在 6.0s 达到误差最大为 0.3。

$$\rho(\varepsilon(S_a(T_i)),\ \varepsilon(ASI)) = \frac{\sum_{i=1}^{n}\left[\varepsilon(S_a(T_i)) - \overline{\varepsilon(S_a(T_i))}\right]\left[\varepsilon(ASI) - \overline{\varepsilon(ASI)}\right]}{\sqrt{\sum_{i=1}^{n}\left[\varepsilon(S_a(T_i)) - \overline{\varepsilon(S_a(T_i))}\right]^2 \sum_{i=1}^{n}\left[\varepsilon(ASI) - \overline{\varepsilon(ASI)}\right]^2}}$$

$$(5.1-21)$$

表 5.1-8 0.01~6.0s 谱加速度 S_a 与 ASI 相关系数观测结果

周期/s	0.01	0.02	0.05	0.07	0.1	0.2	0.3	0.5	0.7
Bradley 预测方程	0.926	0.919	0.855	0.835	0.849	0.938	0.956	0.837	0.720
M_s5.5~7.0 观测结果	0.942	0.938	0.876	0.833	0.845	0.960	0.964	0.818	0.663
M_s3.0~7.0 观测结果	0.872	0.864	0.744	0.682	0.760	0.954	0.931	0.798	0.708
周期/s	1.0	1.5	1.7	2.0	2.5	3.0	4.0	5.0	6.0
Bradley 预测方程	0.587	0.458	0.428	0.395	0.361	0.340	0.319	0.309	0.303
M_s5.5~7.0 观测结果	0.509	0.391	0.378	0.357	0.327	0.305	0.265	0.238	0.255
M_s3.0~7.0 观测结果	0.627	0.576	0.574	0.576	0.582	0.588	0.591	0.596	0.621

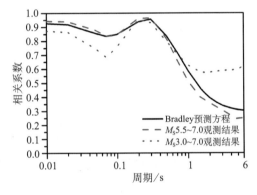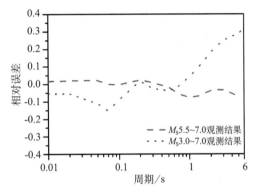

图 5.1-14 ASI 与 S_a 相关系数观测值及与预测值对比

至此，PGV、D_s595、SI 以及 ASI 与 0.01~6.0s 谱加速度 $S_a(T_i)$ 之间的相关系数矩阵计算完成。

2. 其他 $\{IM\}$ 之间相关系数矩阵

统计分析了 NSMONS 数据库 $M5.5\sim7.0$ 震级组数据集的四个 IM 指标的残差标准差系数相互之间的散点分布，并基于该分布得到了相关系数表（表5.1-9）。

表 5.1-9 中国 PGV、SI、ASI、D_s595 之间相关系数

	PGV	SI	ASI	D_s595
PGV	1.000	0.922	0.778	-0.172
SI	0.922	1.000	0.617	-0.097
ASI	0.778	0.617	1.000	-0.280
D_s595	-0.172	-0.097	-0.280	1.000

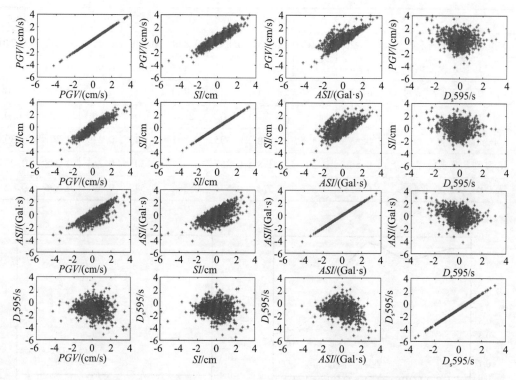

图 5.1 - 15　*PGV*、*SI*、*ASI*、D_s595 的残差标准差散点分布

表 5.1 - 10 是基于美国 NGA-West1 数据库统计的结果，一并给出作为参考（Bradley，2012b）

表 5.1 - 10　基于 NGA 数据库的 *PGV*、*SI*、*ASI*、D_s595 之间相关系数

	PGV	*SI*	*ASI*	D_s595
PGV	1.000	0.890	0.729	−0.211
SI	0.890	1.000	0.641	−0.079
ASI	0.729	0.641	1.000	−0.37
D_s595	−0.211	−0.079	−0.37	1.000

至此，作为下一步 GCIM 记录选取的核心部分中国广义地震强度指标相关系数矩阵构建全部完成，结果整理为表 5.1 – 11。

表 5.1 – 11　中国广义地震强度指标相关系数矩阵

相关系数矩阵	PGA	PGV	$S_a(T_i)$	D_s595	SI	ASI
PGA	1	表 5.1 – 5	附录 Ⅱ	表 5.1 – 6	表 5.1 – 7	表 5.1 – 8
PGV	—	1	表 5.1 – 5	-0.172	0.922	0.778
$S_a(T_i)$	—	—	1	表 5.1 – 6	表 5.1 – 7	表 5.1 – 8
D_s595	—	—	1	-0.097	-0.28	
SI	—	—	—	—	1	0.617
ASI	—	—	—	—	—	1

5.1.4　小结

基于中国的 NSMONS 的 2007~2015 强震动记录数据库逐一构建对应两两 IM 指标之间的相关系数矩阵。逐一对目标 IM 指标进行现有的预测方程评价，对于无法通过残差正态分布检验的 IM 指标，重新基于观测数据指标拟合对应的预测方程，并且进行残差分布正态分布的 K-S 假设检验。最后计算得到了基于中国强震观测数据的对应 23 个指标两两之间的相关系数矩阵，并且将得到的结果和基于 NGA 观测数据得到的预测方程做了逐一对比，虽然整体趋势一致，但是在短周期等处具有中国数据库自己的特点，最后以中国数据库的相关系数矩阵作为后续计算依据。

5.2　广义条件目标谱构建与记录选取

5.2.1　广义条件目标谱构建基本原理

1. 基本原理

广义条件地震动强度指标分布（GCIM，Generalized Conditional Intensity Measure）的基本理论假设为：在条件 IM_i 指标下，其余 n 个目标地震动强度指标集 $\textbf{\textit{IM}} = \{IM_1, IM_2, IM_3, \cdots, IM_n\}$ 服从多元对数正态分布。在某个设定地震 rup_k 下，如果以其中某一个地震动指标 $IM_j = im_j$ 作为条件指标，则通过地震动强度指标的预测方程以及 IM 指标之间的皮尔逊相关系数矩阵，可以计算得到其余 IM 指标的条件分布。任意地震动强度指标 IM_i 在 $IM_j = im_j$ 时的条件均值和条件标准差可定义为

$$\left.\begin{aligned} \mu_{\ln IM_i | Rup, IM_j}(rup_k, im_j) &= \mu_{\ln IM_i | Rup}(rup_k) + \sigma_{\ln IM_i | Rup}(rup_k)\rho_{\ln IM_i, IM_j}\varepsilon_{\ln IM_j} \\ \sigma_{\ln IM_i | Rup, IM_j}(rup_k, im_j) &= \sigma_{\ln IM_i | Rup}(rup_k)\sqrt{1 - \rho^2_{\ln IM_i, \ln IM_j}} \end{aligned}\right\} \quad (5.2-1)$$

式中，$\mu_{\ln IM_i \mid Rup}(rup_k)$ 和 $\sigma_{\ln IM_i \mid Rup}(rup_k)$ 为设定地震 rup_k 下，地震动强度预测方程给出的 IM_i 指标的对数均值和对数标准差。$\rho_{\ln IMi,\ln IMj}$ 为两个地震动强度指标 IM_i 和 IM_j 之间的皮尔逊相关系数矩阵。其中，条件 IM_j 指标的标准差系数 $\varepsilon_{\ln IM_j}$ 计算公式如式（5.2-2）所示：

$$\varepsilon_{\ln IM_j} = \frac{\ln IM_j - \mu_{\ln IM_j \mid Rup}(rup_k)}{\sigma_{\ln IM_j \mid Rup}(rup_k)} \qquad (5.2-2)$$

由上述公式可知，狭义条件均值谱（CMS/CS），就是当目标地震动强度指标为加速度反应谱值 $S_a(T)$、条件 IM 指标为结构自振周期点处反应谱值 $S_a(T_1)$ 时的特殊广义条件谱。

2. 考虑设定地震权重修正的条件均值向量

在构建狭义条件目标谱值时，仅考虑了对某超越概率下目标谱值贡献最大或者平均贡献地震事件，没有充分考虑其余设定地震对条件谱构建时带来的影响。但是在进行广义条件谱构建时，由于考虑 IM 指标较多，如果仅仅考虑加速度谱解耦得到的单个设定地震事件，可能得到与其他 IM 指标危险性不符合的结果（Bradley，2010a）。假设最后解耦得到 N 个设定地震微元，以及某强度指标 IM_j 达到 im_j 的年发生概率 $\lambda_{IM_j}(im_j)$。进而基于贝叶斯条件概率公式，解耦得到 $IM_j = im_j$ 时 $R_{rup} = rup_k$ 的概率就是第 k 个设定地震的贡献比例，如下式所示：

$$P_{Rup \mid IM_j}(rup_k \mid im_j) = P_{Rup \mid IM_j}(rup_k \mid IM_j = im_j) = \frac{P_{IM_j \mid Rup}(IM_j = im_j \mid rup_k)\lambda_{Rup}(rup_k)}{\lambda_{IM_j}(im_j)}$$
$$(5.2-3)$$

在第 k 个设定地震事件微元 rup_k 下，条件指标 IM_j 下，IM 指标的条件均值向量可表达为

$$\boldsymbol{\mu}_{\ln \boldsymbol{IM} \mid IM_j,\ rup_k} = \begin{bmatrix} \mu_{\ln IM_1} \mid rup_k \\ \mu_{\ln IM_2} \mid rup_k \\ \cdots \\ \mu_{\ln IMn} \mid rup_k \end{bmatrix} = \begin{bmatrix} \mu_{\ln IM_1 \mid rup_k} + \rho(IM_1, IM_j)\varepsilon(IM_j)\sigma(IM_1) \\ \mu_{\ln IM_2 \mid rup_k} + \rho(IM_2, IM_j)\varepsilon(IM_j)\sigma(IM_2) \\ \cdots \\ \mu_{\ln IM_n \mid rup_k} + \rho(IM_n, IM_j)\varepsilon(IM_j)\sigma(IM_n) \end{bmatrix} \qquad (5.2-4)$$

由于 $\boldsymbol{IM} \mid IM_j$ 服从多元对数正态分布，且任意指标 IM_i 在不同设定地震事件下的条件分布均为对数正态分布，且彼此相互独立。则利用解耦得到的各个假想设定地震微元的相对贡献值 $P_{Rup \mid IM_j}(rup_k \mid im_j)$ 作为权重，得到条件均值向量 $\boldsymbol{\mu}_{\boldsymbol{IM} \mid IM_j}$ 为

$$\boldsymbol{\mu}_{\boldsymbol{IM} \mid IM_j} = \sum_{k=1}^{m} \boldsymbol{\mu}_{\ln \boldsymbol{IM} \mid IM_j,\ rup_k} P_{Rup \mid IM_j}(rup_k \mid im_j) \qquad (5.2-5)$$

3. 条件协方差矩阵计算

对于给定的地震动预测方程而言，不考虑各个 IM 指标的条件标准差地震事件的变化。且忽略不同设定地震下的 IM 指标之间的相关系数矩阵的变化，可依照下面流程构造协方差矩阵。

首先，目标指标 IM^* 外的其余 IM 指标协方差矩阵如下：

$$Cov_{\mathrm{a}} = \begin{bmatrix} \sigma_{\ln IM_1}^2 & \rho(IM_1,\ IM_2)\sigma_{\ln IM_1}\sigma_{\ln IM_2} & \cdots & \rho(IM_1,\ IM_n)\sigma_{\ln IM_1}\sigma_{\ln IM_n} \\ \rho(IM_2,\ IM_1)\sigma_{\ln IM_2}\sigma_{\ln IM_1} & \sigma_{\ln IM_2}^2 & \cdots & \rho(IM_2,\ IM_n)\sigma_{\ln IM_2}\sigma_{\ln IM_n} \\ \cdots & \cdots & \cdots & \cdots \\ \rho(IM_n,\ IM_1)\sigma_{\ln IM_n}\sigma_{\ln IM_1} & \rho(IM_n,\ IM_2)\sigma_{\ln IM_n}\sigma_{\ln IM_2} & \cdots & \sigma_{\ln IM_n}^2 \end{bmatrix}$$

$$(5.2-6)$$

其余 IM 指标与目标指标 IM^* 之间的协方差矩阵如下：

$$Cov_{\mathrm{b}} = \begin{bmatrix} \rho(IM_1,\ IM^*)\sigma_{\ln IM_1}\sigma_{\ln IM^*} \\ \rho(IM_2,\ IM^*)\sigma_{\ln IM_2}\sigma_{\ln IM^*} \\ \cdots \\ \rho(IM_n,\ IM^*)\sigma_{\ln IM_n}\sigma_{IM^*} \end{bmatrix}$$

$$(5.2-7)$$

则我们可以计算得到最终各个 IM 指标的条件协方差矩阵为

$$Cov = Cov_{\mathrm{a}} - \frac{Cov_{\mathrm{b}} \times Cov_{\mathrm{b}}^{\mathrm{T}}}{\sigma_{\ln IM^*}^2}$$

$$(5.2-8)$$

通过条件均值向量和条件协方差矩阵即可实现参数化符合多元对数正态条件分布的 $IM \mid IM_j$，至此，一种和中国安全性评价产出衔接，同时考虑设定地震微元贡献率修正的广义条件目标谱构建完成。

5.2.2 基于 K-S 统计量 D 值法的记录选取方法

1. 基于拉丁超立方抽样构建模拟目标 $\{IM\}$ 向量

基于 $\boldsymbol{\mu}_{IM \mid IM_j}$ 和正定化的协方差矩阵 Cov，通过拉丁超立方抽样，近似随机抽样得到符合目标广义 IM 条件目标分布的多组模拟 $\{IM\}$ 向量。拉丁超立方抽样作为分层抽样技术，通过从不同的层中独立、随机地抽取样本，从而保证样本的结构与总体的结构比较相近，从而提高估计的精度。由于协方差矩阵必须正定才可以进行拉丁超立方抽样，实际计算中往往需要对协方差矩阵进行微调才可以保证结果正定，这里采用 Higham 算法找寻最接近的协方差正定矩阵（Higham，2002）。

2. 基于 D 值法的广义地震动强度指标条件分布匹配

Bradley（2012a）提出了针对 GCIM 条件分布的匹配方案。通过逐一搜寻与模拟 $\{IM\}$ 向量最接近的强震动记录即可实现近似得到符合目标广义 IM 条件分布的记录集。不同 IM 指标的内在离散性本身就存在差异，需要用各个 IM 指标的标准差进行归一化处理后才能真实体现出差异。且由于研究目标的不同，其实 IM 指标的选择以及其在不同研究问题中的重要程度是不一样的，因此需要赋予不同 IM 指标不同的权重。对于某记录而言，假如考虑了 m 个 IM 指标，衡量该记录的 $\{IM\}$ 向量 $\ln\{IM^{\mathrm{rec}}\}$ 与模拟 $\{IM\}$ 向量 $\ln\{IM^{\mathrm{sim}}\}$ 误差的指标 r 可以定义如下：

$$r = \sum_{i=1}^{m} w_i \left[\frac{\ln IM_i^{\mathrm{sim}} - \ln IM_i^{\mathrm{rec}}}{\sigma^2_{\ln IM_i \mid IM_j}} \right]^2 \tag{5.2-9}$$

式中，w_i 代表第 i 个地震动强度指标 IM_i 的权重。

由于 N 条模拟 $\{IM\}$ 向量本身是基于目标条件概率分布随机选取的，因此即使 N 条强震动记录很好匹配了模拟 $\{IM\}$ 向量，在记录选取数量较少时，仍然有可能得到的记录集不一定与目标条件概率分布一致。因此对这 N 条强震动记录的每一个 IM 指标向量的分布是否与目标分布相同进行 K-S 假设检验，通过检验统计量 D 值来衡量目标分布与样本分布累积概率分布之间的差异。

D 值作为两条累积分布曲线的最大偏差量，定义为

$$D_{IM_i} = \max \left| F_{IM_i \mid IM_j}(im_i \mid im_j) - EDF(im_i) \right| \tag{5.2-10}$$

为了直观的说明样本分布是否可以通过 K-S 检验，在给定显著水平 α 后，可以通过加减若干倍显著性水平得到 K-S 假设检验拒绝域的边界值，如果样本分布超过了边界，则证明原假设被拒绝，样本分布不服从目标分布。也就是说将检验统计量的值与临界值进行比较，就可做出拒绝或不拒绝原假设的决策。采用公式（5.2-9）匹配得到与模拟 $\{IM\}$ 向量最接近的 N 条记录作为备选组，基于 K-S 假设检验计算备选组各个 IM 指标的 D 值，进而通过加权得到 R 作为该备选组对目标条件分布的整体匹配优度衡量指标。重复上述流程，得到多个备选组，从中选择 R 最小的备选组作为最终结果，作为一个对结果的优化手段，备选组数量视记录选取实际匹配情况决定。

$$R = \sum_{i=1}^{N_{IM_i}} w_i (D_{IM_i})^2 \tag{5.2-11}$$

综上，我国广义条件参数目标谱的构建及选取流程如图 5.2-1 所示。

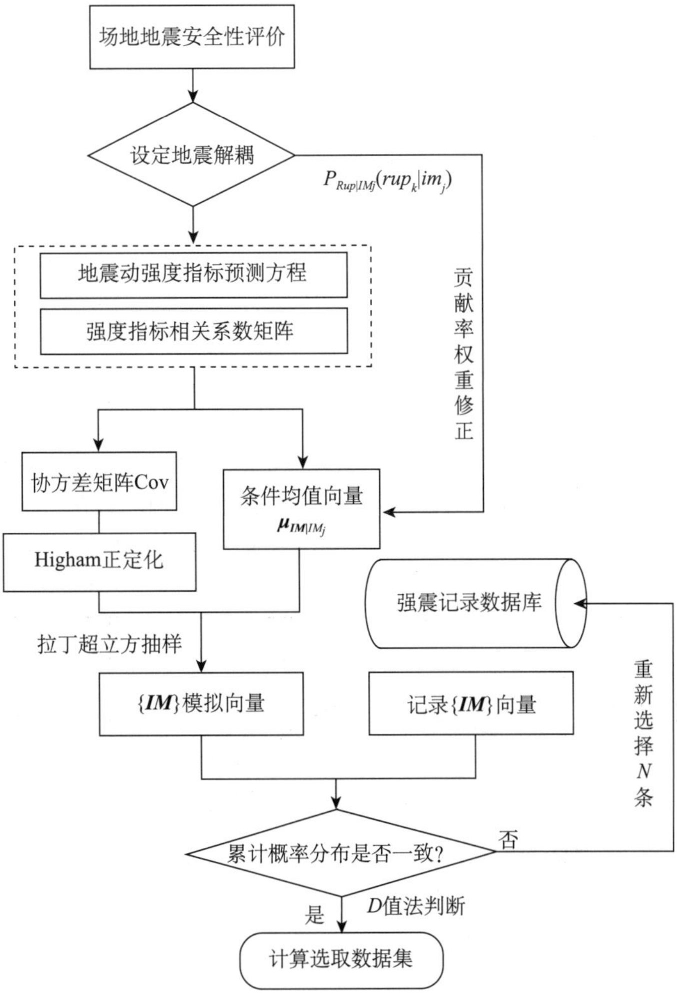

图 5.2－1　广义条件目标谱构建及记录选取流程

5.3　广义条件目标谱记录选取应用实例

5.3.1　GCIM 工程记录选取实例

在中国广义相关系数矩阵构造完成后，基于地震危险性分析的解耦结果，在给定其中某一个 *IM* 指标做条件指标后，即可以给出 GCIM 条件目标分布。并通过匹配该分布以及调整权重，得到满足各目标地震动强度指标分布的强震动记录集，主要流程如图 5.2－1 所示。下面以第四章完成 PSHA 结果解耦的河北廊坊市某安全性评价场地为例，假想结构为 2.0s，计算 50 年 2%超越概率下的广义条件地震参数分布，并与仅考虑谱加速度指标分布的 CS 记录选取结果进行对比。

为了方便与之前仅考虑加速度谱值的条件均值谱做对比，使用第四章计算中使用的河北廊坊市地震安全性评价工程实例作为研究对象。按照上小节的方法，进行 CGIM 条件目标分布构建，并以 NSMONS 数据库和美国 NGA-West1 数据库的强震动记录作为记录选取数据库进行强震动记录选取。假想结构自振周期为 $T_1 = 2.0s$，以 50 年超越概率 2% 作为目标危险性水平，构造包含 PGA、$S_a(T)$、PGV、D_s595、SI 以及 ASI 共计 23 个 IM 指标在内的广义条件参数分布。

1. 广义条件强度指标均值向量 {IM} 计算

利用解耦得到的条件目标参数指标下各个潜源中假想设定地震组合（M，R，ε）的相对贡献值为权重，则可以最终组合得到调整后的 $\boldsymbol{\mu}_{IM \mid IM_j}$ 条件均值向量，如图 5.3 - 1a 所示。出于对比考虑，我们同时给出了两种不考虑贡献值权重的条件均值向量结果，分别为平均设定地震下的计算结果；以及最大贡献设定地震下的计算结果，如图 5.3 - 2 所示。对比结果表明，就本算例而言，谱加速度指标考虑设定地震贡献率修正的结果要保守于其他两种固定设定地震的情况，而非谱加速度指标，反而平均设定地震的计算结果要更加保守。在考虑 IM 指标较多时，或者潜源分布较为离散时，平均设定地震的计算结果受潜源分布与对应贡

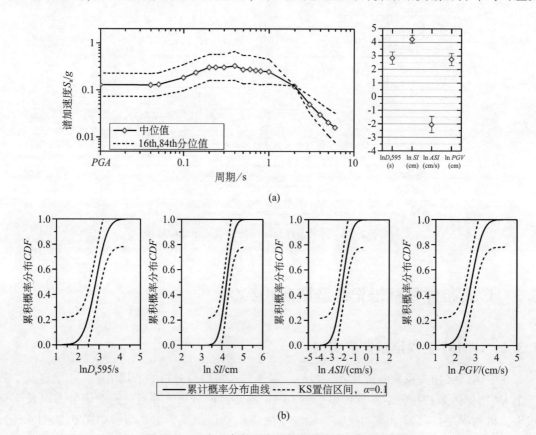

(a)

(b)

图 5.3 - 1　广义条件强度指标均值向量计算结果
(a) 广义条件强度指标均值向量；(b) 非周期相关强度指标累计概率分布

献比例影响，在近似过程中存在误差，在某些 *IM* 指标上与考虑全部设定地震微元贡献权重的计算结果存在偏差。这种偏差是存在于多个 *IM* 指标的，应当引起重视。这种差异也说明了本章采用设定地震微元贡献率修正在构建广义条件目标谱时的意义。

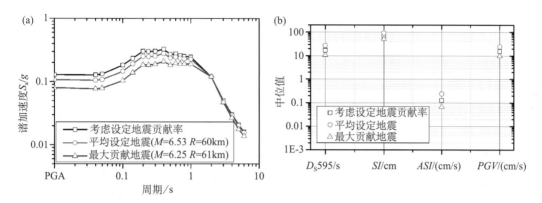

图 5.3-2　不同设定地震权重下的广义地震动参数指标条件向量 {*IM*}

2. 条件协方差矩阵计算及正定化

采用 Higham 算法找寻最接近的协方差正定矩阵。计算得到的协方差结果以及"寻找"到的最接近的正定矩阵如图 5.3-3a 所示。对比结果表明 Higham 算法得到的正定结果很好的逼近了目标矩阵，在保证结果正定的前提下保证结果基本一致，目标 23 个广义相关 *IM* 指标之间的协方差矩阵相对误差计算结果的范围在-0.005 到 0.01 之间（图 5.3-3b），可忽略不计。

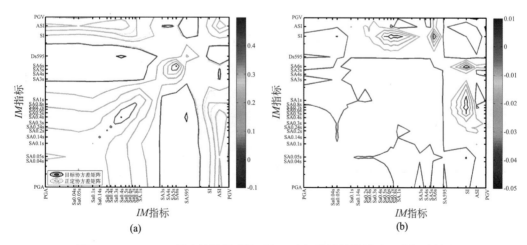

图 5.3-3　Higham 算法计算得到的近似正定矩阵计算结果及二者相对误差

（a）近似正定矩阵计算结果；（b）相对误差

3. 强震动记录数据库及调幅系数

基于上文计算过 $\{IM\}$ 指标的 NSMONS 数据库和 NGA-West1 强震动记录数据库进行目标条件概率分布的匹配，记录所用的数据详情这里不再赘述。仅声明一点，由于 IM 指标预测方程拟合以及相关系数计算均依据两水平分量的几何平均值计算得到，因此，这里记录选取也以同样的地震动强度指标水平分量几何均值作为备选对象，而非单分量地震动。

关于强震动记录调幅问题，从各个目标强度参数指标的定义入手，以目标周期处的加速度反应谱值的线性调幅系数 S_f 值为出发点，计算各个 IM 指标的调幅系数。对于显著持时 D_s 来说，由于强震动记录经过线性调幅后并不会影响其计算结果，因此调幅系数取为恒定值 1，对于 PGA、PGV、$S_a(T)$、SI 等 IM 指标而言，其调幅系数与加速度反应谱值的线性调幅系数是一样的，同样取 S_f。

4. 记录选取结果

K-S 假设检验的置信水平选 0.1，调幅系数的上限值设置为 30，最后得到匹配结果如图 5.3-4 所示，图中给出了各个条件目标分布和对应的 K-S 检验的接受域，以及匹配记录的 IM 指标分布。可以看到虽然考虑的 IM 指标多达 23 个，但是依然较好与目标条件分布做了匹配，除了极个别 IM 参数指标有一点轻微"过界"的现象之外，绝大多数的 IM 指标均落在了 0.1 置信水平的 K-S 检验接受域之内。由于本算例出于示例目的考虑地震动强度 IM 指标较多，因此并没有事先对记录选取结果的震级，距离等参数进行约束，这里对记录选取结果的震级距离散点分布研究发现，记录选取结果地震事件的震级，距离均值为 6.63 和 75km，与目标设定地震 $M=6.53$ 和 $R=60km$ 相仿。调幅系数的上限值虽然也设置较高，但是从调幅系数的累计概率分布可以看出，50% 和 84% 的分位值分别位于 2 和 10 附近（2.23 和 11.85），是可以接受的。至此，基于 GCIM 方法的考虑 23 个 IM 指标的强震动记录选取案例计算完成。

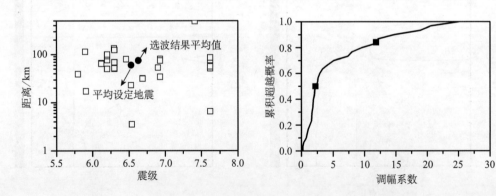

图 5.3-4　记录选取结果震级距离分布以及调幅系数累积概率分布

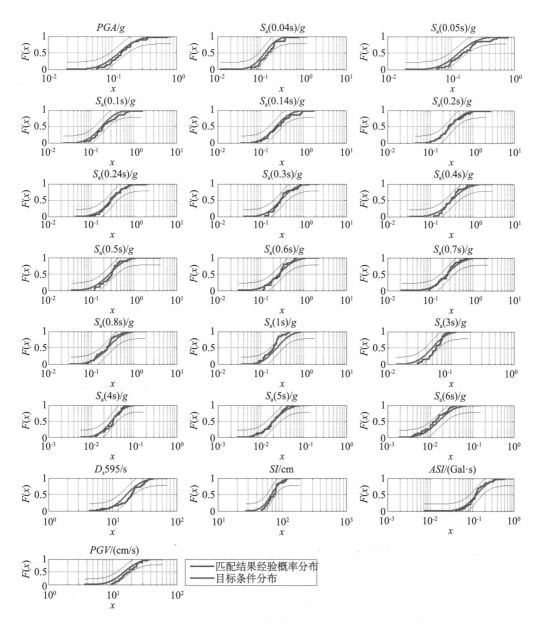

图 5.3 - 5　各 *IM* 指标的目标分布和匹配结果的经验概率分布

5.3.2　危险一致性验证

对于同一个工程场址，保证不同 IM 条件指标下的广义条件目标谱具有相同的危险性水平十分重要：不管条件 IM 指标如何选择，基于同一个一致超越概率曲线构造的广义条件谱应当可以实现其记录选取结果数据集计算得到的超越概率是一致的，这是条件谱理论的出发点。对于任意一个条件 IM 指标下的记录选取结果，采用与 3.4 节的方法进行某个 IM 指标的超越概率计算，将计算结果与安全性评价中 PSHA 分析给出的地震危险性曲线进行对比即可验证其危险一致性。

为了更好说明问题，我们这里采用了 IM 之间相关性较弱的 $S_a(0.01s)$ 和 $S_a(1.0s)$ 进行选取记录的地震危险性结果对比，并将第四章针对同一场地采用狭义条件谱 CS 记录选取的结果一并加入对比。首先依据概率地震危险性分析结果，利用 50 年 2%、10% 和 63% 下的一致加速度概率谱对应的 $S_a(0.01s)$ 进行对数线性拟合，基于这三个点进行数线性插值得到近似的目标值在该超越概率范围附近的超越概率曲线。结果如图 5.3 - 6a 所示。$S_a(0.01s) = 20 \sim 500 \text{cm/s}^2$，取 10 个强度值，分别计算对应的年超越概率并进行设定地震解耦。依据 $S_a(0.01s)$ 解耦结果构建狭义条件谱 CS 和广义条件目标谱并逐一进行记录选取。CS 方法和广义条件谱方法记录选取结果计算得到的 $S_a(1.0s)$ 超越概率曲线与 PSHA 结果对比如图 5.3 - 6b 所示。可以看到以 $S_a(0.01s)$ 作为条件 IM 指标，得到的 $S_a(1.0s)$ 危险性曲线和 PSHA 的插值结果基本一致，而广义条件谱的计算结果在低超越概率水平下表现不如 CS 理想。这主要是由于广义条件谱方法除了匹配谱加速度外，还要兼顾多个与其相关度较低的 IM 指标，并且匹配过程采用的是 D 值法置信区间匹配累积概率分布，相对来说对均值和标准差的控制较为宽松。加上记录选取时候没有刻意对 $S_a(0.01s)$ 赋予过大权重，这也是导致其危险一致性计算结果不如 CS 结果理想的原因。读者应当考虑在记录匹配环节上进行进一步的优化，该问题已有包括笔者在内的多个学者着力解决，采用了包括贪婪优化算法，遗传算法（Ji et al., 2021），马尔科夫链蒙特卡罗模拟等多种方法在内的手段改善广义条件谱的匹配效果。

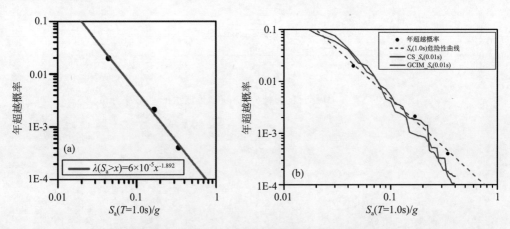

图 5.3 - 6　狭义和广义条件谱危险一致性结果对比

（a）$S_a(1.0s)$ 年超越概率曲线 CPSHA 结果；（b）$S_a(1.0s)$ 年超越概率曲线计算结果

5.3.3 小结

以我国地震安评为产出，提出了利用潜源微元权重修正条件均值 IM 向量的中国广义条件谱构建方法。并以我国河北廊坊市某个场址的地震安全性评价工作为实例，构建同时考虑幅值（PGA、PGV）、频谱（S_a）、持时（D_{s595}），以及谱强度相关参数（SI 和 ASI）的广义条件目标谱，并通过 K-S 假设检验的 D 值法进行累积概率分布曲线的匹配实现记录选取，和狭义条件谱的选取结果进行了危险一致性方面的对比讨论。得出结论如下：

（1）采用平均设定地震或者最大贡献地震会在计算广义参数条件均值时引入偏差，对于本章的算例而言，经过设定地震权重调整后，加速度反应谱指标的条件分布要大于其他两种单一设定地震事件的结果。而对于非谱加速度指标，平均设定地震下的目标分布要大于其他两种工况。

（2）记录选取结果表明，D 值法对于加速度反应谱指标和非加速度反应谱指标均实现了较好的累积概率分布匹配，除了极个别 IM 参数指标有一点轻微"过界"的现象之外，绝大多数的 IM 指标均落在了 0.1 置信水平的 K-S 检验接受域之内。

（3）危险一致性校验结果表明，以 $S_a(0.01s)$ 作为条件 IM 指标，得到的 $S_a(1.0s)$ 危险性曲线和 PSHA 的插值结果基本一致，而广义条件谱的计算结果在低超越概率水平下的危险一致性不如狭义条件谱理想。这主要是由于广义条件谱方法记录选取过程中对均值和标准差的控制较为宽松，同时其他 IM 指标的加入变相稀释了谱加速度的权重。这也是下一步工作应当优化和改进的环节。

总之，本章提出的广义条件谱记录选取流程很好衔接了我国重大工程安全性评价产出，可以用于指导地震动输入，并在新一代性态地震工程的全概率决策框架中得到应用。对于指导我国重大工程的强震动记录输入选取具有重要现实意义和工程价值。

参考文献

徐培彬、温瑞智，2018，基于我国强震动数据的地震动持时预测方程［J］，地震学报，40（06）：809~819+832

DB/T 17—2006 地震台站建设规范 强震台站［S］

Bommer J J and Martinez-Pereira A，1999，The effective duration of earthquake strong motion［J］，Journal of earthquake engineering，3（02）：127-172

Bommer J J，Stafford P J，Alarcon J E，2009，Empirical Equations for the Prediction of the Significant, Bracketed, and Uniform Duration of Earthquake Ground Motion［J］，Bulletin of the Seismological Society of America，99（6）：3217-3233

Bradley B A，2010a，A generalized conditional intensity measure approach and holistic ground-motion selection［J］，Earthquake Engineering & Structural Dynamics，39（12）：1321-1342

Bradley B A，2010b，Site-specific and spatially distributed ground-motion prediction of acceleration spectrum intensity［J］，Bulletin of the Seismological Society of America，100（2）：792-801

Bradley B A，2011a，Design seismic demands from seismic response analyses：a probability-based approach［J］，Earthquake Spectra，27（1）：213-224

Bradley B A，2011b，Empirical correlation of PGA, spectral accelerations and spectrum intensities from active shallow crustal earthquakes [J], Earthquake Engineering & Structural Dynamics, 40 (15): 1707-1721

Bradley B A, 2011c, Correlation of Significant Duration with Amplitude and Cumulative Intensity Measures and Its Use in Ground Motion Selection [J], Journal of Earthquake Engineering, 15 (6): 809-832

Bradley B A, 2012a, A ground motion selection algorithm based on the generalized conditional intensity measure approach [J], Soil Dynamics and Earthquake Engineering, 40: 48-61

Bradley B A, 2012b, Empirical Correlations between Peak Ground Velocity and Spectrum-Based Intensity Measures [J], Earthquake Spectra, 28 (1): 17-35

Bradley B A, 2012c, The seismic demand hazard and importance of the conditioning intensity measure [J], Earthquake Engineering & Structural Dynamics, 41 (11): 1417-1437

Bradley B A, Cubrinovski M, MacRae G A et al., 2009, Ground-motion prediction equation for SI based on spectral acceleration equations [J], Bulletin of the Seismological Society of America, 99 (1): 277-285

Higham N J, 2002, Computing the nearest correlation matrix—a problem from finance [J], IMA Journal of Numerical Analysis, 22 (3): 329-43

Housner G W, 1952, Spectrum intensities of strong-motion earthquakes [C], in Symposium on Earthquakes and Blast Effects on Structures, Los Angeles, California

Ji K, Wen R, Zong C, Ren Y, 2021, Genetic algorithm-based ground motion selection method matching target distribution of generalized conditional intensity measures [J], Earthquake Engineering Structural Dynamics, https://doi.org/10.1002/eqe.3408

Kwong N S and Chopra A K, 2017, A generalized conditional mean spectrum and its application for intensity-based assessments of seismic demands [J], Earthquake Spectra, 33 (1): 123-143

Von Thun J, Roehm L, Scott G, Wilson J, 1988, Earthquake ground motions for design and analysis of dams [J], Earthquake Engineering and Soil Dynamics II—Recent Advances in Ground-Motion Evaluation, 1988, Geotechnical Special Publication, 20, 463-481

Yu Y, Silva W J, Darragh B et al., 2016, V_{S30} Estimate for Southwest China [J], International Journal of Geophysics

第六章　服务于性态设计的地震动输入选取

在经历了确定性结构性态反应为性态目标和以结构整体可靠度为目标的第一代、第二代性态地震工程后，以全概率理论为基础，以控制整体地震风险和地震损失为性态目标的新一代基于性态的地震工程受到广泛关注。其中结构需求指标的概率危险性分析作为连接后续结构易损性和前端地震危险性分析的关键环节是本章的主要研究对象。传统概率地震需求分析方法以建立概率地震需求模型为核心任务，通过云图法进行强震动记录选取，然后在结构工程需求指标（EDP）与地震动强度指标（IM）之间服从对数线性假定（对数坐标下服从线性关系假定）的前提下拟合概率需求模型，进而将 IM 指标对应的地震危险性分析结果进行结合得到最终的 EDP 概率危险性曲线，又称为工程需求危险性曲线（EDHC, Engineering Demand Hazard Curve）。上述环节的主要问题存在于：

（1）不同 IM 强度下的地震动记录本身应当与对应的目标结构场址的地震危险性一致，这样才可以与对应的 PSHA 结果在物理意义上进行衔接。而传统基于云图法的计算流程并没有考虑这一点，人为将地震危险性分析与结构概率地震需求模型割裂开，忽略了前文反复强调的危险一致性（Hazard consistency），即记录选取结果与目标 IM 强度对应的地震危险性不一致。

（2）需要选择服从与目标 EDP 指标对数线性关系假定的 IM 指标作为计算依据，对于未知的或者说受多个 IM 指标控制的 EDP 指标无法开展计算，即参数完备性（Parameter sufficiency）没有很好考虑。

本书第四、五章从中国地震危险性分析结果入手，从理论和实例的角度详细给出了进行条件均值谱构建以及广义条件参数谱构建的方法以及进行记录匹配选取的技术细节。在上述成果的基础上，本章首先在 6.1 节概述了性态地震工程中强震动记录选取工作的研究进展，进而针对传统概率地震需求分析方法存在的弊端，在新一代性态地震工程框架下，基于上文中考虑危险一致性与参数完备性的地震动选取方法，在现有条带法的基础上进行改进，从全概率理论公式出发，得到与中国地震危险性分析结果衔接的 EDHC 分析计算方法。并采用一个 10 层钢筋混凝土平面框架作为算例，验证本章计算方法的可靠性，以上为 6.2~6.4 节内容。本章 6.5 节讨论了不同震级、震中距以及场地条件的地震动输入对结构抗倒塌易损性分析的影响；由于实际场地的地震危险性水平有限，在需要进行考虑倒塌工况的易损性分析时往往无法构造超低超越概率下的条件目标谱指导记录选取。针对该问题，作者所在团队提出了 CMS-IDA 和 CMS-条带法两种倒塌易损性分析方法，分别在 6.6 和 6.7 节进行论述。

6.1　性态地震工程中的地震动输入选取

20 世纪 90 年代以来，基于性态的地震工程（PBEE，Performance-Based Earthquake Engineering）正成为国际地震工程领域的主要发展趋势，对应的基于性态的抗震设计（PBSD，Performance-Based Seismic Design）也作为最新的发展趋势在各国受到了高度重视。在经历了确定性结构性态反应为性态目标和以结构整体可靠度为目标的第一代、第二代的 PBEE 后，以控制地震风险和地震损失为性态目标的新一代 PBEE 正成为 21 世纪初国际地震工程的研究热点。美国太平洋地震工程研究中（PEER）建立了概率决策数学模型（Cornell et al.，2001），将地震动危险性、地震易损性以及地震损失作为一个整体来作为 PBEE 的核心研究内容。如下式所示：

$$\lambda(dv) = \iiint F(dv \mid dm) \times \mid dF(dm \mid EDP) \mid \times \mid dF(EDP \mid IM) \mid \times \mid d\lambda(IM) \mid$$

$$(6.1-1)$$

式中，IM 为地震动强度指标；EDP 为地震需求指标，如最大层间位移角、底部剪力等工程关心的结构需求参数；dm 为结构损伤指标；dv 为损伤指标对应的损失指标等。$\lambda(x)$ 为变量 x 的年超越概率，$F(x \mid y) = P(X>x \mid Y=y)$ 为条件累积概率分布形式。可以看到新一代 PBEE 更加强调与地震危险性分析的衔接，要求在地震需求建模层面上给出与目标场点危险性一致的记录选取结果，采用式（6.1-2）计算得到 EDP 地震危险性需求曲线后（Shome，1998），就可以与易损性函数积分得到最终的结构损伤估计，进行地震损失评估等。

$$\lambda(EDP) = \int P(EDP \mid IM_{\text{target}}) \mid d\lambda(IM) \mid$$

$$(6.1-2)$$

确定地震危险性需求曲线的传统做法为"云图法"和"条带法"。"云图法"和"条带法"对地震动不确定性考虑的出发点是一样的，即均通过地震动之间的变异性来间接考虑地震动的不确定性，二者的主要区别在于是否依据地震动强度指标 $IM(T^*)$ 对输入地震动进行调幅，云图法直接拟合不同 IM 指标与结构响应 EDP 均值的对数线性关系来建立地震需求模型，条带法则通过逐次调幅得到不同 IM 指标下结构响应参数 EDP 的分布来建立需求模型（于晓辉、吕大刚等，2013），得到概率地震需求模型后基于 IM 指标与 EDP 指标的对数线性假定假设，通过数学变换，采用 Bazzurro et al.（1998）提出 EDP 指标超越 d 的概率计算公式，其中，a、b 为 IM 与 EDP 之间对数线性关系下的斜率和截距；$\sigma_{EDP|IM}$ 为结构需求参数 EDP 在 IM 下的标准差，在云图法下假设为定值，地震动强度指标 IM 为谱加速度时，和对应的超越概率满足对数线性关系系数为 k_0 和 k。

$$\lambda(EDP > d) = k_0(d/a)^{-k/b} \exp\left(\frac{1}{2}\frac{k^2}{b^2}\sigma_{EDP|IM}^2\right)$$

$$(6.1-3)$$

选取地震动时一般在下面四种做法中选择：①粗略限制地震动特性范围，以目标场址危险性分析得到的设定地震为依据，确定 M-R 一定范围条带内的强震动记录。②依据美国 ATC-63（2008）报告给出的建议限制条件，依据震级、断层类型、场地等参数进行遴选得到对应的数据库。③直接采用 ATC63 报告推荐的 22 组远场强震动记录作为备选记录库，④采用最不利设计地震动，由谢礼立院士团队于 2003 年提出，利用估计地震动潜在破坏势的综合评价法，给出的最不利设计地震动适用于特别重要的结构或地震危险性较高地区结构的抗震分析和研究。上述做法都是没有考虑场址设定地震危险性的做法，这种不考虑场址潜在地震动特点和结构特性的做法，将所有问题都交给了 IM 指标来控制，一旦无法找到具有较好相关性的 IM 指标和结构响应指标，由于记录选取结果的危险性水平是没有控制的，得到的结果在原理上是无法与地震危险性分析结果衔接和统一的。此外，研究学者针对钢框架，钢筋混凝土框架，以及木结构的倒塌易损性分析发现，谱型系数 ε 对于易损性曲线的影响很大（Baker and Cornell，2005，2006；Goulet et al. 2007），谱型系数相关定义在第四章中有具体阐述。

还有一种思路，即将考虑危险一致性的强震动记录选取方法应用在了 EDP 指标的概率地震危险性需求曲线计算中。其本质是将记录选取依据从传统的地震动强度指标 IM 变成了地震危险性水平，即希望估计出某个地震危险性水平下的结构响应指标危险性水平曲线，而不是以 IM 指标作为桥梁通过对数线性假设来计算。为了对其中使用较广的 CS 和 GCIM 记录选取方法进行评价，Kwong et al.（2015a、b）提出了某结构在某特定场址的地震危险性需求标准曲线的标定方法，以两个多层框架为算例，对比上述记录选取结果的计算结果与标准曲线发现，GCIM 和 CS 算法的结果对于绝大多数谱相关的 EDP 指标能做较好的估计，但是会低估某些指标在超越概率下的结果，因此记录选取结果除了应当保持危险一致性外，较好的针对目标 EDP 指标选择完备的地震动 IM 指标也是必要的。Lin et al.（2013）通过简单混凝土框架的概率地震危险性需求分析，强调了基于精确 CS 算法是保证最后计算结果具有危险一致性的基础。Fox and Sullivan（2016）基于 CS 记录选取方法，提出了可以针对混凝土框剪结构进行抗震性态分析的简化算法。由于实际场地的地震危险性水平有限，在需要进行考虑倒塌工况的易损性分析时往往无法构造超低超越概率下的条件目标谱指导记录选取。此外，国外该方法的应用尚停留在平面规则 RC 结构或钢框架阶段，对于需要考虑多振型，长周期等问题的复杂结构三维输入工况，需要将广义条件谱引入到记录选取中，相关研究尚未充分开展。

6.2　结构需求指标概率危险性分析方法

一个完整的 PBEE 模型最终应当是计算出不同损失指标的超越概率，即概率危险性曲线来指导决策（见公式（6.1-1）），应当包括以下五个环节：概率地震危险性计算、概率地震需求计算、结构需求指标概率危险性计算、概率抗震能力计算（易损性分析）、概率损失模型计算。本章 6.2 节到 6.4 节我们将重点研究结构需求指标概率危险性计算这个计算环节，见公式（6.1-2）。

6.2.1　结构需求指标概率危险性的传统计算方法

从四个基本假设出发，介绍传统结构工程需求指标 EDP 的概率危险性分析，即 EDHC 的计算基本思路：

（1）假设一：在地震动强度指标 $IM=x$ 下，EDP 服从对数正态分布，即 EDP 的条件累积概率分布可表示为

$$F(EDP \mid IM=x) = P(EDP > d \mid IM=x) = 1 - \Phi\left[\frac{\ln(d/\mu_{EDP|IM})}{\sigma_{EDP|IM}}\right] \qquad (6.2-1)$$

（2）假设二：EDP 条件中位值 $\mu_{EDP|IM}$ 与 IM 之间服从对数线性关系，可得：

$$\mu_{EDP|IM} = a(IM)^b \qquad (6.2-2)$$

两边取对数，即得到如下线性关系：

$$\ln\mu_{EDP|IM} = \ln a + b\ln IM \qquad (6.2-3)$$

（3）假设三：在地震动强度指标 $IM=x$ 下，结构需求参数的标准差与 IM 值无关，保持定值。

（4）假设四：如果地震动强度指标 IM 为谱加速度时，和对应的地震危险性超越概率满足对数线性关系：$\lambda\ (IM=x) = \lambda\ (S_a\ (T^*) = x) = k_0\ (x)^{-k}$，则有下述关系：

$$d\lambda(IM=x) = -kk_0(x)^{(-k-1)}dx \qquad (6.2-4)$$

将公式（6.2-1）至式（6.2-4）代入公式（6.1-2），则可以得到对应的 EDP 在 $IM=x$ 下的超越概率计算结果，如下式所示：

$$\begin{aligned} F(EDP \mid IM=x) &= \int\left(1 - \Phi\left[\frac{\ln(d/\mu_{EDP|IM})}{\sigma_{EDP|IM}}\right]\right) |d\lambda(IM)| \\ &= \int\left(1 - \Phi\left[\frac{\ln d - \ln a - b\ln x}{\sigma_{EDP|IM}}\right]\right) |-kk_0(x)^{(-k-1)}dx| \end{aligned} \qquad (6.2-5)$$

为了方便计算，Bazzurro et al.（1998）推导得到了下述公式：

$$\lambda(EDP > d) = k_0(d/a)^{-k/b}\exp\left(\frac{1}{2}\frac{k^2}{b^2}\sigma^2_{EDP|IM}\right) \qquad (6.2-6)$$

从上述分析过程可以看到，传统的 EDP 概率危险性分析方法的核心是基于对数线性假定的 EDP 概率地震需求模型建立（式（6.2-3）），一旦计算完成，即可代入公式（6.2-6）中通过耦连 PSHA 的计算结果得到最终的 EDHC。

图 6.2-1 用流程图形式给出云图法建立概率地震需求模型的一般流程；首先通过目标场址地震危险性分析结果确定设定地震，然后通过限定地震动的参数范围来考虑地震动不确定性，进而选出 N 条符合条件的加速度时程记录，逐一作为输入进行结构弹塑性时程分析，进而得到一系列目标 EDP 指标随地震动强度指标 IM 的分布散点，由于该散点分布状如云图，顾名思义云图法（Cloud Method），进行线性拟合即可得到目标概率地震需求模型。

由于云图法的线性假定下的地震需求模型计算具有较高的近似性，在云图法基础上，学者提出了将输入地震动分别调幅至不同强度，分别计算结构在不同 IM 强度下的 $\mu_{EDP/IM}$ 和 $\sigma_{EDP/IM}$，再将该结果代入公式（6.2-5）中计算得到结构指标概率危险性需求结果，该方法又称"条带法"，如图 6.2-1 所示，条带法采用的强震动记录与云图法完全相同，唯一的区别在于后续的多次线性调幅。

上述两种传统方法主要存在以下问题：

1. 忽略了地震动选取时的危险一致性

首先，在地震活动性较强区域及较低年超越概率下，目标地震动水平将远超设定地震下的地震动水平。虽然云图法放宽了地震参数范围，但其本身采取的是未调幅的强震动记录，加上目前强震动记录数据库积累水平的限制，数量可能并无法达到需要的目标地震动水平，目标强度指标下的结果往往需要通过外插拟合得到，或者人为加入较大震级的地震事件，如台湾集集地震、汶川地震等大震记录。最后强震数据分布不均匀，尤其是高 IM 强度指标下数据稀疏等不可避免的问题均会使概率需求线性模型出现偏差，而采取大震事件进行外插补充，实际已经相当于忽略了当地的地震危险性水平特征。同时，这样做带来的一个关键问题是，最后计算结果受人为记录选取影响过大。

其次，为了刻画地震动不确定性，云图法中一般通过在较宽的地震动参数范围内选取强震记录来实现，但是这样不可避免与体现当地地震危险性水平的要求是相矛盾的，另外选取强震动记录时的离散性会直接影响到结构响应参数的离散性，放宽地震动参数范围无形中也放大了这一离散性，并会传递到最后的 EDHC 计算中。

最后也是最重要的一点，由上文设定地震解耦结果可以看到，同一个 IM 指标在不同危险性水平下应当对应不同的设定地震事件，而云图法并无法考虑在不同危险性水平下目标设定事件的差异。一般选择某地震危险性水平下的设定地震（多为 50 年 2% 下的设定地震）。

2. 无法考虑多 IM 指标

IM 的参数完备性在第五章中已经做了说明，指的是对于目标 EDP 指标来说，本身往往并不依赖于某一个地震动强度指标 IM，而是由 IM 指标集 $\pmb{IM}$ 控制。理论上，控制了完备的 $\pmb{IM}$ 指标集就相当于控制了地震动时程中与结构目标响应相关的地震动特性。在 PBEE 性态地震工程的实际应用中，无论是结构本身客观存在的复杂性，还是研究目的的多样性，待研究的 EDP 往往不局限于某一个指标，其对应的相关性强的控制 IM 指标也往往无法事先确定。由于基于 EDP 与 IM 对数线性关系假设的传统概率地震需求计算方法必须事先确定一个

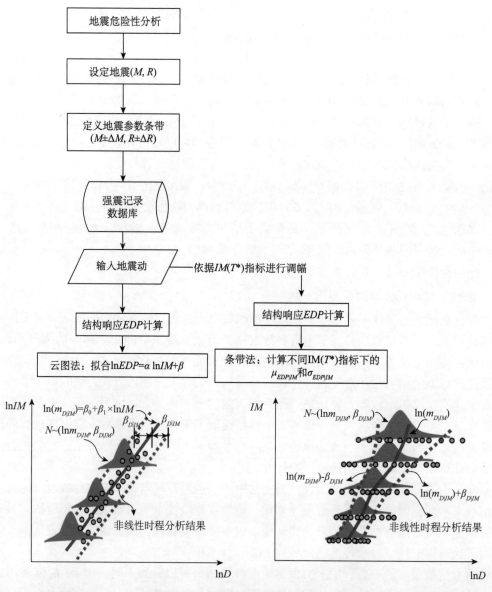

图 6.2-1　云图法与条带法概率地震需求模型建立（于晓辉等，2013）

符合要求的 *IM* 指标，对于其他 *IM* 指标是基本没有控制的，假如 *EDP* 指标与不止一个 *IM* 有关，或者 *IM* 指标与 *EDP* 之间的对数线性关系假设并不严格成立，基于云图法的概率危险性需求计算会失效。

3. 条带法计算效率低

　　和云图法相比，条带法仅仅依赖假设二。因此在 *IM* 指标选择上可以相对宽松；但是存在计算耗时巨大、效率低下的问题，假如云图法采用了 *a* 条强震动记录计算，条带法（*n* 次调幅）需要计算 *n×a* 次，由于计算资源耗费巨大，无法实际推广应用。此外，除了条带法可以进行调幅所以不需要额外补充大震记录事件外，其在记录选取环节与云图法是基本一致的，因此一样具有上述所说的危险一致性和参数完备性无法满足的缺点，同样无法考虑不同危险性水平下的记录选取，也无法兼顾多 IM 指标。

6.2.2　结构需求指标概率危险性分析的改进条带法

针对传统概率危险性需求分析方法中的几个缺点，结合上文提到的强震动记录选取方法，在现有条带法的基础上进行改进，直接从全概率公式出发，得到考虑危险一致性和参数完备性的结构需求指标概率危险性计算方法，其基本流程如下：

（1）经过地震概率危险性分析（PSHA）得到某 IM 指标的年超越概率曲线 $\lambda(IM)$。

（2）在目标 $IM_{\text{target}}=x$ 下，进行设定地震解耦得到对应的设定地震事件 (M,R,ε)，通过设定地震事件构建对应的 $\boldsymbol{IM}$ 分布，进行多次解耦得到不同目标 IM 强度下的 $\boldsymbol{IM}$ 分布。

（3）基于解耦结果，匹配不同 IM 强度下对应的 $\boldsymbol{IM}$ 分布，进行强震动记录选取，并将得到的强震动记录作为地震动输入用于结构非线性时程分析。

（4）计算 $IM=x$ 下，结构目标 EDP 参数的超越概率 $P(EDP>d\mid IM_{\text{target}}=x)$。

（5）对基于概率危险性分析得到的一致概率曲线进行线性插值和求导，代入到地震需求参数年超越概率计算公式（6.1-2），得到结构指标概率危险性需求计算结果如下式所示：

$$\lambda(EDP>d)=\int P(EDP>d\mid IM_{\text{target}}=x)\mid d\lambda(IM)\mid$$
$$=\int P(EDP>d\mid IM_{\text{target}}=x)\mid -kk_0(x)^{(-k-1)}\mid dx \quad (6.2-9)$$

可以看到，改进的条带法强调每一个 $IM=x$ 幅值均以计算对应的条件目标分布作为依据，保证了所有感兴趣的 IM 指标和对应的强度水平下的记录选取结果均满足目标危险性水平，相当于从危险一致性和参数完备性两方面对强震动记录筛选进行了约束；同时由于存在目标分布作为匹配依据，控制选取的强震动记录匹配目标分布的条件标准差与均值，因此并不需要过多的强震动记录数量来体现无法量化的地震动不确定性，和传统条带法相比，大大简化了计算效率和成本。此外，由于记录选取过程中已经进行了较好约束，而传统方法的基本假定（见6.2-1节）本身具有局限性，这里直接通过计算 $IM=x$ 下 N 组结构响应中 EDP 超过 d 值的比例得到对应的 EDP 参数的超越概率 $P(EDP>d\mid IM_{\text{target}}=x)$，不需要逐一拟合对应的正态分布。

该方法摆脱了云图法对 EDP 与 IM 指标需要满足对数线性关系假定的束缚，直接通过多次解耦构建某一个 IM 条件指标下的 CS 或者 CGIM 分布，通过匹配该分布即可得到符合条件的强震动记录，在考虑目标场址的危险性前提下，如果仅考虑不同周期点的反应谱 S_a 作为可能存在影响的 IM 指标，$\boldsymbol{IM}$ 条件分布的计算可以采用第四章介绍的 CS 方法来进行匹配或者采用第四章的 GCIM-S_a 方法（非 S_a 的 IM 指标权重为0）。如果希望考虑除了反应谱 S_a 外的其他 IM 指标，上一章的 GCIM 方法提供了包括 D_s、PGV、ASI、SI 等指标在内的广义条件分布的计算方法可以满足要求。

下面以加速度反应谱 S_a 作为 *IM* 指标，结构自振周期处反应谱值 $S_a(T_1)$ 作为目标 *IM* 指标为例，给出本章提出的结构需求指标概率危险性计算完整流程如图 6.2 – 2 所示。

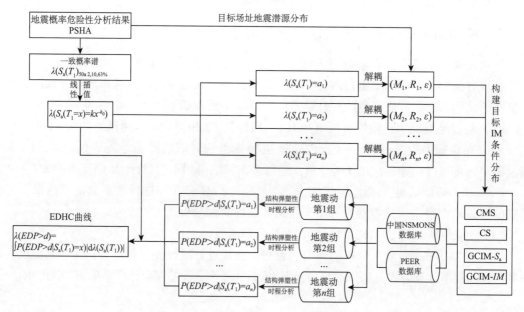

图 6.2 – 2　计算 EDHC 的改进条带法流程图

由于条件 *IM* 指标和目标地震动需求指标 *EDP* 本身不需要符合对数线性假定，那么可以选择任意感兴趣的 *IM* 指标，甚至直接通过 GCIM 方法的记录选取结果研究不同指标对不同结构需求参数的影响。可以说，这种做法较好贯彻了最新一代 PBEE 中要求地震危险性分析与结构概率需求分析相结合的要求，同时十分有利于后续需要考虑场址特点和当地实际情况的损失评估等。

6.3　结构需求指标概率危险性计算实例

下面分别采用传统云图法和本章的改进条带法进行同一个结构在同一个场地下 *EDP* 指标的概率危险性曲线 EDHC。为了和前文已有的计算结果衔接，采用第三章使用的自振周期为 T_1 约为 1.0s 的一个 10 层平面框架结构模型作为计算模型，目标场址为第四章进行过解耦的河北廊坊地区安全性评价项目所在地。所采用的数据库为前文采用的中国 NSMONS 数据库（2007~2015 年）和美国 NGA-West1 数据库，本章不再赘述相关细节。

6.3.1　云图法计算 EDHC 实例

1. 云图法强震动记录选取

同一场地下不同超越概率（危险性水平）下的设定地震事件是不同的，传统云图法在确定地震事件参数范围的时候基本都忽视了这个问题，选取的 *M-R* 范围普遍较宽，有时需要人为补充大震事件来弥补高 *IM* 强度下地震动数据的不足。

由前文的设定地震解耦结果可知，如果以 $S_a(T_1)$ 作为条件目标，其 50 年超越概率 2%、10% 和 63% 的平均设定地震事件如表 6.3 - 1 所示。

表 6.3 - 1　设定地震解耦结果

	$S_a(T_1=1.0s)$ ／（cm/s²）	震级	距离	标准差系数
50 年超越概率 63%	46.90	6.31	73.05	0.46
50 年超越概率 10%	207.21	6.49	62.33	1.18
50 年超越概率 2%	348.12	6.54	59.85	1.76

地震动参数 *M*、*R* 的上下限分别以 50 年超越概率 2% 和 63% 两个设定地震的 *M* 加减 0.5，*R* 加减 20km 来确定。最后确定 *M* 范围为 6.0~7.0 级，*R* 范围为 40~90km，记录可用周期 6.0s 以上，场地条件不做约束。记录选取结果的 *M*、*R* 分布以及反应谱如图 6.3 - 1 所示。最后得到记录的设定地震震级平均值加减一倍标准差为 6.5（±0.3），距离为 60km（±14km），基本较好覆盖了三种超越概率下的目标设定地震的震级和距离范围，共计 192 条土层记录，30 条基岩或硬土场地记录。

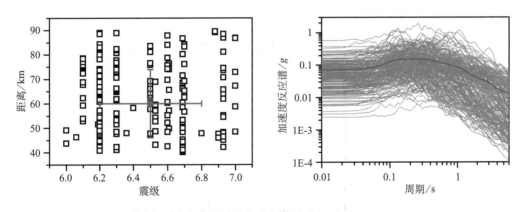

图 6.3 - 1　记录选取结果的震级、距离分布以及加速度记录反应谱

2. 结构指标概率地震需求模型计算

考虑到传统云图法计算概率地震需求模型的理论假定，这里以最大层间位移角（*MIDR*），顶层位移（*PFD*）这两个现有研究成果已证明与加速度反应谱值 $S_a(T_1)$ 存在显著对数线性关系的 *EDP* 指标作为研究对象。为了保证研究严谨，这里在利用结构弹塑性时程分析结果进行下一步计算之前，针对本结构的计算结果，将 $S_a(T_1=1.0s)$ 值与上述两个 *EDP* 需求指标之间是否存在对数线性关系进行显著性检验。这里采用针对回归方程的显著性检验（*F* 假设检验）来判断，线性回归方程进行 *F* 检验的 *p* 值接近 0，远低于 0.05 的显著水平，表明接受 $S_a(T_1)$ 与 *MIDR* 和 *PFD* 指标之间服从对数线性关系假设。*MIDR* 和 *PFD*

与 $S_a(T_1)$ 的散点和对数线性拟合方程结果如图 6.3-2 所示，二者与 $S_a(T_1)$ 的对数线性拟合相关系数 R^2 分别为 0.931 和 0.956，说明拟合效果较好，对数标准差计算结果分别为 0.302 和 0.247，低于 0.40。

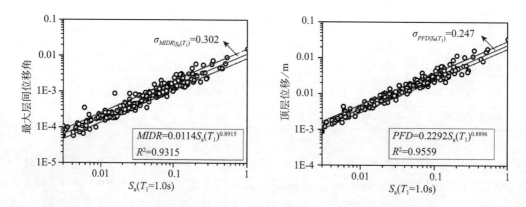

图 6.3-2　概率地震需求模型计算结果

3. 概率地震危险性需求计算结果

依据概率地震危险性分析结果，利用 $S_a(T_1 = 1.0s)$ 50 年 2%、10% 和 63% 三个点的超越概率进行对数线性拟合得到二者关系如图 6.3-3 所示。

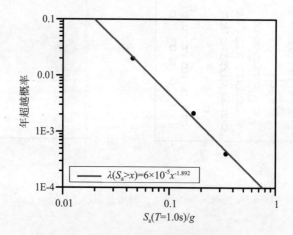

图 6.3-3　地震概率危险性分析结果拟合

将结构概率地震需求模型和地震危险性分析的计算结果代入公式（6.2-9），分别得到最大层间位移角 MIDR 和顶层最大位移 PFD 的年超越概率 $\lambda(EDP > d)$ 分别如式（6.3-1）和式（6.3-2）所示：

$$\lambda(MIDR > d) = 6 \times 10^{-5}(d/0.0114)^{-1.8962/0.8915}\exp\left(\frac{1}{2}\frac{1.8962^2}{0.8915^2}0.302^2\right)$$

$$= 7.3806 \times 10^{-5}(d/0.0114)^{-2.1270} \tag{6.3-1}$$

$$\lambda(PFD > d) = 6 \times 10^{-5}(d/0.2292)^{-1.8962/0.8896} \exp\left(\frac{1}{2}\frac{1.8962^2}{0.8896^2}0.247^2\right)$$
$$= 6.8852 \times 10^{-5}(d/0.2292)^{-2.1315} \qquad (6.3-2)$$

绘出最终两个 *EDP* 指标, 最大层间位移角与顶层位移的年超越概率曲线。如图 6.3-4 绘出的 EDHC 曲线所示, 50 年 63%、10% 和 2% 超越概率对应的最大层间位移角分别为: 0.001, 0.003 和 0.005; 对应的顶层位移分别为: 0.020、0.045 和 0.10m。

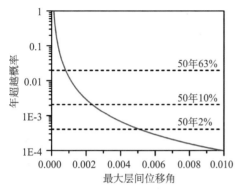 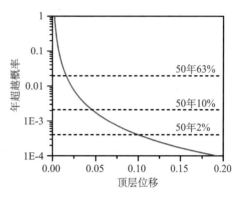

图 6.3-4 最大层间位移角和顶层位移 EDHC 计算结果

至此, 采用传统云图法计算最大层间位移角和顶层位移的 EDHC 曲线完成, 下一小节将分别采用 CMS/CS 和 GCIM 进行记录选取, 采用 6.2.2 节提到的改进条带法进行计算并与云图法计算结果对比。为使结果具有对比性, 均采用 $S_a(T=1.0s)$ 作为条件 *IM* 指标来构造目标谱/分布, 事实上, 本章改进条带法的 *IM* 理论上可以任意选取, 只要保证记录选取结果与目标地震危险性一致即可, 该特性作为改进条带法的主要优点将在下面章节进行详细阐述和证明。

6.3.2 改进的条带法计算 EDHC 实例

在进行强震动记录选取和结构指标概率危险性需求分析计算之前, 首先确定待研究的 $S_a(T_1)$ 的划分条带, 由于结构不确定性以及超低超越概率下设定地震解耦等问题, 本小节暂时不考虑结构倒塌对概率危险性需求结果的影响, 因此没有采用 IDA 或者 Pushover 推覆方法进行较低年超越概率水平的较大 S_a 值下的倒塌点等性态点估计, 6.5~6.7 将详细讨论倒塌性态分析的强震动记录选取。由地震危险性分析结果可知, 该工况在 50 年超越概率 2% 到 63% 的 $S_a(1.0s)$ 范围为 44~342Gal(cm/s²), 依据线性外插方程, 50 年超越概率 1%（年超越概率 2.27×10⁻⁴）对应的 $S_a(1.0s)$ 约为 500Gal。而一般认为结构在超过 0.01~0.02 层间位移角后超过限值（GB 50011—2010）, 依据上文概率需求模型的计算结果可知, 0.01 层间位移角对应的 $S_a(T_1)$ 约为 0.65g。

综上所述, $S_a(1.0s)$ 值条带划分范围定为 20~500Gal, 500Gal 作为上限即保证了足以覆盖所研究的年超越概率水平, 同时可以基本保证结构不会进入倒塌, 具体取值为: 20、40、50、100、150、200、250、300、400、500cm/s²。

1. CMS 方法

1) 条件目标谱簇构建

首先基于目标场地的概率地震危险性结果，采用第四章介绍的方法以 $S_a(1.0s)$ = 20、40、50、100、150、200、250、300、400、500cm/s² 作为目标值，分别逐一进行设定地震解耦，最后以平均贡献地震作为设定地震，得到结果如表 6.3-2 所示，其中不同目标值对应的年超越概率由对数下线性插值公式计算得到。

表 6.3-2　不同地震动危险性水平下设定地震解耦结果

年超越概率	50 年超越概率 (%)	$S_a(1.0s)$ (cm/s²)	设定地震事件		
			M	R/km	ε
0.094624	99.3	20	6.15	74	0.04
0.025495	72.5	40	6.27	73	0.44
0.016715	56.9	50	6.33	73	0.54
0.004504	20.2	100	6.40	69	1.02
0.002091	9.9	150	6.46	63	1.15
0.001213	5.9	200	6.51	62	1.32
0.000796	3.9	250	6.51	60	1.49
0.000563	2.8	300	6.51	59	1.64
0.000327	1.6	400	6.57	58	1.79
0.000214	1.1	500	6.62	57	1.90

依据上述解耦结果构建对应的条件均值谱，结果如图 6.3-5 所示。

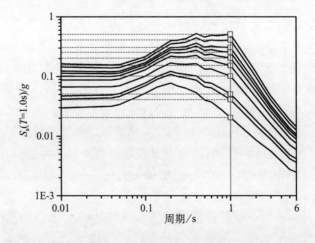

图 6.3-5　不同地震危险性水平下的条件均值谱计算结果

2）强震动记录选取

首先结合设定地震信息对震级，震中距以及场地条件等重要地震信息参数加以初选。对满足条件的加速度记录以 $S_a(T=1.0s)$ 作为目标值进行线性放缩，最后计算所有满足条件记录与目标谱在全周期段的最小均方差，选取全部数据库中均方差值最小的前 30 条记录作为最终选取结果，对每一个目标值重复上述流程，得到共计 300 条强震动记录。记录选取结果见图 6.3-6。逐一用记录选取结果平均反应谱与目标谱的相对误差（%）评价匹配结果在各个周期点的准确性，用记录选取结果在各个周期点对数值的标准差评价离散性，结果如图 6.3-6 所示。

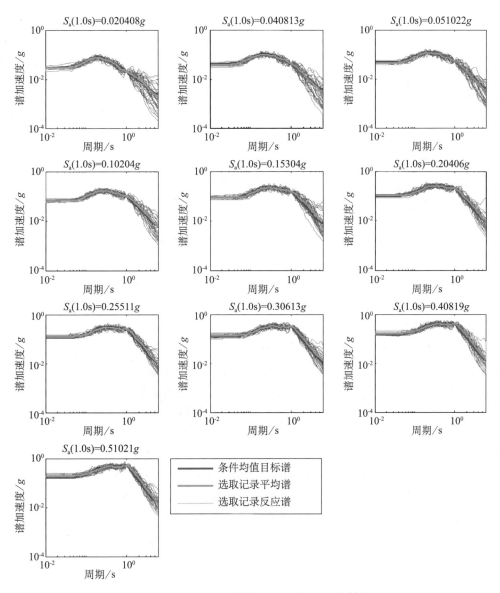

图 6.3-6 CMS目标谱下强震动记录选取结果

选取记录结果均值谱的相对误差和离散性如图 6.3 - 7 所示，可以看到除了 3s 以后的长周期处出现均值谱相对误差高于 20% 的现象，整体的相对误差控制较好，对数标准差也维持在一个较低的水平，表明不同目标值下的记录选取结果较好实现了与 CMS 的匹配。

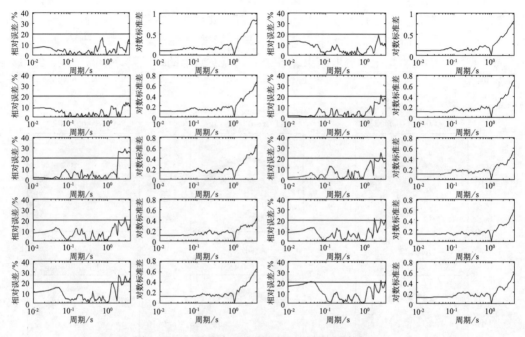

图 6.3 - 7 强震动记录选取相对误差和对数标准差

3) 结构需求指标的分布情况

采用上述强震动记录选取结果进行弹塑性时程分析，得到的目标结构需求指标 EDP：最大层间位移角 MIDR 和顶层位移（PFD）随 $S_a(T_1)$ 的散点分布与传统云图法的概率地震需求模型计算结果一并画于图中，从均值和离散性（$\sigma_{MIDR|S_a(1.0s)}$）两个角度进行对比，结果如图 6.3 - 8 所示。在 $S_a(T_1)$ 强度为 100cm/s² 之前，不论是最大层间位移角还是顶层位移，云图法概率需求模型线性拟合结果在均值上与 CMS 的计算结果是基本一致的，但是在 100cm/s² 以上的较强地震动输入水平下，二者的差距逐渐变大，两个 EDP 指标的云图法计算结果均要高于 CMS 的计算结果，高估水平约为 1 倍对数线性拟合的标准差。而在离散性上，云图法本身由于没有控制谱型进行强震动记录选取，因此各个目标强度下结构响应的对数标准差要高于 CMS 目标谱强震动记录选取结果约 0.14。以上结果证明了云图法由于自身的诸多理论假定，其计算结果与实际响应分布存在误差，首先是较强地震动输入水平下的对数线性理论假定并不能保证；其次，条件离散性不随 IM 指标变化的假定显然也由于过度近似存在不可忽视的误差，这些均会直接影响到后面的 EDHC 计算结果。

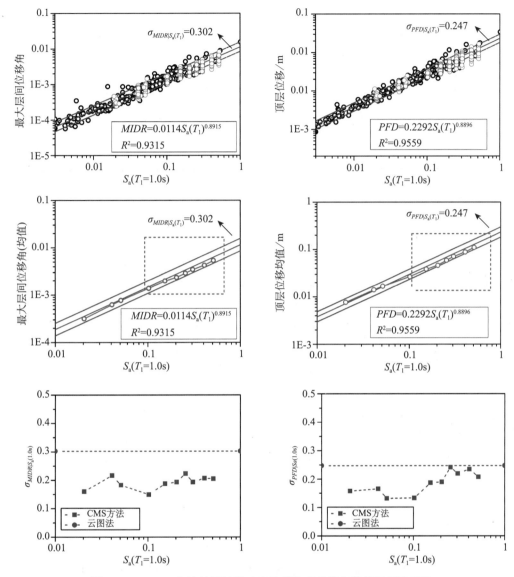

图 6.3 - 8　CMS 方法计算结果响应均值和离散性与传统云图法对比

4）EDHC 计算

采用 6.2.2 节所述的结构需求指标概率危险性计算方法，得到两个 *EDP* 的 EDHC 计算结果如图 6.3 - 9 所示。与传统云图法计算得到的 EDHC 进行对比，在年超越概率 50 年 10% 和 63% 下，对应较低的 *IM* 和 *EDP* 水平，云图法的线性假定没有太大问题，但是随着超越概率降低，*IM* 和 *EDP* 水平增加，云图法计算结果要显著高于本章基于 CMS 的改进条带法结果。主要是因为云图法计算所依赖的线性假定并不能在大震下保证成立，见图 6.3 - 8。两个 *EDP* 指标的云图法 EDHC 曲线在大震下均要高于 CMS 的计算结果，加上条件离散性不随 *IM* 指标变化的假定带来的误差，这是造成最终结果与 CMS 计算结果在低超越概率下出现差距的主要原因。

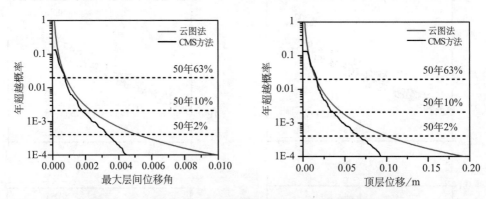

图 6.3 – 9　CMS 方法记录选取结果下 EDHC 与传统云图法对比

2. CS 方法

和 CMS 方法相比，CS 采用两步筛选法，实现了均值和标准差的双重匹配，第四章证明采用考虑了离散性匹配的 CS 方法可以很好体现地震动危险一致性，下面将采用该方法的强震动记录选取结果用于 EDHC 计算。

1）强震动记录选取结果

采用 S_a（1.0s）$= S_a^{target}$（20，40，50，100，150，200，250，300，400，500cm/s^2）的解耦结果作为依据，和上节一致，这里不再赘述。采用第四章介绍的方法构造对应的条件均值谱分布（均值和标准差），以及符合各个加速度谱值多元正态分布的模拟谱，然后采用两步筛选法得到匹配结果后，基于贪婪优化算法进行均值和标准差匹配，最终同样选取了 10 组共计 10×30＝300 条强震动记录。

选取记录的均值谱的相对误差和离散性如图 6.3 – 11 所示，可以看到经过贪婪优化算法优化后，在各个目标水平下，最后的结果不仅在均值上做到了相对误差控制于 20% 以内，离散性同样做到了与目标分布较好吻合。

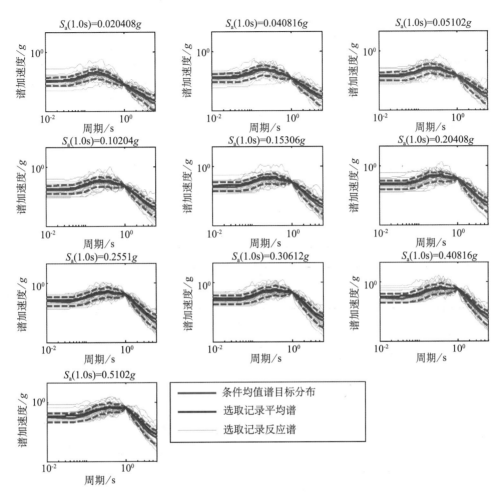

图 6.3−10　符合 CS 条件分布（均值+标准差）的强震动记录选取结果

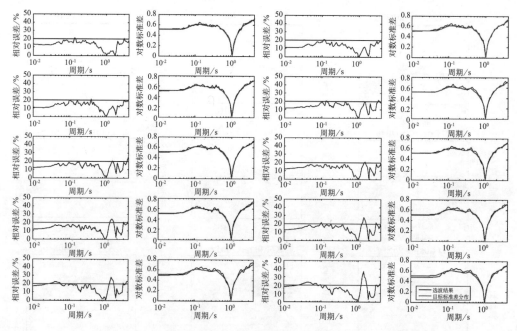

图 6.3 – 11　符合条件均值与标准差分布的强震动记录选取结果

2）结构需求指标的分布情况

采用上述强震动记录选取结果，进行弹塑性非线性时程分析，得到的目标 EDP 指标：最大层间位移角 $MIDR$ 和顶层位移 PFD 随 $S_a(T_1)$ 的散点分布。从均值和离散性（$\sigma_{MIDR \mid S_a(1.0s)}$）两个角度与传统云图法进行对比，结果如图 6.3 – 12 所示。与 CMS 的对比结果相仿，在 $S_a(T_1)$ 低于 100cm/s^2 之前与云图法的响应均值差距不大，但是在 100cm/s^2 以上的较强地震动输入水平下，二者的差距逐渐变大，最大层间位移角和顶层位移的云图法计算结果均要高于 CS 的计算结果，高估水平约为 1 倍对数线性拟合的标准差，这一点和 CMS 方法的计算结果与云图法的差别是一致的。而在离散性上，和 CMS 方法不同，由于除了均值外，还对标准差做了控制，因此得到的记录响应结果离散性在云图法的均值线上波动，其中，$MIDR$ 的离散性在 0.25~0.40 波动（云图法均值 0.302），而 PFD 的计算结果在 0.20~0.40 波动（云图法均值 0.240）。

3）EDHC 曲线计算

采用 6.2.2 节所述的结构指标概率危险性需求分析计算方法，得到的 EDHC 曲线与传统方法采用云图法计算得到的需求曲线进行对比，结果如图 6.3 – 13 所示。在高年超越概率下，对应较低的 IM 和 EDP 水平，上述两个假定均没有太大问题，但是随着超越概率降低，IM 和 EDP 水平增加，线性假定并不能保证成立，EDHC 计算结果显著高于 CS 工况下的计算结果。

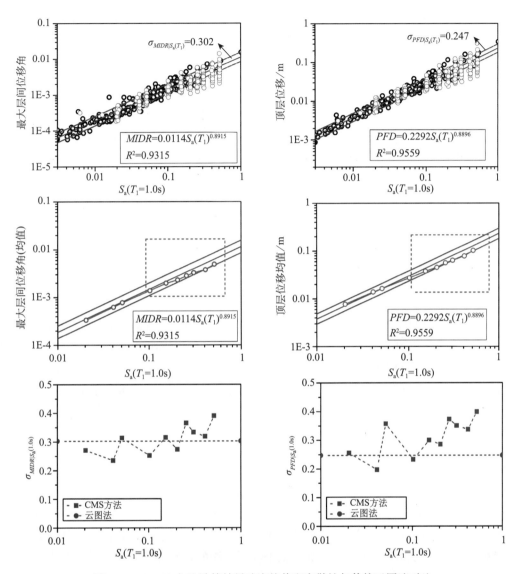

图 6.3－12　CS 方法计算结果响应均值和离散性与传统云图法对比

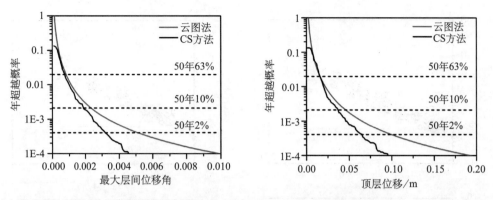

图 6.3 - 13　CS 方法记录选取结果下 EDHC 与传统云图法对比

3. GCIM 法

1）强震动记录选取结果

采用 $S_a(T_1 = 1.0 \text{s})$ 为 20、40、50、100、150、200、250、300、400、500cm/s^2 作为目标值进行设定地震解耦，利用解耦得到的条件目标参数指标下各个潜源中假想设定地震组合 (M, R, ε) 的相对贡献值后，令该贡献值为权重，则可以最终组合得到调整后的 $\{IM\}$ 均值向量和协方差矩阵。构建包含 PGA、$S_a(T)$、PGV、D_s 以及 SI、ASI 在内的共计 23 个目标 IM 指标的条件目标分布，构建方法及各指标的匹配和调幅方法等技术细节见上一章，由于匹配时采用双向地震动的几何平均值，这里仍然采用双向地震动的 IM 指标几何平均值作为记录选取依据，计算时随机采用记录选取结果的某单向水平地震动作为输入，为了避免单方向分量的条件 IM 指标经过水平几何均值的调幅系数后出现误差，记录选取结果重新依据单向分量计算调幅系数。由于谱加速度指标对于 MIDR 和 PFD 来说是主要的影响因素，同时为了与前文计算结果对比，这里直接给出 S_a 谱加速度的示意图 6.3 - 14，并将 CS 加减一倍条件标准差的结果给出，可以看到，GCIM 选取结果的均值谱和 CMS 目标谱存在一定差别，这是由于平均设定地震的计算结果和将各子潜源贡献权重计入的结果相比，计算结果受潜源分布与对应贡献比例影响存在差别。其次就是匹配思路的差别导致，一个采用两步法并进行了贪婪优化遴选，一个是采用 K-S 分布仅对分布进行控制。其余 IM 指标（PGV、D_s 以及 SI、ASI）在 10 个目标强度下的分布匹配结果见图 6.3 - 15，可以看到在 10 个危险性水平下其匹配结果均较为理想，都和目标分布较好的吻合，几乎没有出现"搭界"或者"过界"的结果，最后都落在了 0.1 的 K-S 假设检验置信区间中。

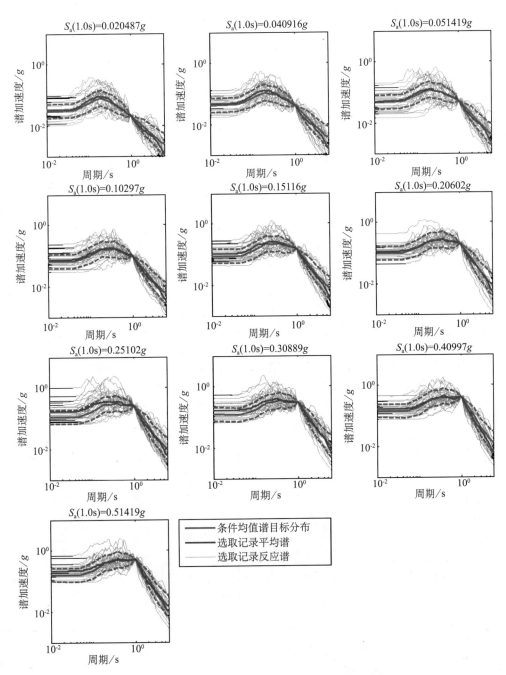

图 6.3 - 14 GCIM 方法记录选取结果 S_a 指标分布

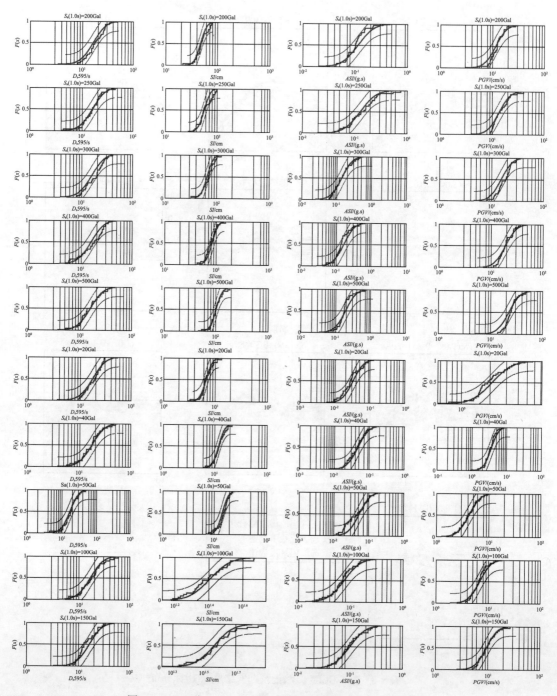

图 6.3 - 15　非 S_a 的 *IM* 指标累积概率曲线与目标分布对比

2）结构需求指标的分布情况

采用上述强震动记录选取结果，进行弹塑性非线性时程分析，得到的目标 *EDP* 指标：最大层间位移角 *MIDR* 和顶层位移 *PFD* 随 $S_a(T_1)$ 的散点分布与传统云图法的概率地震需求模型计算结果见图 6.3 − 16，从均值和离散性（$\sigma_{MIDR \mid S_a(1.0s)}$）两个角度进行对比，对比结果和前文 CMS 与 CS 的趋势是一致的，即在 $S_a(T_1)$ 低于 100cm/s² 之前与云图法的响应均值差距不大，但是在 100cm/s² 以上的较强地震动输入水平下，二者的差距逐渐变大，最大层间位移角和顶层位移的云图法计算结果在低超越概率下均要高于 GCIM 的计算结果，高估水平约为 1 倍对数线性拟合的标准差。

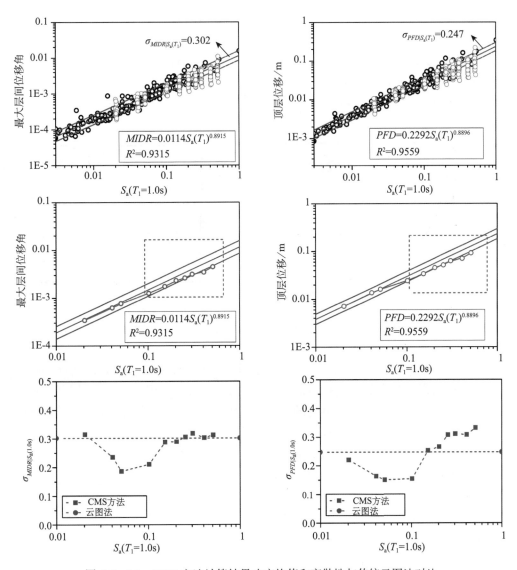

图 6.3 − 16 GCIM 方法计算结果响应均值和离散性与传统云图法对比

3）*EDP* 的年超越概率曲线计算

采用 6.2.2 节所述的结构指标概率危险性需求分析计算方法，得到 EDHC 结果如下图所示。得到的 EDHC 曲线与传统云图法计算得到的需求曲线进行对比，结果如图 6.3－17 所示。和前文所述原因一样，在较低年超越概率概率下，GCIM 方法计算得到的概率危险性需求结果同样低于传统云图法的结果。和 CS 方法相比，GCIM 计算结果要略微保守，相同年超越概率下的 EDP 要略微低于 CS 方法，这是由于虽然二者均同时对均值和标准差（GCIM 通过匹配目标条件分布实现）做了约束，但是由于解耦结果贡献率的处理上不同，导致目标谱型存在一些差异，因此也略微体现在了最终的 EDHC 计算结果上。但是本质上二者均控制了谱型均值与离散性，且具有危险一致性（后续小节会证明），对于受单一 *IM* 指标 $S_a(1.0s)$ 影响较大的 *EDP* 参数，彼此得到的结果很接近。对比 CS 记录选取下的非 S_a 指标的分布情况可知（图 6.3－18），除了 *ASI* 外均与目标分布有不同程度的偏差，在持时上更是体现的极为明显，在 10 个强度指标下，均向右偏离了目标分布，甚至在很多工况下均超过了 0.1 的置信区间。如果研究 *EDP* 指标对持时等非谱相关指标较为敏感，这种差别势必会传递到最终 EDHC 的结果计算中，差别会比本章研究的 *MIDR* 与 *PFD* 指标更为明显。

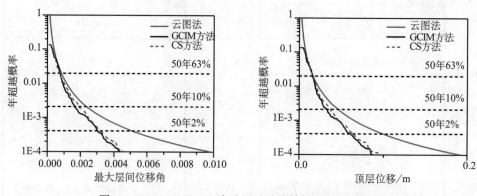

图 6.3－17　GCIM、CS 方法记录选取结果下 EDHC 曲线

前面的计算结果表明，即使对于 *MIDR* 或者 *PFD* 这些与 $S_a(T_1)$ 相关性较好的 *EDP* 指标，采用传统云图法计算仍然会由于其粗糙的记录选取方式，导致概率需求模型计算中均值在 *IM* 取值较大时出现多达一倍标准差的误差，最终传递 *EDP* 超越概率计算中，尤其在较低超越概率下与不考虑云图法方法理论假定的本章所述方法相差很大。而本章控制了谱型和地震危险一致性的 CMS、CS，GCIM 方法很好解决了这个问题，彼此之间作为条带法其计算结果整体上也非常吻合，从侧面说明了方法的可靠性和稳定性。

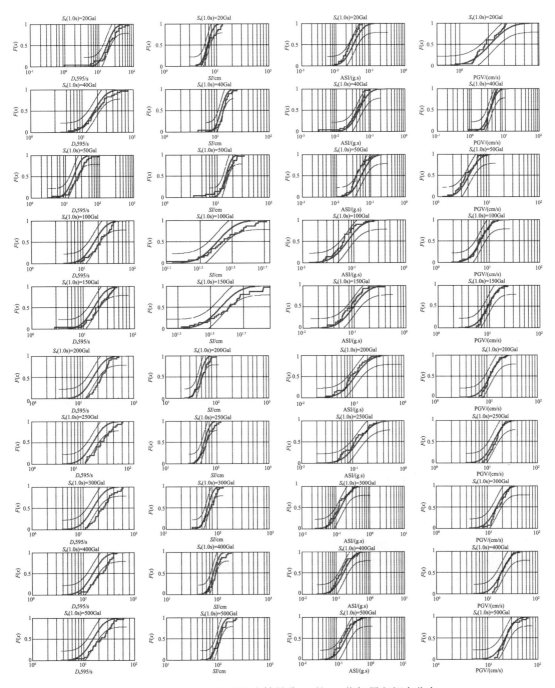

图 6.3 - 18　CS 法记录选取结果非 S_a 的 IM 指标累积概率分布

6.4　EDHC 计算结果危险一致性验证

本节将从危险一致性的角度对计算结果进行评价，危险一致性包含两层含义：第一，对于具有危险一致性的强震动记录来说，无论依据哪个 *IM* 指标进行选取和调幅，基于相同超越概率的一致概率谱构造的目标谱和与之对应的强震动记录，都应当与目标场址的危险性曲线一致；第二，同一个结构在同一个场地的 *EDP* 的超越概率曲线是不依赖所选择的 *IM* 指标的，即当研究结构确定，场址确定时，EDHC 曲线也随之确定。关于记录选取结果危险性一致性已经在第四章和第五章做了详细叙述和案例说明，下面将从 EDHC 计算结果的角度来说明本章所用方法的危险一致性，这也是本章改进条带法的主要优势体现。

理论上，从结构响应指标的概率危险性需求公式出发，对于某个的 *EDP* 指标来说，假如选取的强震动记录具有危险一致性，该指标的 EDHC 曲线是不受记录选取 *IM* 指标影响的，因为它们都是同一地震危险性水平下的记录选取结果。为了验证本章记录选取结果的危险一致性，我们采用 $S_a(0.01s)$ 解耦的结果进行 GCIM 强震动记录选取，然后计算对应的最大层间位移角概率危险性需求曲线，由于前文已经讨论了基于 CS 方法记录选取的危险一致性，这以 GCIM 为例重点讨论在不同条件 *IM* 指标下的结构指标概率危险性需求分析中的结果。

采用 $S_a(0.01s)$ 计算上文提到的最大层间位移角 *MIDR* 和顶层位移 *PFD* 的超越概率曲线结果如图 6.4-1 所示，并与前文基于 $S_a(1.0s)$ 的计算结果进行对比。可以看到即使解耦目标条件 *IM* 指标不一样，进行条带放缩计算的依据也不相同，但是由于控制了整个谱型的均值和标准差，变相控制了各个条带的记录危险性水平保持一致（见上节），这种危险一致性体现在最终 EDHC 计算结果上就是如图 6.4-1 所示的高度一致性。这也是我们提出的计算方法与传统条带法本质上的区别和实际计算中潜在的巨大优势：不需要事先确定条件 *IM* 指标或者说只需要确定某危险性水平下的 *IM* 指标分布，同时所需要的记录数量显著低于传统条带法，而和传统云图法相比，避免诸多假定带来的误差从而使其结果更加准确。

下面以结构顶层加速度 *PFA* 指标为例，来说明对于一个 $S_a(T_1)$ 相关性较弱，或者说线性相关假定不完全成立的 *EDP* 指标采用本章所述方法的有效性。首先给出云图法中 *PFA* 响应指标随本章考虑的 23 个 *IM* 指标的散点分布以及对数线性拟合的结果，如图 6.4-2 所示。

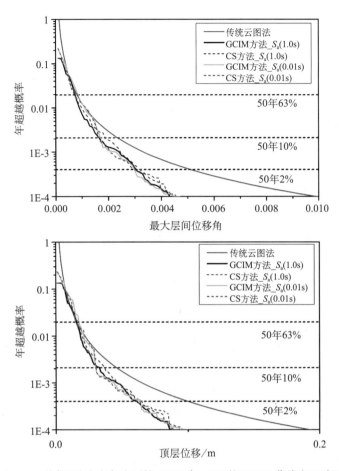

图 6.4 - 1　不同记录选取方法下的 *MIDR* 与 *PFD* 的 EDHC 曲线交叉验证结果

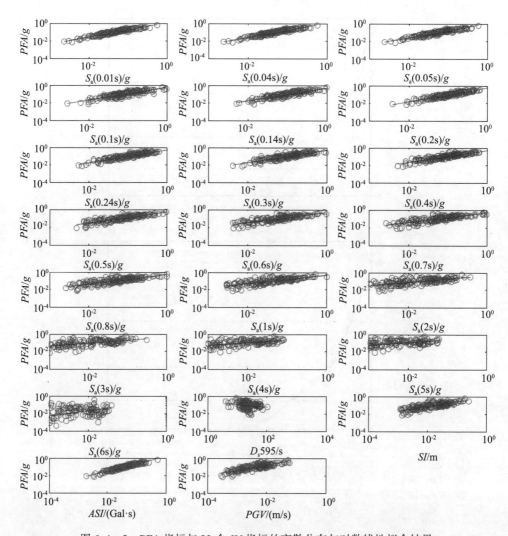

图 6.4 - 2　PFA 指标与 23 个 *IM* 指标的离散分布与对数线性拟合结果

　　PFA 指标与所研究的 23 个 *IM* 指标的对数线性拟合相关系数 R^2 计算结果如表 6.4 - 1 所示，可以看到 *PFA* 指标与 $S_a(1.0s)$ 的相关系数 R^2 仅为 0.609，相关系数最大的 *IM* 指标为 *ASI*（g·s）和 *PGA*（g），达到了 0.931 和 0.926，其拟合残差标准差也是各个 *IM* 指标中最小的，仅为 0.214 和 0.222。这里选择 *PGA*（g）作为目标 *IM* 指标进行设定地震解耦，计算对应的 EDHC 曲线。

表 6.4 - 1　不同 *IM* 指标与 *PFA* 之间的对数拟合相关系数与标准差

T/s	0.04	0.05	0.10	0.14	0.20	0.24	0.30	0.40	0.50
R^2	0.914	0.888	0.756	0.808	0.871	0.855	0.807	0.829	0.745
$\sigma_{\ln PFA\mid IM}$	0.239	0.273	0.402	0.357	0.293	0.310	0.358	0.337	0.412
T/s	0.60	0.70	0.80	1.0	2.0	3.0	4.0	5.0	6.0
R^2	0.705	0.666	0.663	0.609	0.453	0.380	0.357	0.305	0.307
$\sigma_{\ln PFA\mid IM}$	0.443	0.471	0.473	0.510	0.603	0.642	0.653	0.679	0.678
IM 名称	$D_s 595$ (s)	*SI* (m)	*ASI* (Gal·s)	*PGV* (m/s)	*PGA* (g)				
R^2	0.049	0.628	0.931	0.712	0.926				
$\sigma_{\ln PFA\mid IM}$	0.795	0.497	0.214	0.437	0.222				

将概率地震需求模型和地震危险性分析的计算结果代入公式（6.2 - 9），得到 *PFA* 的年超越概率 $\lambda(EDP>d)$ 如下：

$$\lambda(PFA > a) = 9 \times 10^{-6}(d/0.2292)^{-2.499/0.8896}\exp\left(\frac{1}{2}\frac{2.499^2}{0.8896^2}0.2217^2\right)$$
$$= 1.0926 \times 10^{-5}(a/0.2292)^{-2.8091} \qquad (6.4 - 1)$$

至此，采用传统云图法计算结构需求指标的超越概率曲线完成，分别采用 $S_a(1.0\mathrm{s})$ 和 $S_a(0.01\mathrm{s})$ 作为条件地震动强度指标构造对应的条件谱和广义条件参数分布。绘出最终的 EDHC 结果对比如图 6.4 - 3 所示。

可以看到，由于顶层加速度 *PFA* 本质上仍然是一个与 $S_a(0.01\mathrm{s})$ 相关的响应指标，作为可以稳定控制谱均值与标准差的 CS 方法，其仍然保持了较好的一致性，即使是 $S_a(1.0\mathrm{s})$ 作为条件周期的记录选取结果，依然和 $S_a(0.01\mathrm{s})$ 条件周期下的 CS 分布结果和 GCIM 结果基本一致。而 GCIM 分布匹配记录选取，除了上述提到的分布匹配记录选取方式自身的约束相对宽松原因，由于其为了更好体现多 *IM* 指标的参与，采用赋予权重的方式无形中稀释了对 S_a 的控制，导致对 S_a 均值和标准差的控制不是很严格，而顶层加速度 *PFA* 这个参数对输入记录 *PGA* 的相关性极高，因此导致最终结果出现了危险一致性上的偏差，虽然危险一致性的表现上不如仅仅控制加速度反应谱的 CS 方法，但是并不影响其本身计算结构指标概率危险性需求分析的结果，毕竟 $S_a(1.0\mathrm{s})$ 和 $S_a(0.01\mathrm{s})$ 本身就是相关性很低的两个 *IM* 指标，实际应用中基本不可能采用这样低相关性的 *IM* 指标来计算 *EDP* 超越概率曲线。

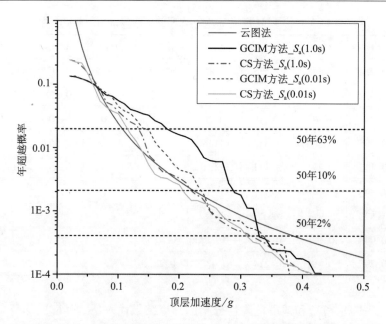

图 6.4-3　不同记录选取方法下的 *PFA* 的超越概率计算结果

6.5　倒塌易损性分析中地震动不确定性

　　下面重点针对结构抗倒塌易损性研究中的地震动输入选取工作展开研究，首先按照震级、距离和场地参数（M，R，V_{S30}）将 PEER 强震动记录数据库进行单变量控制并满足相应的记录选取条件分成多个工况，引入谱强度指数 I_{S_a}，分析不同工况下被选地震动的能量差异；将不同工况的被选地震动，以及目前广泛使用的 ATC63 报告推荐的 22 组强震动记录作为输入，对 3 层、8 层以及 15 层三种不同自振周期的混凝土框架结构进行 IDA 抗倒塌易损性分析，研究地震动输入的不确定性对结构抗倒塌易损性分析的影响。事实上其他因素如震源类型、地震动输入角度、一致激励与多点激励、竖向地震动等都会引起地震动输入的随机性，但限于篇幅仅考虑上述最为常见的三种影响因素加以研究。

　　根据《建筑抗震设计规范》（GB 50011—2010）及《高层建筑混凝土结构技术规程》（JGJ 3—2010）等规范要求，分别设计了 3 层、8 层以及 15 层等三种钢筋混凝土框架结构。该三种结构的平面图、中间一榀框架、梁柱截面尺寸以及配筋如图 6.5-1 所示。三种结构的首层层高 4.5m，其余层高均为 3.3m，楼板厚度为 120mm。框架梁、柱和楼板均为现浇，混凝土等级为 C40，纵筋采用 HRB335，箍筋采用 HPB235。框架顶层恒载 4.0kN/m²，活载 2.0kN/m²；其余层恒载 6.0kN/m²，活载 2.0kN/m²。建筑场地均为 I 类，抗震设防烈度 7 度，设计基本地震加速度 0.10g，设计地震分组第二组，体现了我国建筑工程最常见场址的设防要求。本章基于 OpenSees 开源软件对这三种结构的钢筋混凝土框架结构进行数值模拟分析，三种结构的自振周期以及有效质量参与系数如表 6.5-1 所示。由于结构平面对称，故只选用其中一榀框架进行数值分析。混凝土本构关系采用 concrete02，钢筋本构关系采用

steel02。需要说明的是，本章重点讨论选取地震动输入时对应震级、距离和场地参数对结构抗倒塌易损性分析影响的普遍规律，因此选择较为规则的框架结构进行动力反应计算，对于复杂的结构模型则需进行进一步独立研究。

表 6.5-1　算例结构自振周期及有效质量参与系数

	自振周期（s）（有效质量参与系数）		
	一阶	二阶	三阶
3 层	0.5（92.2%）	0.18（6.9%）	0.12（0.9%）
8 层	1.0（89.6%）	0.30（8.3%）	0.16（2.1%）
15 层	1.5（78.9%）	0.42（11.9%）	0.22（4.0%）

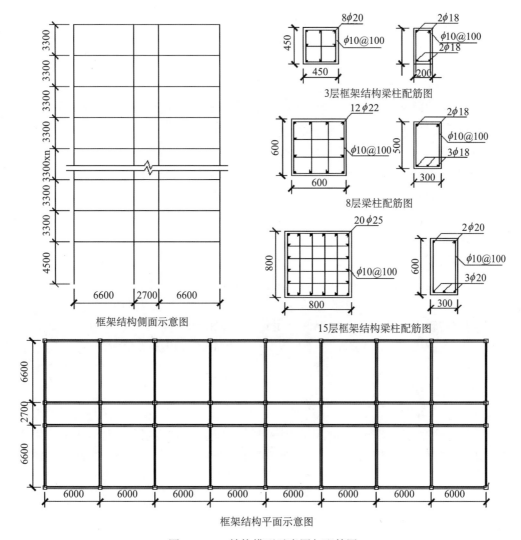

图 6.5-1　结构模型示意图与配筋图

6.5.1　地震动参数工况分类

本节选用的强震动记录数据库来源于地震信息相对全面可靠的 NGA1 数据库。选取地震信息完备的强震动记录共 3551 条，所有记录已经过基线校正和滤波处理，在 0~200km 震中距范围内震级相对均匀分布在 4.0~8.0，V_{S30} 主要分布范围从 160m/s 至 1000m/s，覆盖了较宽的震级、震中距与 V_{S30} 区间。分别从震级、震中距以及场地条件参数 V_{S30} 三个方面对强震动记录数据库做了单变量控制的工况分组，即控制其余两个要素，仅改变目标要素，具体要求如下：如震级工况下，仅考虑震级要素的变化，其他两个要素保持不变；为了避免过多的强震动记录来自同一地震，要求选取的强震动记录均来自不同的地震且同一次强震事件记录不能超过 2 条。同时为了更好说明结果，给出了 ATC63 推荐的 22 组强震动记录作为组间对照组。

1. ATC63 工况

ATC63 按照如下原则选取记录：①震级大于 6.5 级；②震源类型为走滑或者逆冲断层；③场地剪切波速 $V_{S30} \geqslant 180$m/s；④断层距 $R \geqslant 10$km；⑤避免来自于同一地震事件的地震波多于 2 条；⑥地震波的 PGA 大于 0.2g，PGV 大于 15cm/s；⑦地震波的有效周期范围至少达到 4s；⑧强震仪安放在自由场地或小建筑的地面层，安放位置应考虑建筑物的结构-土耦合作用对地震波产生的影响。最终，所推荐的 22 组强震动记录对应震级大部分位于 6.5~7.5，震中距大部分集中在 10~50km，V_{S30} 集中在 180~400m/s。

2. 震级工况

震级作为地震动初选的首要考虑因素，在工程实践中一般破坏性地震震级应不低于 4.5 级，同时考虑 NGA1 强震动记录数据库的积累情况，震级超过 8 的甚少，以及满足前文记录选取要求。因此将震级分为三个子工况，即 5~6 级（子工况 1）、6~6.75 级（子工况 2）以及 6.75 级以上（子工况 3），具体工况如表 6.5-2 所示。

3. 震中距工况

震中距一直是被广泛接受的地震动传播路径描述参数，常和震级一起作为地震动筛选条件。目前普遍认为结构非线性位移响应与震中距的相关性要比震级微弱。震中距因素对结构响应的影响相对较小。针对以上情况并满足记录选取要求，将震中距分为三组子工况，即 10~50km（子工况 1）、50~100km（子工况 2）以及 100km 以上（子工况 3），具体工况如表 6.5-2 所示。

4. 场地工况

局部场地条件中，诸如介质的不均匀性，地形地貌以及土结相互作用均会对地震动特性造成影响。目前的理论研究和工程应用主要采用场地分类来定义场地条件。本节采用我国抗震规范场地类别对应的美国 NEHRP 的场地条件来分类分为三组子工况，即 Ⅲ 类（$160 \leqslant V_{S30} \leqslant 260$m/s）（子工况 1）、Ⅱ 类（$260 \leqslant V_{S30} \leqslant 550$m/s）（子工况 2）以及 Ⅰ / Ⅰ$_0$ 类（$V_{S30} \geqslant 550$m/s）（子工况 3）。

表 6.5 - 2　地震动与场地参数分类工况

	震级	震中距 （km）	场地 V_{S30} （m/s）	样本数量	子工况编号
ATC63	6.75 级以上	10 以上	160 以上	44	
震级	5~6	50~100	260~550	140	1
	6~6.75	50~100	260~550	140	2
	6.75 以上	50~100	260~550	140	3
震中距	6~6.75	10~50	260~550	140	1
	6~6.75	50~100	260~550	140	2
	6~6.75	100~150	260~550	80	3
场地 V_{S30}	6~6.75	50~100	160~260	58	1
	6~6.75	50~100	260~550	140	2
	6~6.75	50~100	550 以上	60	3

　　最后，将各个工况的震级分布、震中距分布以及 V_{S30} 分布绘于图 6.5 - 2。可以看出，通过前文的记录选取条件选取的各个工况下样本记录的目标地震动要素参数分布较为均匀，没有出现集中在某个分组边界上的情况，工况分组具有代表性，可以认为较好体现了目标分组下的地震动特征。在样本记录数量上，除了个别工况在 60 个左右，大部分工况下的样本数容量基本都在 100 个以上，足以满足 IDA 方法中对强震动记录数量的要求。

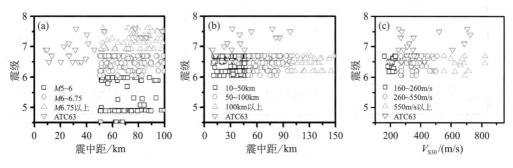

图 6.5 - 2　三种工况下的强震动记录分组情况
（a）震级工况；（b）震中距工况；（c）场地工况

6.5.2　I_{S_a} 破坏指数

　　大量的试验和数值模拟数据证明结构损伤破坏与地震动的能量释放有关。本章考虑将谱强度进行归一化处理以体现每条强震动记录的相对能量，即将谱强度除以加速度反应谱的最大值 $\max S_a$，以衡量相同 S_a 水平下不同地震动对结构破坏造成的影响。以造成结构倒塌为例，I_{S_a} 值越大说明地震动蕴含的相对能量越大，在其作用下结构越容易倒塌，表明该条地震动潜在破坏风险相对较高。新定义的能量指标 I_{S_a} 计算公式如下：

$$I_{S_a} = \int_0^{T_{max}} \frac{S_a(T)}{\max S_a} \mathrm{d}T \qquad (6.5-1)$$

式中，$S_a(T)$ 表示加速度反应谱；T_{max} 表示周期最大值，取 6.0s。针对以上震级、震中距和场地等三种工况，分别计算了各个工况下的 I_{S_a} 指数的分布，如图 6.5-3 所示。其中震级工况中，各个子工况的 I_{S_a} 平均值随着震级的增大而逐渐增大，分别为 0.496、0.984 和 1.342，这是因为大地震破裂时间持续较长，产生的地震动频带范围较宽泛，因而相对能量较强。震中距工况中，各个子工况的 I_{S_a} 平均值随着震中距的增大也逐渐增大，分别为 0.842、0.984 和 1.200，理论上近场地震动的潜在破坏风险相对较高，显然这里的结果并不一致。其实这里体现的是不同震中距下同一场地得到的地震动强弱相同时，远震的能量更大；地震波传播的越远，其在地壳介质中干涉衍射越频繁，地表接收到的地震动频域成份变的越为宽泛。场地工况中，各个子工况的 I_{S_a} 平均值随着 V_{S30} 的增大而逐渐减小，分别为 1.084、0.984 和 0.875，但是差异并不明显，表明软土场地上的地震动潜在破坏风险相对较高，体现了软土场地对中长周期地震动的放大效应。作为参考，计算结果显示 ATC63 的记录数据集平均 I_{S_a} 为 1.169，相对本章所选数据集的各个工况处于相对较高水平，说明其作为结构地震反应分析的地震动输入具有一定代表性。接下来本章将基于上述各工况记录评价不同震级、距离和场地条件下的地震动输入对结构抗倒塌易损性曲线的敏感性影响。

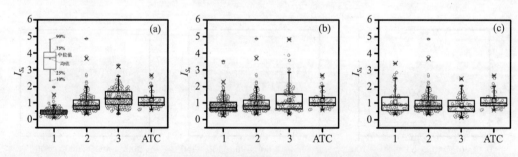

图 6.5-3　震级、震中距和场地各个工况的 I_{S_a} 指数分布

(a) 震级工况；(b) 震中距工况；(c) 场地工况

6.5.3　抗倒塌易损性分析结果对比

然后简要介绍在结构抗倒塌易损性分析中采用的增量动力分析（IDA）方法的主要步骤：

(1) 针对目标建筑结构建立可以合理体现地震作用下结构非线性响应的有限元数值模型。

（2）依据结构所在场地的地震动特性，选取一定数量的备选强震动记录，选取数量要能够体现地震动不确定性。

（3）确定地震动强度指标 IM 和结构损伤指标 DM，对于本章所选算例的混凝土框架结构而言，一般选取一阶自振周期 T_1 处的谱加速度值 $S_a(T_1)$ 作为 IM 指标，最大层间位移角 θ_{max} 作为损伤指标 DM。

（4）对每一条强震动记录以 IM 指标作为控制参数进行线性调幅后输入目标结构的有限元模型中，进行弹塑性动力时程反应计算，得到若干条与 IM 相关的 DM 曲线簇，即为 IDA 曲线簇。

（5）通过 IDA 曲线后半段的斜率小于初始弹性斜率的 0.2 以及最大层间位移角为 0.1 中对应的 IM 参数中的较小值作为结构的倒塌性态点。

（6）根据最大似然估计法计算倒塌性态点对应的 IM 的对数均值以及对数标准差，如公式（6.5-2）和（6.5-3）所示：

$$\ln \hat{\theta} = \frac{1}{n} \sum_{i=1}^{n} \ln IM_i \qquad (6.5-2)$$

$$\hat{\beta} = \sqrt{\frac{1}{n-1} \sum_{i=1}^{n} (\ln(IM_i / \hat{\theta}))^2} \qquad (6.5-3)$$

（7）结构倒塌易损性计算：假定倒塌性态点对应的 IM 服从对数正态分布，那么 $IM = x$ 时的结构地震反应发生倒塌的概率为

$$P(C \mid IM = x) = \Phi\left(\frac{\ln(x / \hat{\theta})}{\hat{\beta}}\right) \qquad (6.5-4)$$

由上述步骤可以看出，增量动力分析（IDA）方法作为一种在传统弹塑性动力时程分析方法上拓展得到的分析方法，通过逐步放大记录幅值实现对结构抗倒塌能力的估计。在上节涉及记录选取的步骤（2）里，已明确要求所选强震动记录应当依据结构所在场地的地震动特性，同时选取一定数量要能够体现地震动不确定性。但场地的地震动特性往往被研究人员忽视，往往片面增大数量，或增大地震动参数的覆盖范围以求体现地震动不确定性。

以 3 层、8 层以及 15 层混凝土框架结构为例，每条强震动记录下 IDA 曲线的倒塌性态点与对应的地震动强度指标 $S_a(T_1)$ 值二者分布情况结果如图 6.5-4 至图 6.5-6 所示。经 KS 检验，IDA 曲线的倒塌性态点最大层间位移角以及地震动强度指标 $S_a(T_1)$ 均符合对数正态分布。图 6.5-4 中可见不同震级、震中距、场地工况下 $S_a(T_1)$ 与倒塌性态点的分布有所差异，尤其是对于 15 层的高层结构差异更为显著，体现了地震动输入对于结构地震反应的较大不确定性，尤其是高层结构更为敏感。另外，从图中还可见，8 层结构的倒塌性态点（对应最大层间位移角）要大于 3 层结构，说明其抗倒塌能力要优于 3 层结构，而 15 层结构

的抗倒塌能力处于两者之间。需要说明的是，尽管三种结构的抗倒塌能力不一致，但这不影响后文的分析结果，因为本章重点讨论的是地震动输入的震级、震中距及场地条件对于结构抗倒塌易损性的影响，选取三种结构只为希望得到一致的结论，排除结构本身的影响。根据式（6.5-2）、式（6.5-3）分别计算了结构倒塌对应的 $S_a(T_1)$ 的均值 $\hat{\theta}$ 以及对数标准差 $\hat{\beta}$，如图6.5-7至图6.5-9所示以及表6.5-3所示。结果表明，倒塌性态点 $S_a(T_1)$ 的对数均值随震级的增大而减小，三种结构的规律相一致，体现了震级的显著影响，结构在大震作用下越容易倒塌；在场地工况中，$S_a(T_1)$ 的对数均值随 V_{S30} 的减小而减小，体现了场地的显著影响，结构在越软场地上越容易倒塌；在震中距工况中，$S_a(T_1)$ 均值随震中距的变化并不像震级和场地条件那样显著，只是15层结构在远距离工况下的 $S_a(T_1)$ 均值是显著小于近距离和中距离工况的，表明中高层结构更应关注远场地震动的潜在威胁。

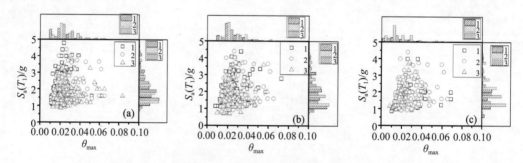

图6.5-4　3层框架结构震级、震中距和场地不同工况下的倒塌性态点分布
（a）震级工况；（b）震中距工况；（c）场地工况

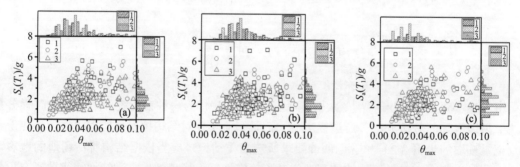

图6.5-5　8层框架结构震级、震中距和场地不同工况下的倒塌性态点分布
（a）震级工况；（b）震中距工况；（c）场地工况

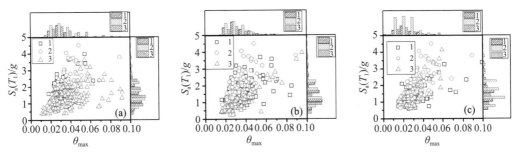

图 6.5 - 6　15 层框架结构震级、震中距和场地不同工况下的倒塌性态点分布

（a）震级工况；（b）震中距工况；（c）场地工况

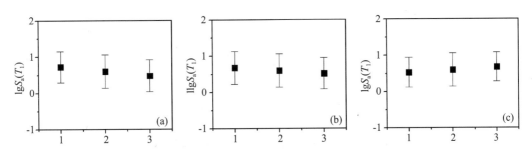

图 6.5 - 7　3 层结构的倒塌性态点 $S_a(T_1)$ 对数均值以及对数标准差分布

（a）震级工况；（b）震中距工况；（c）场地工况

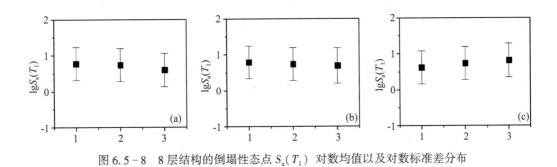

图 6.5 - 8　8 层结构的倒塌性态点 $S_a(T_1)$ 对数均值以及对数标准差分布

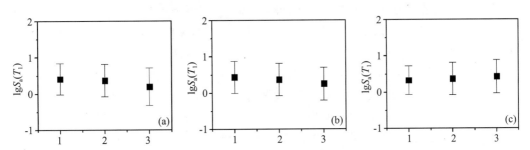

图 6.5 - 9　15 层结构的倒塌性态点 $S_a(T_1)$ 对数均值以及对数标准差分布

（a）震级工况；（b）震中距工况；（c）场地工况

表 6.5 − 3　三种框架结构各工况下倒塌性态点 $S_a(T_1)$ 的对数均值分布

工况		子工况 1 $\ln \hat{\theta} \pm \hat{\beta}$	子工况 2 $\ln \hat{\theta} \pm \hat{\beta}$	子工况 3 $\ln \hat{\theta} \pm \hat{\beta}$
3 层	震级	0.729（±0.426）	0.602（±0.455）	0.482（±0.436）
	震中距	0.678（±0.449）	0.602（±0.455）	0.522（±0.428）
	场地	0.535（±0.408）	0.602（±0.455）	0.685（±0.396）
8 层	震级	0.777（±0.462）	0.742（±0.458）	0.597（±0.461）
	震中距	0.794（±0.453）	0.742（±0.458）	0.695（±0.494）
	场地	0.622（±0.523）	0.742（±0.458）	0.826（±0.470）
15 层	震级	0.411（±0.428）	0.373（±0.446）	0.201（±0.517）
	震中距	0.439（±0.439）	0.373（±0.446）	0.253（±0.452）
	场地	0.331（±0.396）	0.373（±0.446）	0.426（±0.455）

　　计算得到三种不同结构在三种工况下的抗倒塌易损性概率曲线，如图 6.5 − 10 至图 6.5 − 12 所示。结果表明，三种不同结构在三种工况下的抗倒塌易损性概率曲线的趋势基本一致：结构在大震远场及软土场地的地震动作用下更加易损倒塌。值得注意的是，震中距工况中，15 层结构的三种子工况的抗倒塌易损性曲线差异比其他三种工况要明显，表明中长周期结构受震中距的影响更为敏感。由于高频地震动衰减相对较快，因此远场地震动的长周期成份相对卓越，如果作用在软土场地上，长周期地震动则更被放大，结构更易遭受破坏。

　　计算不同记录选取工况下抗倒塌超越概率（P）0.16、0.50、0.84 处对应的 $S_a(T_1)$ 值，并对比 ATC63 推荐强震动记录下的抗倒塌易损性计算结果。比较结果显示，输入地震动的震级、震中距及场地条件对结构的抗倒塌易损性是存在影响的，尤其是针对大的倒塌概率发生时（$P = 0.84$），不同工况下得到的 $S_a(T_1)$ 变化十分明显，震级的敏感性整体上要强于震中距和场地条件。比较结果显示，在震级工况下基于 ATC63 数据集的易损性曲线对于三种结构的规律基本一致，介于震级工况 1 和 3 的结果之间；在震中距和场地条件工况下不同结构体现的规律并不一致，尤其针对 8 层结构，基于 ATC63 数据集的易损性曲线在大倒塌概率发生时偏于危险。由此表明，地震动输入的震级、震中距及场地条件可引起结构抗倒塌易损性的较大不确定，其程度还受结构本身影响。ATC63 推荐的强震动记录作为一种建议的地震动输入数据集某种意义上可为工程和科研人员提供便利，然而具体到某个场址和某个结构时，如果忽视当地场址的潜在地震动特性，片面使用该数据集进行结构抗倒塌易损性分析，尤其采用 IDA 方法时，可能会得到偏离实际值的结果，引起较大的不确定性。实际工作中，如果可以考虑采用能够反映当地地震危险性水平的条件均值谱作为目标谱进行地震动输入选取，不仅可以控制震级、震中距以及场地条件的影响因素，同时还考虑了结构本身的自振特性，更能满足当地工程需求。

　　另外，结合图中各个工况中 I_{S_a} 指数分布可知，I_{S_a} 指数平均值随着震级越大、震中距越远以及场地越软而越大，与结构抗倒塌易损性曲线呈同样的趋势；ATC63 数据集的 I_{S_a} 指数与震级、震中距和场地条件各工况的比较分布也基本与结构抗倒塌易损性曲线呈同样的趋势。表明 I_{S_a} 指数可以很好地衡量地震动之间的相对能量差异。

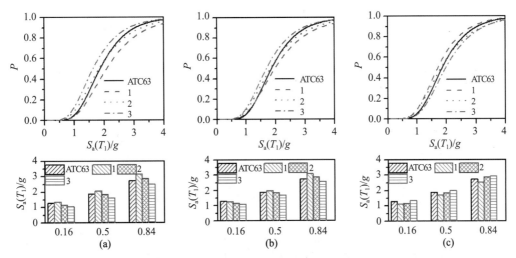

图 6.5 - 10　3 层框架结构震级、震中距和场地工况下的抗倒塌易损性曲线
（a）震级工况；（b）震中距工况；（c）场地工况

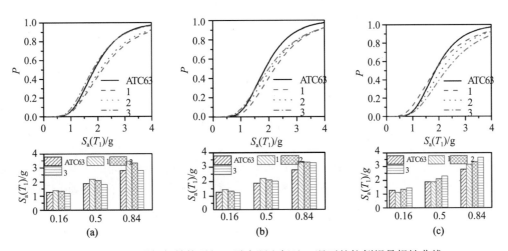

图 6.5 - 11　8 层框架结构震级、震中距和场地工况下的抗倒塌易损性曲线
（a）震级工况；（b）震中距工况；（c）场地工况

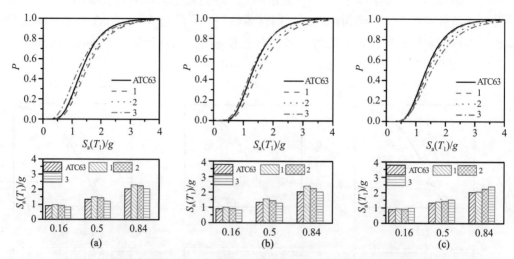

图 6.5 - 12　15 层框架结构震级、震中距和场地工况下的抗倒塌易损性曲线
(a) 震级工况；(b) 震中距工况；(c) 场地工况

上节从抗倒塌易损性曲线角度说明了震级、震中距以及场地等地震参数对不同结构抗倒塌性能存在影响。因抗倒塌易损性曲线中的竖坐标为 $S_a(T_1)$ 参数，而每个强震动记录反应谱中每个周期点对应反应谱加速度值是不一样的，特别是长周期段反应谱加速度值，明显会低于短周期段的，因此无法通过抗倒塌曲线来衡量地震参数对结构抗倒塌影响差异以及不同结构在同种条件下的抗倒塌性能如何。因此，本章将采用无量纲化参数 SI 来衡量结构内各地震参数工况变化差异，该公式如下：

$$SI = (S_{a \, 子工况} - S_{a \, ATC63})/S_{a \, ATC63} \qquad (6.5-5)$$

从上式可知，差异百分比能反应各个子工况在每个倒塌概率点下对结构抗倒塌影响程度。

此外，采用无量纲化参数 SI_{max} 来衡量各地震参数工况内结构之间的变化差异，通过同倒塌概率的各个地震参数的子工况之间 SI 最大差值来体现，即消除了强震动记录周期点对应 S_a 差异性影响，该公式如下：

$$SI_{max} = \max\{SI_1 - SI_2, \ SI_2 - SI_3, \ SI_1 - SI_3\} \qquad (6.5-6)$$

根据上述公式得到了各个地震参数 SI 以及 SI_{max} 变化图，如图 6.5 - 13 所示。从图中可以看出，相对震中距以及场地工况，SI 随着震级参数的变化而更明显，即震级参数对结构倒塌的影响更明显，以 3 层结构在倒塌概率 0.16 处为例，震级工况中子工况 SI 之间最大差值达到了 0.24，而震中距以及场地均低于 0.2。同时对比 SI_{max} 参数，在震中距工况中，15 层结构差值在 0.16、0.50 以及 0.84 三个倒塌概率点对应的 SI_{max} 最大，即震中距对长周期结构影响比较明显；而其他地震参数工况并没有体现规律特征。由于高频地震动衰减相对较快，因此远场地震动的长周期成份相对卓越，如果作用在软土场地上，长周期地震动则更被放大，结构更易遭受破坏。2008 年汶川地震中，距离震中 500～700km 的宝鸡和西安两地均位于渭河盆地，上述两地高层建筑的震害是最好的例证（梁兴文等，2009；门进杰等，2008）。

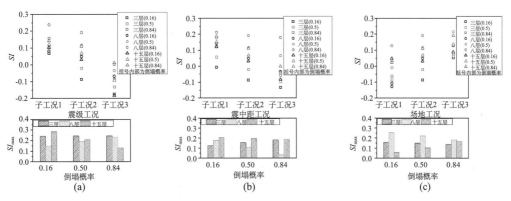

图 6.5-13　震级、震中距和场地工况下的 SI 以及 SI_{max} 变化图
(a) 震级工况；(b) 震中距工况；(c) 场地工况

6.5.4　小结

鉴于结构抗倒塌易损性分析中强震动记录选取条件过于宽泛，并没有充分考虑所在场地的地震动特性，本小节针对三种不同高度的框架结构，研究不同震级、震中距以及场地条件的地震动输入对结构抗倒塌易损性分析的影响，主要工作与结论小结如下：

（1）分别限定震级、震中距以及场地条件（用 V_{S30} 表示）的区间范围，从 PEER 数据库中选取一定数量强震动记录组成 9 种工况；定义衡量强震动记录相对能量的指数 I_{S_a}，比较不同工况下强震动记录的 I_{S_a} 均值分布，结果表明同等幅值水平下，震级越大、震中距越远、场地越软条件下的强震动记录蕴含的潜在能量越大，该规律与抗倒塌易损性曲线体现的趋势基本一致，表明 I_{S_a} 指数可以很好地衡量地震动之间的相对能量差异。

（2）以三种结构为算例将 9 种工况下的强震动记录作为地震动输入，采用 IDA 方法进行结构抗倒塌易损性分析。分析不同计算工况下的倒塌性态点分布，结果表明倒塌性态点 $S_a(T_1)$ 的对数均值随着震级增大、震中距增大以及场地变软而变小，三种结构的规律相一致，表明结构更易倒塌。

（3）对比不同计算工况下三种结构的抗倒塌易损性曲线，结果表明结构受大震、远场及软土场地的地震动作用下更加易损倒塌；同时对比 ATC63 工况下的易损性曲线，证实以 ATC63 推荐的地震输入计算得到的结构抗倒塌易损性曲线存在较大不确定性，应当考虑采用更为科学合理的地震动输入选取方法。

（4）定义 SI 和 SI_{max} 两个无量纲参数，能良好体现地震参数对结构抗倒塌影响差异以及不同结构在同种条件下的抗倒塌性能如何。其中，在震中距工况中，15 层结构在远距离工

况下的 $S_a(T_1)$ 均值是显著小于近距离和中距离工况的，表明中高层结构更应关注远场地震动的潜在威胁；震级的敏感性整体上要强于震中距和场地条件。

6.6　CMS-IDA 抗倒塌易损性分析

从上一节可知，ATC63 推荐强震动记录仅仅可以作为一种建议的记录选取数据集，具体到某个场址和某个结构时，如果忽视当地场址的潜在地震动特性，盲目使用 ATC63 推荐强震动记录进行结构倒塌分析，尤其采用 IDA 方法时，可能因未能完全考虑场地特性而导致偏离实际值结果。因此进行结构易损性分析时，可以考虑采用能够反映当地地震危险性水平的条件均值谱作为目标谱进行地震动输入选取，此时不仅控制了震级、震中距以及场地等各种因素，同时还考虑了频谱特性影响，更能满足当地工程需求。在 ATC 报告中，从倒塌安全角度考虑，以 CMS 为目标谱计算的倒塌概率只有以 UHS 为目标谱得到的倒塌概率的 60%（ATC，2008）。2007 年 Goulet 等因缺少低概率水平下的地震记录，以 50 年 2% 概率水平的 CMS 为目标谱选取了 34 条双向地震动作为 IDA 方法的输入，研究了三维 4 层办公楼的倒塌易损性以及经济损失；2015 年 Baker 以 CMS 为目标谱基于条带法和 IDA 方法研究了二榀 5 层钢框架结构倒塌易损性。以上就是基于 CMS 的两种抗倒塌易损性计算思路，本小节将重点研究 CMS 在 IDA 易损性方法中的运用，下一小节将对 CMS-条带法在抗倒塌易损性的应用加以阐述。本节以美国新一代考虑目标场地地震危险性的 PBEE 研究为依据，将经目标场地地震危险性建立的条件均值谱与结构易损性计算方法结合起来，对传统的 IDA 倒塌计算流程中的地震动输入环节进行修改。同时，以三个不同高度混凝土框架结构为目标结构，以前文提到的中国华北地区以及西南地区的两个城市工程中的地震安全性评价工程为基础，构建条件均值谱，并通过该条件均值目标谱选取一定数量的强震动记录数据，进行 IDA 倒塌计算分析，最后与一致概率谱、规范谱以及 ATC63 数据集得到的结果进行对比讨论。

6.6.1　CMS-IDA 计算方法

在传统 IDA 的计算流程中，未充分考虑目标场地的地震危险性以及目标结构特性，本节主要针对传统的 IDA 计算流程地震动输入环节进行修改，将条件均值谱为目标谱的记录选取方法与结构倒塌易损性分析结合起来，最终得到基于 IDA 中强震动记录选取的条件均值谱计算流程方法（图 6.6-1），改进后的方法描述如下所示：

（1）针对目标建筑结构建立可以合理体现地震作用下结构非线性响应的有限元数值模拟模型，同时获得该模型的一阶自振周期 T_1。

（2）从危险性地震概率分析以及一致概率谱中获取自振周期 T_1 对应的 $S_a(T_1)$，同时根据目标场地附近潜源以及场地所处衰减关系等条件解耦得到对应的震级 M 和震中距 R。

（3）考虑到 IDA 计算以倒塌易损性作为主要评估对象，因此我们以罕遇地震的 50 年 2% 超越概率作为目标危险性水平构建条件均值谱，然后进行后续步骤的线性调幅即可得到不同幅值下的条件均值目标谱。以中国 NSMONS 强震动记录数据库和美国 PEER 的 NGA-WEST1 数据库为备选数据库，通过单向记录选取方法从该数据库选取一定数量的强震动记录。

（4）确定地震动强度指标 *IM* 和结构损伤指标 *DM*，对于本章所选算例的混凝土框架结构而言，一般选取一阶自振周期 T_1 处的谱加速度值 $S_a(T_1)$ 作为 *IM* 指标，最大层间位移角 θ_{max} 作为损伤指标 *DM*。

（5）对每一条强震动记录以 *IM* 指标作为目标进行等步长线性调幅后，进行弹塑性动力时程分析，得到若干条与地震动强度指标相关的结构损伤指标曲线簇（$S_a(T_1)$ 与 θ_{max} 的关系曲线），即为 IDA 曲线簇。

（6）通过 IDA 曲线后半段的斜率小于初始弹性斜率的 0.2 以及最大层间位移角为 0.1 中对应的 *IM* 参数中的较小值作为结构的倒塌性态点。

（7）*IM* 的对数均值以及对数标准差计算，以及倒塌易损性概率计算和前一章一致。基于 IDA 中强震动记录选取的条件均值谱计算流程与传统的 IDA 计算方法对比可知，改进的 IDA 计算方法中仅仅对强震动记录选取环节做了修正，其余环节是基本一致的。

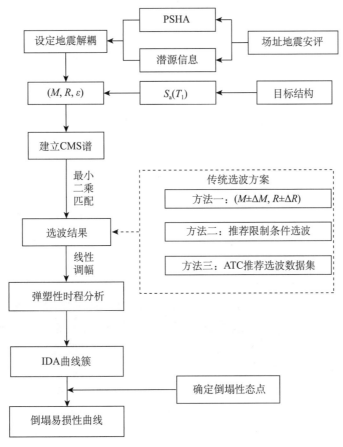

图 6.6-1　不同选波方案下的 IDA 倒塌易损性计算流程

6.6.2　目标谱建立以及强震动记录选取

本章以我国两个不同目标场地以及不同结构作为具体算例,以目标场地的地震危险性以及结构自振周期为出发点,研究目标场地的条件均值谱的建立以及考虑多阶振型参与的条件均值谱构建;最后以条件均值谱和包络条件均值谱为目标谱,根据最小二乘法选取一定数量的强震动记录,并与一致概率谱、抗震设计中的规范谱以及 ATC63 推荐的强震动记录做对比分析。

1. 条件均值谱的构建

选取本书第四章中的河北中部城市廊坊地区(用场地一表示)以及位于中四川中部城市雅安地区(用场地二表示)的两个工程场址作为目标场地,以 6.5 节中 3 层、8 层以及 15 层等三种不同周期的混凝土框架结构为目标结构。根据中国地震概率危险性解耦以及对应的霍俊荣不同地区衰减关系,得到如表 6.6 - 1 中的 50 年超越概率 2% 下的 $S_a(T_1)$ 以及设定地震解耦结果震级 M 和震中距 R。

表 6.6 - 1　50 年超越概率 2% 下设定地震解耦结果

	场地一				场地二			
目标周期点/s	0.4	0.5	1	1.5	0.4	0.5	1	1.5
震级 M	6.5	6.5	6.5	6.5	6.9	6.9	6.9	6.9
距离 R/km	59.0	59.0	59.8	60	85.7	84.5	89.3	91.4
标准差系数 ε	1.8	1.8	1.9	1.7	1.8	1.9	2.5	1.6
S_a/g	0.592	0.494	0.350	0.232	0.695	0.599	0.322	0.193

2. 包络条件均值谱的构建

一般基于结构基本自振周期 T_1 下的一致概率谱值 $S_a(T_1)$,以及对应的解耦结果 M 和 R,建立条件均值谱。但是对于长周期结构来说,如果对结构响应进行准确估计结,则必须要充分考虑除了一阶振型参与外的其他振型影响。作为依据单周期点设定地震解耦和构建的条件均指谱,本身无法同时兼顾多阶振型周期点反应谱地震危险性相同的,一般采用以下三种方法对条件均值谱进行修改:①根据若干不同周期下的条件均值谱在结构中计算得到的最大值作为最后的结果(NEHRP Consultants Joint Venture,2011;Baker,2011);②一致概率谱和若干条件均值谱结合起来建立一条新的条件均值谱(Carlton and Abrahamson,2014);③根据两个不同周期点的相关性建立一条新的条件均值谱(Kwong and Chopra,2016)。其中第二种和第三种构造的条件均值谱的谱形基本一致。本章将根据第二种方法建立一条符合场址特性的包络条件均值谱。建立包络条件均值谱的具体步骤如下:

首先,确定高层结构参与计算的振型阶数。根据我国《建筑抗震设计规范》(GB 50011—2010)及《高层建筑混凝土结构技术规程》(JGJ 3—2010)等,本章以 90% 的振型有效质量参与系数作为评判振型参数阶数的标准。

其次，通过相关软件计算参与计算的多阶振型周期 T_1、T_2、$\cdots$、T_n 后，分别对 $S_a(T_1)$、$S_a(T_2)$、$\cdots$、$S_a(T_n)$ 进行地震危险性概率分析解耦以及条件均值谱的构建。

最后，对参与计算周期点的条件均值谱之间部分用一致概率谱采取包络方式。即选取 $S_a(T_n)$ 的条件均值谱的 T_n 周期点（参与计算中最小周期）前段的反应谱、UHS 的 $T_1 \sim T_n$ 段反应谱以及 $S_a(T_1)$ 的条件均值谱的 T_1 周期点（参与计算中最大周期）后段的反应谱组成新的条件均值谱，即包络条件均值谱。

综上所述，虽然包络条件均值谱不是真正意义上的一条反应谱，但还是以多阶振型参与计算，并且蕴含了场地特征的一条目标谱，不过需要注意参与振型计算的最小周期值与最大周期值之间相差不宜过大，否则近似为一致概率谱。以本章三种结构为例分析，通过有效质量参与系数计算，可知 15 层结构有必要考虑两阶振型（$T_1 = 1.5s$ 和 $T_2 = 0.4s$）的参与且该两阶振型对应的周期点差值不大，对条件均值谱危险一致性的伤害不大；而另外两种结构直接通过一阶振型对应的周期点构建条件均值目标谱即可。

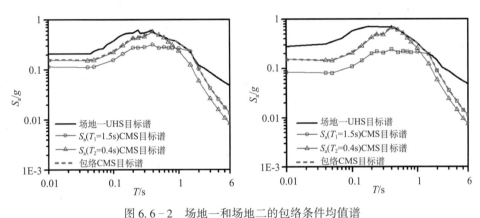

图 6.6 - 2　场地一和场地二的包络条件均值谱

6.6.3　强震动记录的选取

以上述算例 50 年超越概率 2% 下的设定地震解耦结果为基础，以场地一和场地二的条件均值谱（包络条件均值谱）、一致概率谱和规范谱作为目标谱，选取相应的强震动记录，并与 ATC63 推荐强震动记录集（归一化）做对比这三种记录选取结果。具体流程如下：

本章所采用的数据库为中国 NSMONS 强震动记录数据（2007~2015 年）和美国 PEER 的 NGA-WEST1 数据库。然后根据目标场地的地震信息进行初步筛选。根据设定地震解耦结果确定强震动记录的震级和震中距范围，并限制调幅系数在 0.2~10。以场地一以及 8 层混凝土框架结构为例，目标场地为基岩场地，则 V_{S30} 均大于 550m/s；根据设定地震解耦结果可知 $S_a(T_1 = 1s) = 0.350g$ 时，50 年超越概率 2% 下的贡献率最高的为 $M = 6.50$ 和 $R = 59.8$km，因此在保证最后记录选取数量可以达到 30 条的前提下，震级选择范围为 5.75~7.5 级，距离范围为 40~100km；调幅系数变化范围为 0.2~10。

最后，基于单周期点记录选取方法进行目标谱的谱型匹配。为了对比分析条件均值谱的结构倒塌易损性分析结果，本章选取了两个地区的条件均值谱、包络条件均值谱、一致概率谱以及规范谱作为目标谱，并选取最小二乘误差平方和的前 30 条强震动记录作为结构的输入。

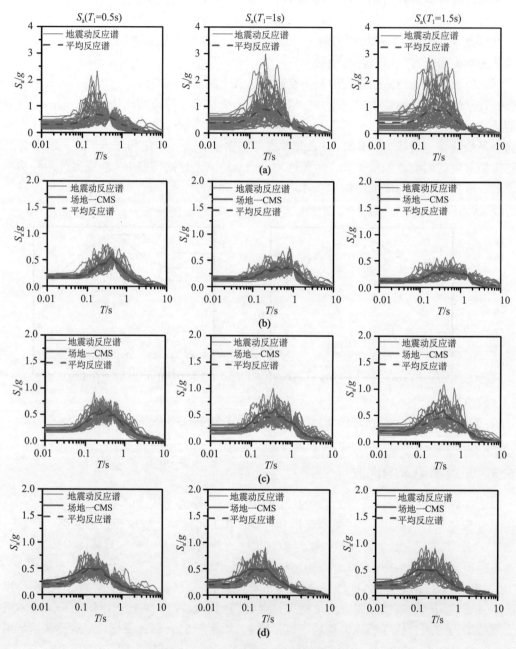

图 6.6-3　各个目标谱记录选取结果

(a) ATC63；(b) 场地—CMS；(c) 场地—UHS；(d) 规范谱

　　以场地一为例，给出了三个不同目标周期下结构的匹配结果如图 6.6-3 所示，同时作为对比，给出了归一化后的 ATC63 数据集的强震动记录反应谱结果以及对应的平均谱。经过对比分析可以看到，不同 $S_a(T_1)$ 周期下归一化后的 ATC63 记录选取数据集结果离散性明显大于通过目标谱控制选取强震动记录的离散性，而 CMS 目标谱由于其内在谱型的合理性，得到的匹配结果不仅离散性最小，而且平均反应谱在全周期段均更加贴近目标谱，而 UHS 目标谱与规范谱由于其内在谱型的不真实或者说偏向保守，在非目标周期段与平均目标谱还是出现了一些偏差，而且记录之间的离散性也更大。场地一与场地二下 1.5s 周期结构的包络 CMS 目标谱的强震动记录选取如图 6.6-4 所示。

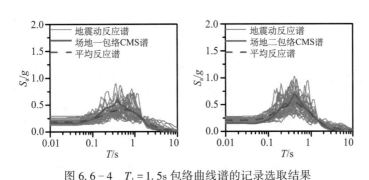

图 6.6-4　$T_1 = 1.5s$ 包络曲线谱的记录选取结果

6.6.4　倒塌易损性分析

　　根据条件均值谱的 IDA 计算流程，本节主要从结构的 IM 的估计值和对数标准差，以及倒塌易损性曲线角度出发，研究各个目标谱下的结构倒塌性能，并与传统的 ATC63 推荐集进行对比分析。

1. IM 估计值和对数标准差

　　将不同目标谱下的强震动记录数据分别线性调幅输入到 3 层、8 层以及 15 层等三种不同高度的混凝土框架结构中，从而得到每条地震动下的结构倒塌性态点。在单条地震动经线性调幅直至结构倒塌为止，此时倒塌点对应的 $S_a(T_1)$ 以及对应的最大层间位移角为结构倒塌性态点。图 6.6-5 为 3 层、8 层以及 15 层结构在不同强震动记录集下进行 IDA 倒塌易损性计算分析的 IDA 曲线簇分布结果，其中黑点为倒塌性态点，后续的平台段表明结构已处于倒塌状态。三种结构在四种工况下的倒塌性态点估计值以及对数标准差结果也标注于图中。在同一种结构中，倒塌点对应的 $S_a(T_1)$ 估计值 $\hat{\theta}$，基于规范谱计算得到的值最小、ATC63 推荐集与一致概率谱工况次之、条件均值谱工况最大；且经过目标谱匹配工况的对数标准差最小，而 ATC63 推荐集因强震动记录离散性大而导致最后的对数标准差也非常大。

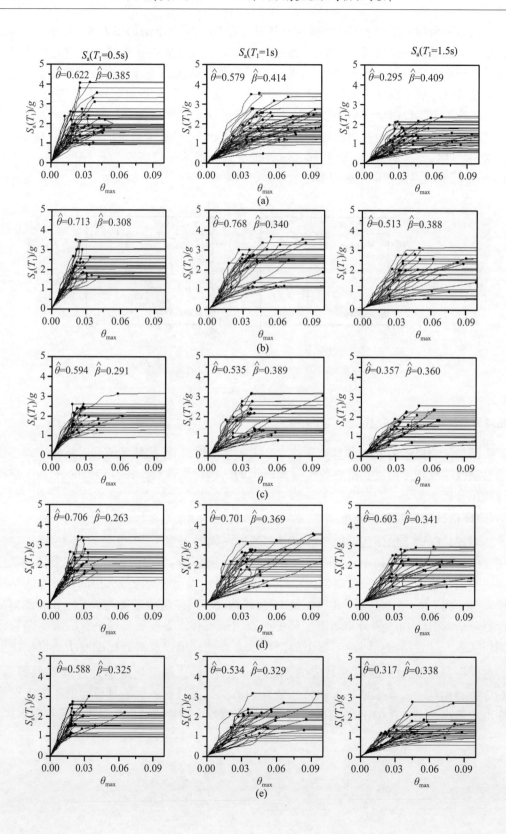

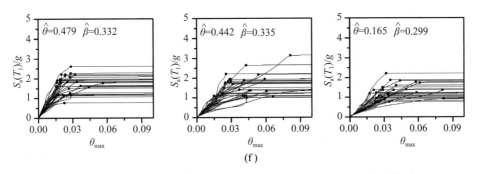

图 6.6 - 5　不同目标谱与 ATC63 推荐记录数据集的 IDA 曲线簇
（a）ATC63 集；（b）场地一 CMS；（c）场地一 UHS；（d）场地二 CMS；（e）场地二 UHS；（f）规范谱

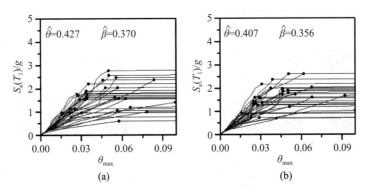

图 6.6 - 6　$T_1 = 1.5s$ 结构采用包络 CMS 谱得到的 IDA 曲线簇
（a）场地一；（b）场地二

2. 倒塌易损性曲线

图 6.6 - 7 为 3 层、8 层以及 15 层框架结构在四种不同强震动记录数据集下的倒塌易损性曲线，并给出了倒塌概率 $P = 0.16$、0.50、0.84 处对应的 $S_a(T_1)$ 值对比图。从图中可知四个工况在同一种结构的倒塌规律，如 3.3.1 中估计值趋势一致，规范谱工况最易倒塌（曲线最陡峭）、一致概率谱和 ATC63 工况次之、条件均值谱工况最不易倒塌（曲线最平缓）。

同时对比分析两个地区同种结构的条件均值谱和 ATC63 推荐集工况下倒塌概率差值。相对于 ATC63 推荐集工况，两个不同地区中短期结构（0.5s 和 1.0s）的条件均值谱工况的倒塌概率在 16% 处 $S_a(T_1)$ 低估比例在 10%~20%，并且随着倒塌概率增大逐渐降低，从倒塌概率 50% 对应低估比例 10%~15% 到倒塌概率 84% 对应低估比例 10% 以内；而在长周期结构（1.5s）中，两个地区的条件均值谱工况的倒塌概率会在三个分段处对应的 $S_a(T_1)$ 低估比例高达 20% 以上，其中在场地二达到了 45%，这由于条件均值谱忽略了多阶振型参与计算导致的。因此，针对于长周期结构（1.5s），本章对比了条件均值谱、包络条件均值谱以及 ATC63 推荐集三种工况，经对比分析，相对于 ATC63 推荐集工况，三个分段处对应的 $S_a(T_1)$ 低估比例均值在 20% 以内，并在倒塌概率 84% 处达到最小 8%。

综上所述，相对于 ATC63 推荐集工况，3 层和 8 层结构的条件均值谱工况都有所低估结构倒塌性能；15 层结构的未考虑多阶振型影响的条件均值谱工况更严重低估了结构倒塌性能，而考虑了多阶振型影响的包络条件均值谱会有所低估结构倒塌性能。反而言之，未充分考虑场地特征的 ATC63 推荐集工况会高估结构倒塌性能。

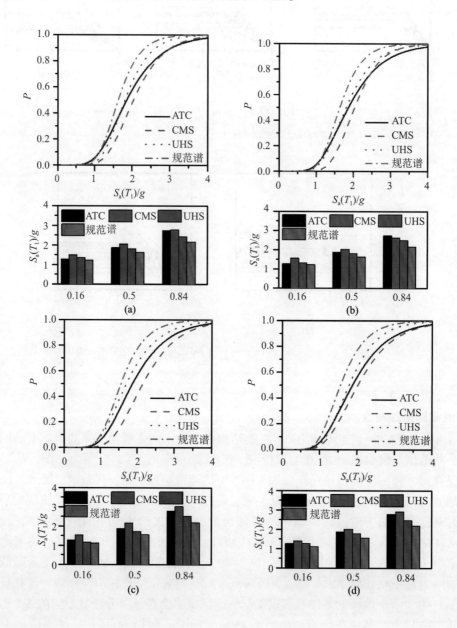

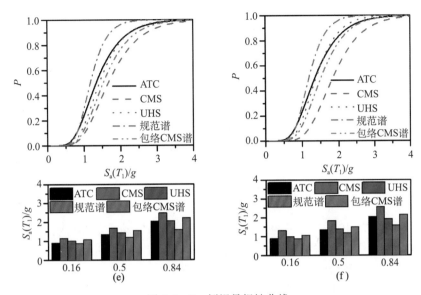

图 6.6-7　倒塌易损性曲线

（a）3 层结构场地一；（b）3 层结构场地二；（c）8 层结构场地一；（d）8 层结构场地二；

（e）15 层结构场地一；（f）15 层结构场地二

6.6.5　小结

本节将具有目标场地特征以及结构特性的条件均值谱引入到结构倒塌易损性分析流程中，对传统的易损性 IDA 方法中的强震动记录选取环节进行修改，并与一致概率谱、规范谱以及 ATC63 推荐集等工况进行了对比分析，从而得到如下结论：

（1）本章基于 50 年 2%超越概率水平下构建具有目标场地特征的条件均值谱，并以该条件均值谱为目标谱经线性调幅获取了不同幅值下强震动记录数据集，而强震动记录数据集作为 IDA 方法的输入，使 IDA 方法在输入环节考虑了目标场地地震特征。

（2）根据场地情况设计了三种不同周期的钢筋混凝土框架结构，以中国两个地区的安评工作为依据，分别构建了条件均值谱。同时选取该两个地区罕遇规范谱以及 50 年 2%的一致概率谱、ATC63 推荐数据集，未经目标谱匹配的 ATC63 数据集的强震动记录具有很大的离散性，且远大于其他三工况。

（3）利用最大似然估计方法对比了两个地区四种工况的估计值和对数标准差，结果表明在同一种结构中，倒塌点对应的 $S_a(T_1)$ 估计值，基于规范谱计算得到的值最小、ATC63 推荐集与一致概率谱工况次之、条件均值谱工况最大；且经过目标谱匹配工况的对数标准差最小，而 ATC63 推荐集因强震动记录离散性大导致最后的对数标准差也非常大。

（4）基于倒塌易损性曲线以及三分段倒塌概率对应 $S_a(T_1)$ 对比分析，四种倒塌趋势规律与估计值趋势一致，规范谱工况最易倒塌（曲线最陡峭）、一致概率谱和 ATC63 工况次之、条件均值谱工况最不易倒塌（曲线最平缓）；相对于 ATC63 推荐集工况，两个不同地区中短期结构（0.5s 和 1.0s）的条件均值谱工况的倒塌概率在 16% 处 $S_a(T_1)$ 低估比例在 10%~20%，并且随着倒塌概率增大逐渐降低，从 50% 对应低估比例 10%~15% 到 84% 对应低估比例 10% 以内；而在长周期结构（1.5s），两个地区的条件均值谱工况的倒塌概率会在三个分段处对应的 $S_a(T_1)$ 低估比例高达 20% 以上，其中在场地二达到了 45%，这由于条件均值谱忽略了多阶振型参与计算导致的。因此，针对于长周期结构（1.5s），本章对比了条件均值谱、包络条件均值谱以及 ATC63 推荐集三种工况，经对比分析，相对于 ATC63 推荐集工况，三个分段处对应的 $S_a(T_1)$ 低估比例均值 20% 以内，并在倒塌概率 84% 处达到最小 8%。

6.7　CMS-条带法抗倒塌易损性分析

基于条件均值谱的 IDA 方法是经过假设结构响应与地震动参数指标符合线性对数关系，而这种假设拟合过程中会存在拟合残差，同时完全极限状态值是根据 ATC63 报告和抗震设计规范中给定的，均会导致结果的一定误差，而这种误差将一直传递到结构需求概率易损性以及需求概率危险性分析中，最终对结构的评估产生偏差。本节将在 6.2 节改进条带法的基础上研究二维混凝土框架结构在不同年超越概率水平下的倒塌概率易损性，首先通过传统的 IDA 方法与最大似然法确定结构的倒塌时最大层间位移角以便确定结构倒塌易损性曲线，得到在不同年超越概率水平下的结构响应参数。

6.7.1　改进条带法抗倒塌易损性分析计算原理

改进条带法的基本原理已在 6.2 节中做了具体阐述，下面给出考虑抗倒塌易损性分析的具体步骤如下：

（1）建立目标结构有限元模型并获取对应的一阶自振周期。

（2）从地震危险性概率分析中获得该周期对应的 IM 指标的年超越概率曲线。

（3）根据不同年超越概率水平下的 $S_a(T_1)$ 以及目标场地附近的潜源信息解耦得到对应的震级 M 和震中距 R。

（4）根据条件均值谱构造公式构建不同概率水平下的条件均值谱，根据与目标谱相匹配得到不同年超越概率下的强震动记录组。

（5）计算不同 $IM=x$ 水平下的结构响应参数 EDP，此处选取最大层间位移角作为结构响应参数 EDP。

（6）以 50 年 2% 年超越概率下的条件均值谱为基础，基于改进 IDA 计算方法流程获取倒塌性态点 θ_C。

（7）根据公式求解不同年超越概率水平下 $S_a(T_1)$ 对应的倒塌概率。

（8）拟合曲线得到结构倒塌易损性概率曲线。

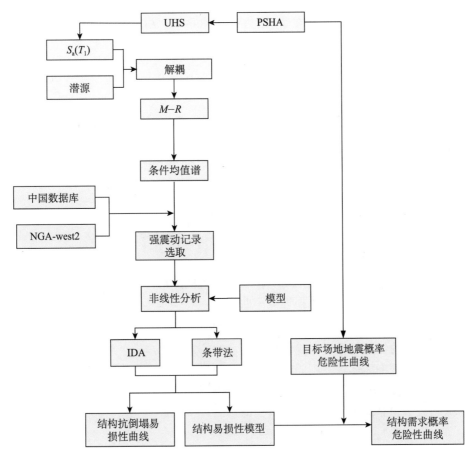

图 6.7-1　基于 CMS-条带法的倒塌易损性概率计算流程

下面对其中的几个环节加以解释：

1. 倒塌性态点的确定

倒塌性态点可以根据我国抗震规范中塑性极限与 FEMA-273（2009）给出的结构倒塌最大层间位移角综合确定结构性态倒塌点。而实际非线性计算中，结构的倒塌性态点对应的最大层间位移角会因结构类型、结构形状、结构材料参数以及地震动输入等不同而存在差异。因此，本章中结构倒塌性态点对应的最大层间位移角的确定由目标谱选取的强震动记录调幅下的 IDA 方法得到的计算结果中倒塌性态点对数平均值而确定。具体步骤如下：

首先，以 50 年超越概率 2% 下的条件均值谱作为目标谱，选取 30 条强震动记录作为结构的输入；其次，利用 IDA 方法，经线性调幅计算得到 30 个不同强震动记录下倒塌性态点对应的最大层间位移角；最后，利用最大似然估计法对 30 个倒塌性态点对应的最大层间位移角求对数平均值 $\lg\theta_C$，即得到了该结构在条件均值谱条带法下的倒塌性态点对应的最大层间位移角 θ_C。

2. 倒塌易损性概率曲线

倒塌易损性概率曲线表示结构在给定的 $IM=x$ 水平下，EDP 超越 y 的概率水平，即。

$$P(EDP > y \mid IM = x) = \Phi\left(\frac{\ln(x/\hat{\theta})}{\hat{\beta}}\right) \qquad (6.7-1)$$

对于基于包络条件均值谱的条带法求解倒塌易损性，同样以 $IM\text{-}EDP$ 曲线中弹性阶段斜率的 20% 或者 0.1 之间的较小者作为倒塌点，而本节以第二步中 θ_C 作为倒塌点。结构在给定 IM 水平下的倒塌概率为

$$P(\text{Collapse} \mid IM = x) = \frac{\text{倒塌地震记录数目}}{\text{总地震记录数目 } n} \qquad (6.7-2)$$

从而得到离散性的倒塌易损性概率点，基于最大似然估计法公式对该离散性倒塌易损性概率点进行拟合，从而得到倒塌易损性概率曲线。

3. 结构在年超越概率下的地震危险性概率评估

结构响应参数的年超越概率危险性评估表示在给定的 $IM=x$ 水平下，EDP 的超越 y 的年超越概率水平，该概率能体现在不同超越概率下的最大层间位移角对结构的危险性。其中公式（6.7-3）中 $P(EDP>y \mid S_a(T_1) = x)$ 是根据给定的 $IM=x$ 水平下，EDP 超越 y 的概率，该概率为倒塌概率和非倒塌概率的数值解，即：

$$P(EDP > y \mid S_a(T_1) = x) = P(C) + (1 - P(C))\left(1 - \Phi\left(\frac{\ln y - \mu_{\ln EDP}}{\sigma_{\ln EDP}}\right)\right) \qquad (6.7-3)$$

式中，$\mu_{\ln EDP}$ 和 $\sigma_{\ln EDP}$ 为给定 $IM=x$ 水平的结构响应参数的对数平均值以及对数标准差。最终根据公式（6.7-3）获得了结构响应参数的年超越概率地震危险性曲线。

6.7.2 构建条件均值谱及强震动记录的选取

以一个实际工程对上述基于 CMS 的条带法的结构需求概率危险性计算流程进行示例说明，同样选取四川雅安市场址二作为算例，目标场地为 I 类场地，设防烈度 7 级，设计地震分组第二组，以 6.5 节中三种不同周期的混凝土框架结构作为目标结构，通过地震概率危险性分析以及一致概率谱获取三种结构在各自自振周期下的 11 组不同年超越概率水平下的条件均值谱，并通过地震信息初步筛选、单周期点最小二乘法匹配而各获取 30 条，共 330 条强震动记录。其中，由于 15 层结构存在多阶振型参与计算，额外加一组工况，即 11 组包络条件均值谱工况。其中三种结构的四种工况的 11 组条件均值谱以及对应的 UHS 谱和记录选取结果如图 6.7-2 所示。

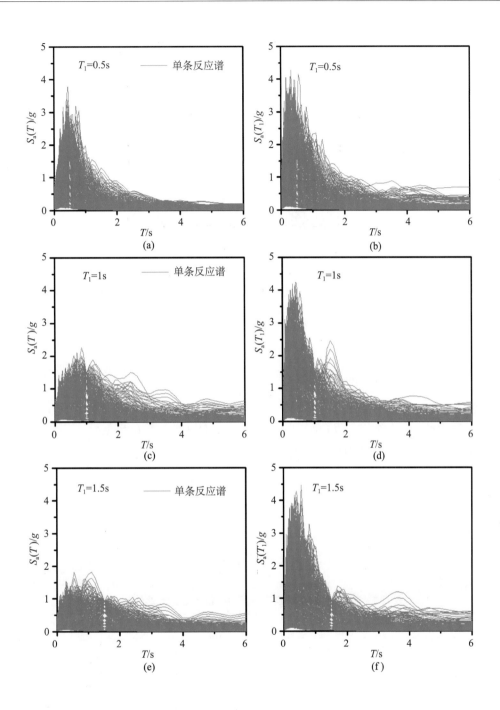

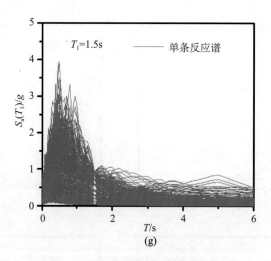

图 6.7 - 2　条带法记录选取结果

(a) $T_1 = 0.5s$ 的 CMS；(b) $T_1 = 0.5s$ 的 UHS；(c) $T_1 = 1s$ 的 CMS；(d) $T_1 = 1s$ 的 UHS；

(e) $T_1 = 1.5s$ 的 CMS；(f) $T_1 = 1.5s$ 的 UHS；(g) $T_1 = 1.5s$ 的包络 CMS

6.7.3　结构倒塌易损性曲线对比

　　本小节主要对比基于条件均值谱的条带法与基于 50 年超越概率 2% 水平下条件均值谱的 IDA 方法的倒塌易损性概率，即 CMS-IDA 和 CMS-条带法的计算结果差异。

　　基于 CMS-条带法的倒塌计算流程得到不同结构在不同工况下的 $S_a(T_1)$ 对数均值 $\ln \hat{\theta}$、对数标准差 $\hat{\beta}$ 以及倒塌易损性曲线图，如表 6.7 - 1 和图 6.7 - 3 所示。由表可知，同一结构中 CMS 工况的 $\hat{\theta}$ 均高于 UHS 工况，最大相差 0.42g（15 层结构），最小也相差 0.25g（3 层结构）；$S_a(T_1)$ 的离散性 $\hat{\beta}$ 在同一结构中不同工况中相差不大；15 层结构中的包络 CMS 工况 $\hat{\theta}$ 介于 CMS 与 UHS 之间，与 CMS 和 UHS 各相差为 -0.27g 和 0.15g。

表 6.7 - 1　三种框架结构在不同目标谱的最大似然估计参数

结构	CMS		UHS		包络 CMS	
	$\hat{\theta}$	$\hat{\beta}$	$\hat{\theta}$	$\hat{\beta}$	$\hat{\theta}$	$\hat{\beta}$
3 层	2.17	0.31	1.92	0.35	—	—
8 层	2.18	0.43	1.88	0.42	—	—
15 层	1.85	0.43	1.43	0.43	1.58	0.45

　　将 $\hat{\theta}$ 和 $\hat{\beta}$ 代入到公式（6.7-3）中，得到如下图 6.7-3 所示的基于 CMS-条带法的结构倒塌易损性曲线。从图中可以看出，在 3 层结构中，当 $S_a(T_1)$ = 2.00g 时两个工况的概率最大相差 15.4%；8 层结构中，当 S_a = 1.9g 时两个工况的概率最大相差 13.5%；15 层结构中，当 $S_a(T_1)$ = 1.9g 时 UHS 和 CMS 两个工况的概率最大相差 23.6%，而该结构一阶振型参与系数 79% 低于抗震规范中要求的有效质量参与系数 90%，此时必须考虑二阶周期的影响，由此对比 UHS 和包络 CMS 两个工况的概率最大相差 9.3%（此时 $S_a(T_1)$ = 1.6g），由此可见忽略二阶振型的影响导致结构的易损性会高估 14.3%，对后面的损失评估也产生很大影响。之所以出现两种工况倒塌易损性差异，这是由于一致概率谱是所有条件均值谱的包络谱，偏保守。

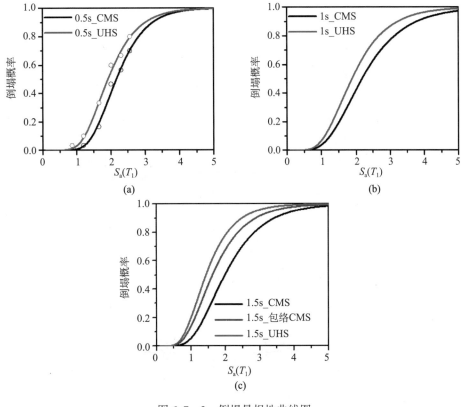

图 6.7-3　倒塌易损性曲线图
（a）T_1 = 0.5s；（b）T_1 = 1.0s；（c）T_1 = 1.5s

　　图 6.7-4 为基于条带法得到倒塌易损性概率曲线与基于条件均值谱的 IDA 方法得到的倒塌易损性概率曲线对比。从图中对比可知，同一种结构中基于同一种工况的条带法的倒塌易损性概率曲线均低于 IDA 方法的倒塌易损性概率曲线，以 3 层框架结构的 CMS 工况为例，当 $S_a(T_1)$ = 2.5g 时最大相差 11.2%。将选取倒塌概率对应的三个分段点进行对比分析，即 P_C = 0.16、0.50、0.84，如表 6.7-3 所示。在低倒塌概率（即 P_C = 0.16）时，同种结构的

基于（包络）条件均值谱的 IDA 方法得到 $S_a(T_1)$ 基本与基于（包络）条件均值谱的条带法得到的 $S_a(T_1)$ 相差不大，最大的相差 $0.036g$（3 层结构）；当倒塌概率为 0.50 时，同种结构的基于（包络）条件均值谱的 IDA 方法得到 $S_a(T_1)$ 基本与基于（包络）条件均值谱的条带法得到的 $S_a(T_1)$ 相差比较大，最小的相差 $0.1176g$（15 层结构包络条件均值谱），最大的相差 $0.15g$（8 层结构）；当倒塌概率为 0.84 时，同种结构的基于（包络）条件均值谱的 IDA 方法得到 $S_a(T_1)$ 基本与基于（包络）条件均值谱的条带法得到的 $S_a(T_1)$ 相差比较大，最小的相差 $0.32g$（3 层结构），最大的相差 $0.48g$（8 层结构条件均值谱）。

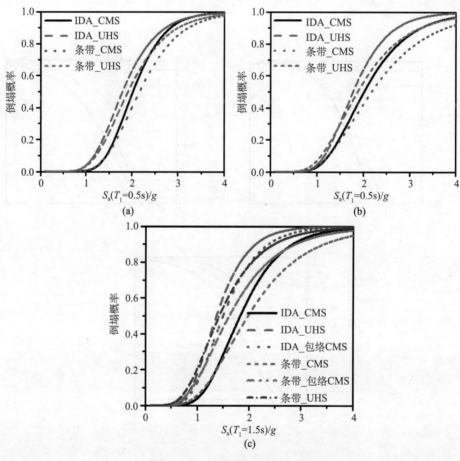

图 6.7 - 4　倒塌易损性概率曲线

（a）$T_1 = 0.5$s；（b）$T_1 = 1.0$s；（c）$T_1 = 1.5$s

表 6.7 - 3　易损性概率矩阵

		$S_a(T_1)$ /g		
		0.16	0.50	0.84
3 层	IDA	1.5578	2.0270	2.6345
	条带法	1.5939	2.1705	2.9553
8 层	IDA	1.3971	2.0166	2.9099
	条带法	1.4208	2.1804	3.3445
15 层	IDA	1.3024	1.8288	2.5678
	条带法	1.3060	1.9804	3.0378
	IDA 包络	1.0523	1.5029	2.1442
	条带法包络	1.0595	1.6205	2.5358

综上所述，基于条带法得到倒塌易损性概率曲线 $S_a(T_1)$ 与基于条件均值谱的 IDA 方法得到的倒塌易损性概率曲线 $S_a(T_1)$ 在低倒塌概率时相差无几，但是随着倒塌概率的增大，两者的 $S_a(T_1)$ 的差值也随着增大，从侧面表明，在高年超越概率水平下，两种方法求解出的倒塌概率差异不大，但是随着年超越概率水平的降低，两种方法求解出的倒塌概率差异逐渐增大。这是由于 IDA 算法中以 50 年超越概率 2% 下的条件均值谱所有的周期点对应的 $S_a(T_1)$ 都是线性调幅，而条带法是根据不同年超越概率水平下的 M-R 建立条件均值谱，条件谱之间不是线性相关性，特别在 T_1 周期点是对数线性关系，这是导致两者差别的主要原因。同时，线性相关性比对数相关性的增幅系数会更大，最后导致在同一个低年超越概率水平下，基于条件均值谱的条带法得到倒塌易损性概率要低于基于条件均值谱的 IDA 方法倒塌概率。

6.7.4　EDHC 计算结果对比

1. 基于条带法 UHS 和 CMS 工况的结构响应参数危险性概率对比分析

三种结构的最大层间位移角概率危险性曲线计算结果如图 6.7 - 5 所示。从图中可知，随着年超越概率水平的降低，CMS（或者包络 CMS）的最大层间位移角差异也会增加，例如 3 层结构在罕遇地震（50 年 2% 年超越概率）和极罕遇地震（50 年 0.5% 年超越概率）时相差分别为 0.0009 和 0.010；其中 15 层结构中，同时也可以看出包络 CMS 的结构概率危险性曲线在不同年超越概率水平下对应的最大层间位移角均高于 CMS，这是考虑多阶振型参与和谱型的差异导致的。

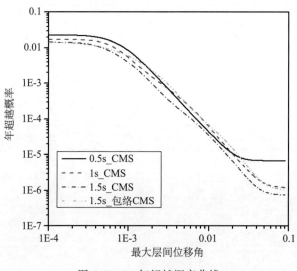

图 6.7-5　年超越概率曲线

　　分别在图 6.7-5 中选取罕遇地震（50 年超越概率 2%）和极罕遇地震（50 年超越概率 0.5%）对应的最大层间位移角，如表 6.7-4 所示。从表中可知，三种结构在两个年超越概率水平的最大层间位移角均小于抗震规范中规定 0.02。

表 6.7-4　年超越概率矩阵

	最大层间位移角					
	3层		8层		15层	
年超越概率	50 年 2% （4×10⁻⁴）	50 年 0.5% （1×10⁻⁴）	50 年 2% （4×10⁻⁴）	50 年 0.5% （1×10⁻⁴）	50 年 2% （4×10⁻⁴）	50 年 0.5% （1×10⁻⁴）
CMS	0.0039	0.007	0.0055	0.0105	0.0029	0.0061
BLCMS	—	—	—	—	0.0041	0.0082

2. 基于条带法和基于 IDA 方法的 CMS 工况结构参数概率危险性对比分析

　　基于条件均值谱的条带法计算出来的结构概率危险性与前面基于 50 年 2% 年超越概率下 CMS 谱的 IDA 计算得到的结构概率危险性进行对比分析，如图 6.7-6 所示。从图中可知，在极罕遇地震概率前，几乎无差异，这也是由于 IDA 算法基于 50 年 2% 年超越概率下 CMS 谱，在一定年超越概率水平范围内的线性调幅的反应谱型与基于不同年超越概率水平的条件均值谱的谱形差异不会太大，以 8 层结构为例，50 年 2% 和 50 年 0.5% 等两个年超越概率水平下最大层间位移角均相差 0.0001。但是随着年超越概率水平的减小，两种算法的差异也会更加明显，这是由于改进 IDA 算法中 50 年 2% 年超越概率水平下的条件均值谱线性缩放，而改进的条带法是根据每个不同的年超越概率水平而构建的。综上，基于 CMS 而改进的

IDA 方法能反应目标场地结构的一定地震概率危险性，而改进的条带法能完全与目标场地的地震危险性相结合。因此，在缺少低年超越概率水平的情况下，选择基于 CMS 的 IDA 方法可以在一定程度上对结构损失进行评估。

表 6.7 - 5　年超越概率矩阵

年超越概率	结构	最大层间位移角			
		CMS-条带法	CMS-IDA	包络 CMS-条带法	包络 CMS-IDA
50 年 2% ($4×10^{-4}$)	3 层	0.0039	0.0039	—	—
	8 层	0.0042	0.0043	—	—
	15 层	0.0029	0.0028	0.0044	0.0041
50 年 0.5% ($1×10^{-4}$)	3 层	0.0070	0.0081	—	—
	8 层	0.0082	0.0083	—	—
	15 层	0.0061	0.0063	0.0082	0.0080

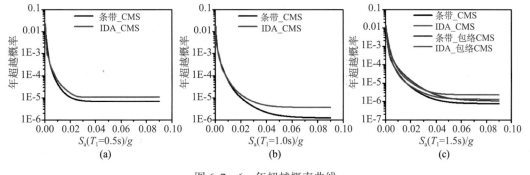

图 6.7 - 6　年超越概率曲线

（a）$T_1 = 0.5\text{s}$；（b）$T_1 = 1.0\text{s}$；（c）$T_1 = 1.5\text{s}$

6.7.5　小结

从中国地震概率危险性分析和衰减关系而构建的条件均值谱出发，将改进的条带法引入到结构倒塌易损性分析中，并与基于改进的 IDA 倒塌易损性方法进行对比分析，发现基于改进条带法的倒塌易损性曲线在同一 $S_a(T_1)$ 水平下均低于 IDA 倒塌易损性曲线。同时这种差异会传递到结构响应参数概率危险性曲线中。这两种方法计算得到的结构响应概率危险性数值基本一致，但是随着年超越概率水平的降低，差异逐渐体现出来，这主要是因为基于条带法的条件均值谱是来自不同年超越概率水平下的，而 IDA 的条件均值谱是基于 50 年 2% 年超越概率下经线性缩放得到。

参考文献

梁兴文、董振平、王应生等，2009，汶川地震中离震中较远地区的高层建筑的震害［J］，地震工程与工程振动，29（1）：24~31

门进杰、史庆轩、陈曦虎，2008，汶川地震对远震区高层建筑造成的震害及设计建议［J］，西安建筑科技大学学报（自然科学版），40（5）：648~653

谢礼立、翟长海，2003，最不利设计地震动研究［J］，地震学报，25（03）：250~261

于晓辉、吕大刚、王光远，2013，关于概率地震需求模型的讨论［J］，工程力学，30（08）：172~179

ATC-63，2008，Quantification of building seismic performance factors［S］，Redwood City：Applied Technology Council

Baker J W，2015，Efficient analytical fragility function fitting using dynamic structural analysis［J］，Earthquake Spectra，31（1）：579-599

Baker J W and Cornell C A，2005，A vector-valued ground motion intensity measure consisting of spectral acceleration and epsilon［J］，Earthquake Engineering and Structural Dynamics，34（10）：1193-1217

Baker J W and Cornell C A，2006，Spectral shape，epsilon and record selection［J］，Earthquake Engineering & Structural Dynamics，35（9）：1077-1095

Bazzurro P，Cornell C A，Shome N et al.，1998，Three proposals for characterizing MDOF nonlinear seismic response［J］，Journal of Structural Engineering，124（11）：1281-1289

Carlton B and Abrahamson N，2014，Issues and approaches for implementing conditional mean spectra in practice［J］，Bulletin of the Seismological Society of America，104（1）：503-512

Cornell C A，Jalayer F，Hamburger R O et al.，2001，The probabilistic basis for the 2000 SAC/FEMA steel moment frame guidelines［J］，Journal of Structural Engineering，128（4）：526-533

Federal Emergency Management Agency，FEMA273，2009，NEHRP Guidelines for the seismic rehabilitation of buildings［R］，California，US：Federal Emergency Management Agency

Fox M J and Sullivan T J，2016，Use of the conditional spectrum to incorporate record-to-record variability in simplified seismic assessment of RC wall buildings［J］，Earthquake Engineering & Structural Dynamics，45（3）：463-482

Goulet C A，Haselton C B，Mitrani-Reiser J et al.，2007，Evaluation of the seismic performance of a code-conforming reinforced-concrete frame building—from seismic hazard to collapse safety and economic losses［J］，Earthquake Engineering & Structural Dynamics，36（13）：1973-1997

Kwong N S and Chopra A K，2016，A Generalized Conditional Mean Spectrum and its application for intensity-based assessments of seismic demands［J］，Earthquake Spectra，33（1）：123-143

Kwong N S，Chopra A K，Mcguire R K，2015a，A framework for the evaluation of ground motion selection and modification procedures［J］，Earthquake Engineering & Structural Dynamics，44（5）：795-815

Kwong N S，Chopra A K，McGuire R K，2015b，Evaluation of ground motion selection and modification procedures using synthetic ground motions［J］，Earthquake Engineering & Structural Dynamics，44（11）：1841-1861

Lin T，Haselton C B，Baker J W，2013，Conditional spectrum-based ground motion selection，Part I：hazard consistency for risk-based assessments［J］，Earthquake Engineering & Structural Dynamics，42（12）：1847-1865

NEHRP Consultants Joint Venture，2011，Selecting and scaling earthquake ground motions for performing response-history analyses [R], NIST GCR 11-917-15, Tech. Rep., National Institute of Standards and Technology, Washington, D. C.

Shome N, Cornell C A, Bazzurro P et al., 1998, Earthquakes, records, and nonlinear responses [J], Earthquake Spectra, 14 (3): 469-500

第七章　服务于韧性城市的地震动输入展望

　　我国作为世界上发生自然灾害最为严重的国家之一，随着经济社会发展和我国新型城镇化战略的实施，人口、财富与生产力都有向大城市（群）和经济带集中的趋势。大城市与城市群内大型基础设施林立，新老建构筑物并存，生命线系统密布，呈现复杂、多样、密集的发展趋势，地震灾害形态、灾情演化和社会影响将更为复杂，应急救灾更为困难，灾害脆弱性已经成为现阶段城镇化进程中制约城市可持续发展的核心问题。因此，在保障地震灾后安全的基础上，衡量现代城市乃至整个社会灾后维持或者恢复原有功能的"韧性"概念更贴近我国现阶段的防灾减灾要求，成为了当前的热门研究课题。2017 年中国将"韧性城乡"列为"国家地震科技创新工程"四大计划之一，也是"自然灾害防治九大工程"建设的重点指导方向，对于提高我国城市抵御地震风险和灾后恢复能力，保障国家重大战略的实施和人民生命财产安全具有重大意义。建设抗震韧性城市的目标是城市和社会能够承受住大地震的袭击而不会瞬间陷入混乱或受到永久性的损害，强调增强区块、部门和维度间的联接，在遇到突发地震事件时或地震后，城市功能和社会经济发展不间断或快速恢复。

　　城市抗震韧性研究涉及地震学、土木工程、计算机科学、人工智能、遥感技术、社会学、经济学、管理学等多学科的相互交叉和综合运用。7.1 节将首先介绍城市抗震韧性的一些基本概念和量化评估的基本框架；抗震韧性设计是基于性态抗震设计的进一步延续和拓展，确定抗震韧性城市的地震动输入应当从以下几方面着手：①抗震韧性设防标准及设防目标。②面向韧性需求的单体重大工程地震动输入；③城市复杂场地和工程环境空间强地震动场。7.2 节将结合韧性城市的具体需求，对韧性城市中的地震动输入工作从这三方面进行展望。7.3 节以我国某城市的燃气管网为实例，展示了考虑地震动输入不确定性的完整的韧性量化评估流程。

7.1　城市抗震韧性

7.1.1　抗震韧性量化框架

　　城市抗震韧性设计理念（Resilience-Based Seismic Design）是基于性态抗震设计的进一步深化与发展，为城市抗震规划和设计提供了一种如何最大限度减轻灾害的指导思想。基于性态抗震设计理念是根据建筑用途、重要性及设防水准制定性能目标，继而进行抗震设计，使结构在未来可能发生的地震下具有预期的性态和安全度，从而将震害损失控制在预期范围。在近十年的大地震中，如 2011 年的东日本"311"地震等，城市在严重地震破坏后重建难度大，时间长，造成的社会影响同样不可忽视。在此背景下，抗震韧性的问题开始得到关注。与基于性态抗震设计思想不同，抗震韧性需要在满足结构性态要求基础上，提高其震后恢复能力，以便尽快恢复正常使用。因此抗震韧性设计不仅需考虑地震时的结构性态，更需考虑其震后恢复性。相较传统设计理念的静态视角，抗震韧性的设计理念提供了一种动态的视角，不仅关注震后的破坏情况，更关注城市震后恢复所需的时间和费用、城市停转造成的间接经济损失以及地震对城市居民的生活造成的影响。此外，基于性态抗震设计多以单体建筑为研究对象，而较少考虑建筑之间，以及建筑与其他系统（如供水、供电、供气等）之间的相互作用。实际上，在现在的城市发展背景下，尤其是大城市中，这种相互依存的级联作用是不可忽视的，这也是抗震韧性设计需要重要关注的问题。

目前影响最大，受众最广的韧性定量评估框架是 Bruneau and Reinhorn（2006）提出的韧性三角形法，此法常用于社区韧性的定量评估。一般认为韧性应该包括四个属性：鲁棒性、快速性、冗余性和资源储备性（Robustness、Rapidity、Redundancy、Resourceful），即4R 属性。各国学者结合具体工程问题在该研究基础上提出各类韧性量化评估方法。目前韧性度量方法发展体现了两个趋势：从单一维度、单一系统向多维度、多系统耦合过渡；从确定性的韧性度量方法逐渐向考虑概率意义的不确定性韧性度量方法发展。

笔者对韧性的定义进行了重新提炼和拓展，认为韧性量化评估应当从以下七要素入手：

$$R(韧性) = R_1(鲁棒性) + R_2(可靠性) + R_3(快速性) + R_4(恢复时长)$$
$$+ R_5(恢复程度) + R_6(恢复策略) + R_7(级联效应)$$

（1）鲁棒性。体系在灾害情况下维持其性能以及抵御冲击的能力。有些韧性定义没有解释韧性实现的机制，许多研究将关注的重点放在系统如何"恢复"，而"吸收"和"适应"破坏性事件的能力也应该被认为是韧性的关键部分。

（2）可靠性。破坏事件发生后瞬时系统性能下降程度。韧性定义中的可靠性通常被认为是衡量其抵御破坏能力的一个重要特征，特别是针对工程系统。现有的韧性评估大多中直接给出破坏后系统最低功能状态，而并未给出破坏时功能下降的过程。

（3）快速性。系统遭受破坏后系统功能恢复的速率。值得注意的是此速率并不是单纯的线性或非线性增长，也并不一定是增长，甚至有可能出现系统功能下降的情况。

（4）恢复时长。当破坏事件发生后，系统性能水平开始下降到恢复至目标性能水平所需的时长。

（5）恢复程度。不仅仅是恢复到灾害前性能水平才能说明系统有韧性，实际情况下系统很可能恢复后低于或者高于灾害前的状态。

（6）恢复策略。即针对不同系统、不同维度的韧性指标，统筹安排作为修复资源的人力、经济和社会等成本，以实现系统性能修复效率的最大化。不同系统、不同对象的修复策略是截然不同的；同时不仅要考虑备灾前准备情况，也要考虑恢复（灾后活动）的作用。

（7）级联效应。即一个维度（系统的某些属性）发生破坏后，会导致其他维度或者系统的破坏。恢复时各个维度、系统之间也相互影响。一个系统的韧性在现实中往往取决于其他系统或者子系统之间的破坏程度和功能的互相依赖程度。现有的韧性研究较少涉及到系统内和系统间的级联效应。

韧性研究主要集中在四个领域：组织领域、经济领域、社会领域和工程领域，四个领域的韧性内涵如表 7.1 - 1。

表 7.1 - 1 韧性在四大领域的定义内涵

研究领域	韧性内涵
组织领域	系统保持或恢复稳定状态的固有能力，从而使其在破坏性事件或持续压力下能够继续正常运营
经济领域	使企业和地区能最大限度避免经济损失的内在能力和适应能力
社会领域	预测社会潜在风险、并规避限不利后果的能力，适应和迅速恢复社会正常生产生活秩序的能力
工程领域	承载系统在不中断其功能的情况下承受外部和内部破坏的能力，或者系统功能中断后，可以快速完全恢复功能的能力

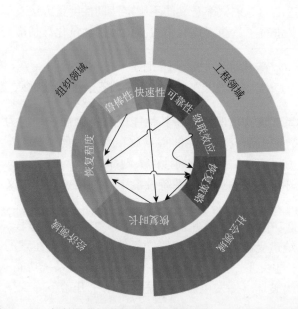

图 7.1 - 1 韧性量化评价七要素与四个领域之间的关系示意图

本章提出的韧性七要素之间互相影响，和韧性的四个领域的关系如图 7.1 - 1 所示。其中鲁棒性、快速性和可靠性既影响组织领域又影响工程领域；恢复程度影响组织领域和经济领域；恢复时长影响经济领域和社会领域；级联效应和恢复策略则影响工程领域和社会领域。七要素对韧性四个领域的影响既有交叉又有重叠，这是因为七要素之间存在着内在联系，它们互相影响互相作用，共同组成了系统的韧性。如鲁棒性、可靠性决定了恢复程度；快速性和恢复策略决定了恢复时长；级联效应影响了恢复策略；而恢复时长也影响着恢复程度；决策者也会根据恢复程度和恢复时长及时调整恢复策略。

对于我国工程抗震韧性和"韧性城市"或"韧性城乡"概念，我国已有学者做了系统梳理和总结：如陆新征等（2017）指出建设韧性城乡的主要挑战与关注问题；翟长海等（2018）阐明了城市抗震韧性的定义，系统总结了城市抗震韧性评估的国内外研究现状，并提出了建设抗震韧性城市所涉及到的科学技术问题及韧性能力提升策略。毕熙荣等（2020）对国内外工程抗震韧性定量评估方法的研究进展进行了整理和综述。

7.1.2　韧性量化评估模型

现有的韧性定量评估方法通过是否考虑不确定性可以分为两类。考虑不确定性的方法是考虑系统行为相关各事件或要素的随机性或者发生概率，而确定性定量评估的各个度量标准都是确定的。下面将逐一阐述较有代表性的几种韧性定量评估方法。

1. 确定性韧性度量方法

性能响应函数法（PRF，Performance response function method）是发展较早，应用范围较广泛的一种韧性定量评估方法，是最早应用到工程领域的定量评估方法之一，该方法的优点是能同时融合系统破坏程度和恢复时间等指标。采用 PRF 方法，首先根据韧性定义选取评价指标，其次给出工程系统在地震作用下的韧性评价指标和性能恢复曲线，韧性恢复函数常见的有三种类型：直线型、指数型和三角函数型。

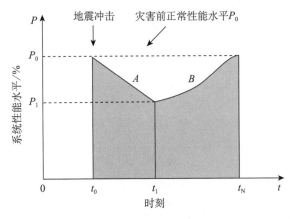

图 7.1-2　地震后性能恢复曲线

由图 7.1-2 可知 P_0-P_1 为鲁棒性，B 曲线斜率为快速性，P_1 为破坏程度，t_N-t_1 为恢复时间。PRF 法进行工程韧性定量研究的韧性公式为

$$R = A_F/A_N = \int_{t_0}^{t_N} F(t)\,\mathrm{d}t \Big/ \int_{t_0}^{t_N} N(t)\,\mathrm{d}t \qquad (7.1-1)$$

式中，$F(t)$ 为目标体系在地震后的性能响应函数；$N(t)$ 为目标体系正常运行时的性能响应函数，一般做常数化处理。

　　Bruneau et al.（2003）在韧性三角形模型中定义了韧性的四个属性：①鲁棒性，即系统的强度，或在发生破坏性事件时防止系统损坏的能力；②快速性，系统中断后恢复到其原始状态或至少恢复到可正常运行的速度或速率；③资源储备性，在紧急情况下调动所需资源和服务的能力；④冗余度，系统将中断的可能性和影响降到最低的程度。在此基础上，他们提出了一个确定性静态指标，用式（7.1-2）评估社区对地震的韧性损失 RL：

$$RL = \int_{t_0}^{t_1} \left[100 - Q(t) \right] \mathrm{d}t \tag{7.1-2}$$

式中，t_0 为系统中断发生的时间；t_1 为社区恢复到正常中断前状态的时间；$Q(t)$ 表示社区重大工程在 t 时刻的性能指标。

　　在该方法中，将退化的内部结构性能与目标系统性能（100%）进行比较。如图 7.1-3 所示，阴影区面积即 RL，RL 值越大表示韧性越低，RL 值越低表示韧性越高。该方法的优点是具有较广的适用性和使用范围。因为 $Q(t)$ 具有普适性，使其不仅可以用于计算地震后重大工程的韧性，还可以扩展到许多系统。韧性三角形模型的一个优势是其通用性，但该模型仍有不足，提出的指标假设社区重大工程的性能在地震前是 100%，但这通常与实际情况相悖；即使无量纲化处理重大工程性能，与 RL 相关的区域是决策者难以量化的一个度量标准；且必须满足假定破坏性事件只具有瞬时影响，恢复工作是破坏发生后立即开始等条件。这是韧性研究中较早被广泛认可的韧性评估方法，应用广泛，多数定量评估方法是由此方法演变来的。

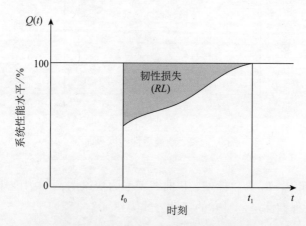

图 7.1-3　韧性三角形度量法示意图

　　Zobel et al.（2014）以此方法为基础，提出了韧性改进型度量方法为，计算某一适当长时间间隔 T^* 内系统总损失的百分比：

$$R(X, T) = \frac{T^* - XT/2}{T^*} \times 100\% = \left(1 - \frac{XT}{2T^*}\right) \times 100\% \qquad (7.1 - 3)$$

式中，$X \in [0, 1]$ 为系统中断后功能损失的百分比；$T \in [0, T^*]$ 为完全恢复所需的时间；T^* 为确定功能损失程度所需的适当长时间间隔。该方法可以通过 X 和 T 的组合得到系统性能指标，相比于传统的韧性三角形方法，该方法可以通过设定功能损失和恢复时间之间的关系式，实现韧性恢复过程的"可视化"。

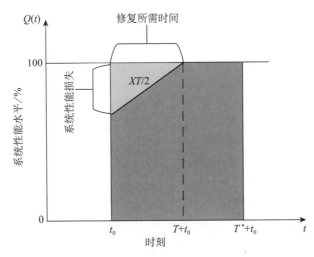

图 7.1 - 4　改进型韧性度量方法示意图

图 7.1 - 4 中，单个突发事件的总损失可以用三角形面积 ($XT/2$) 来表示。Zobel and Khansa (2014) 随后扩展了式 (7.1 - 3) 的适用范围，用以度量多个连续破坏性事件的恢复过程。该度量方法的优点是具有较高的简便性，但其韧性曲线呈线性变化，这一现象不适于一些系统。此外，当发生破坏时系统性能的下降是瞬时的，这对于一些系统是正确的，但是随着时间的推移，一些系统的性能可能会继续出现更缓慢的下降。

为了解决该问题，Henry and Ramirez-Marquez (2012) 在 Bruneau 韧性三角基础上提出了一个时间相关的韧性指标，将韧性量化为恢复与损失的比率。即假定系统在某一时刻的性能水平是用性能函数 $\varphi(t)$ 来度量，图 7.1 - 5 中展示了三种对量化韧性很重要的系统状态：①稳定的初始状态，代表系统中断发生之前的正常功能水平，开始时间 t_0 和结束时间 t_e。②中断状态，这是由 t_e 时刻的一个破坏性事件 (e^j) 引起的，它的影响一直持续到 t_d 时刻，描述了 t_d 到 t_s 期间系统的性能。③稳定恢复状态，即当在 t_s 时刻，恢复操作已经结束。韧性的重要属性如图 7.1 - 5 所示，包括可靠性 (reliability)（系统在中断前维持正常运行的能力）、易损性 (vulnerability)　（在 e^j 事件后，系统能够避免最初的影响）和可恢复性 (recoverability)（系统从 e^j 事件中及时恢复的能力）。

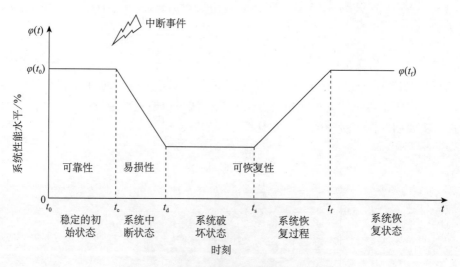

图 7.1－5　时间指标法韧性度量法示意图

上述方法默认灾害发生后系统性能下降是瞬时的，而实际上灾害发生后系统性能下降是一个过程，即图 7.1－5 中 t_e 到 t_d 的过程。Whitson and Ramires-Marquez（2009）指出韧性行为 $Я(t \mid e^j)$ 是事件 e^j 的一个功能函数，Henry 对此方法也进行了研究。见式（7.1－4），其中分子表示到时间 t 时恢复的情况，而分母表示由于中断事件 e^j 而造成的总损失。作者还计算了系统恢复后的总成本和恢复行动的实施成本，以及由于系统不能运行而导致的中断所造成的损失成本。Henry 基于公式（7.1－4）中韧性测量和规划的基础上，开发了有关系统状态转换的韧性测量方法。

$$Я(t \mid e^j) = \frac{\varphi(t \mid e^j) - \varphi(t_d \mid e^j)}{\varphi(t_0) - \varphi(t_d \mid e^j)} \qquad (7.1-4)$$

为了将韧性与瞬时最大扰动联系起来，Orwin and Wardle（2004）引入了一个测量指标，如式（7.1－5）所示。E_{max} 为不扰动系统功能的最大可吸收力强度，E_j 为扰动对 T_j 时刻安全的影响大小。T_j 时刻的瞬时韧性可以取 0 到 1 之间的值，其中值 1 表示系统的最大韧性。当扰动冲击完全恢复时（$E=0$），可获得最大韧性。但该方法没有考虑恢复程度和恢复时间，所以可能导致对于具有不同恢复时间的两个系统，可能得到相同的韧性值，这一现象与实际预期相悖；且该方法无法进行系统的动态恢复分析。

$$\text{Resilience} = \left(\frac{2 \times |E_{max}|}{|E_{max}| + |E_j|} \right) - 1 \qquad (7.1-5)$$

2. 考虑不确定性的韧性度量方法

概率性韧性度量方法主要是通过引入概率运算，将系统功能损坏和恢复转化成概率问题，从而更准确地度量韧性。Chang and Shinozuka（2004）通过条件概率评估韧性，该方法通过引入性能损失和恢复时间来衡量韧性优劣。同时，作者将韧性定义为系统在发生中断后初始性能损失小于最大可接受性能损失和完全恢复时间小于最大可接受中断时间的概率，见式（7.1-6）。式中，A 表示集合的性能标准；r^* 为系统性能的最大可接受损失；t^* 为中断的最大可接受恢复时间。Chang and Shinozuka（2014）应用此方法测量地震后重大工程和社区的韧性，其优点是可以应用于任意系统并体现出韧性量化中的不确定性。

$$R = P(A \mid i) = P(r_0 < r^*,\ t_0 < t^*) \tag{7.1-6}$$

Youn et al.（2011）将韧性指标分成两部分：破坏后的被动生存率（可靠性）和主动生存率（恢复），分别对应了系统缓解受灾被破坏能力和应急恢复策略。

$$\psi(\text{resilience}) = R(\text{reliability}) + \rho(\text{restoration}) \tag{7.1-7}$$

韧性具体定义如式 7.1-8 所示，式中韧性定义中的可靠性恢复的程度，包含了系统故障事件 E_{sf}、正确诊断事件 E_{cd}、正确预后事件 E_{cp} 和成功恢复动作事件 E_{mr} 的联合概率。

$$\rho = P(E_{mr} \mid E_{cp}E_{cd}E_{sf}) \times P(E_{cp} \mid E_{cd}E_{sf}) \times P(E_{cd} \mid E_{sf}) \times P(E_{sf}) \tag{7.1-8}$$

该方法的特点是，韧性公式包含了可靠性条件，即防止破坏发生的预防措施作为量化韧性的一个组成部分，而大多数其他韧性评估指标仅为一个包含初始影响水平和恢复时间的函数。值得注意的是，这个度量是以 [0, 1] 为界的。当恢复过程没有发生时，取 0，当系统完全恢复时，取其上限值 1。该韧性公式的优势在于考虑灾前和灾后活动。上式表明恢复过程与时间无关，因此不需考虑恢复的时长。由于此方法包含了可靠性，这种度量方式更适用于测量工程系统的韧性，因为通过故障测试研究可以更有效地计算工程系统的可靠性。其局限性是条件概率的计算较复杂。特别是当第一次发生中断时，用专家评估法对条件概率的计算容易出现主观失误，从而导致韧性估计出现偏差。

Ouyang et al.（2012）提出了一种度量多灾害事件下"年度韧性"度量方法，如式（7.1-9）所示。该方法的主要度量标准是实际性能曲线 $P(t)$ 和时间轴 t 之间的面积与目标性能曲线 $TP(t)$ 和时间轴之间的面积（恢复时间设定为一年）的平均比率。AR 是一个随机度量，因为 $P(t)$ 是基于一个随机过程建模，而 $TP(t)$ 可以表示为一个随机过程或某个确定性函数。$N(t)$ 可以包含多种危害 $\sum_{n=1}^{N(T)} AIA_n(t_n)$ 项，其中 n 为第 n 次事件，$N(t)$ 为 T 期间发生的事件总数，t_n 为描述第 n 次事件发生时间的随机变量，$AIA_n(t_n)$ 为第 n 次事件的 $P(t)$ 和 $TP(t)$ 之间的面积。作者考虑了不同类型的中断情况，使该方法更适用于实际应用。此方法的优点是将目标性能曲线模型化为随机过程，从而引入不确定性。

$$AR = E\left[\frac{\int_0^T P(t)\,\mathrm{d}t}{\int_0^T TP(t)\,\mathrm{d}t}\right] = E\left[\frac{\int_0^T TP(t)\,\mathrm{d}t - \sum_{n=1}^{N(T)} AIA_n(t_n)}{\int_0^T TP(t)\,\mathrm{d}t}\right] \qquad (7.1-9)$$

Franchin and Cavalieri（2015）提出了一种评估地震中供电，供水，交通路网等具有空间分布特征的工程韧性概率指标。他们对韧性的定义是基于重大工程网络空间分布的效率。重大工程网络中两个节点的效率与最短距离成反比。韧性指标如式（7.1-10）所示，其中 P_D 为无法居住的人口比例；E_D 为地震前城市网络的功效；P_r 为流离失所人口的安置进度，以此来测度系统的韧性恢复进度；$E(P_r)$ 为流离失所人口比例的恢复曲线。在他们的研究中，城市道路网的效率是用人口密度来衡量的。

$$F = \frac{1}{P_D E_D}\int_0^{P_D} E(P_r)\,\mathrm{d}P_r \qquad (7.1-10)$$

由于 P_D 的随机性，式（7.1-10）中的度量是概率性的，由于使用 P_D 和 E_D 进行归一化，因此韧性值被限制在 0 到 1 之间。这个指标的优点是不仅可以评估公路网的韧性，在合适效率函数条件下，该指标还适用于其他重大工程，如电力和供水网络等。并且可以采用动态模型对 P_D 进行建模。

一个宏观城市或社区的功能恢复本质是大量子系统构成的。判断其在一个局部破坏下的恢复状态，建立适用于特性工程系统、具体破坏状态下的灾后恢复模型和定量评估方法，能够得到更准确的判断依据和恢复力模型，这对于灾后快速恢复以及资源调度规划具有重要的实践价值。如清华大学陆新征团队（方东平等（2020））系统提出的社区韧性定量评价方法，以清华园社区为例开展的地震安全韧性评估工作，具体包括①社区韧性评估体系；②建筑系统韧性评估；③交通系统韧性评估；④生命线系统韧性评估；⑤非实体系统韧性评估，并开发了相应的系统平台。上述研究成果仅针对清华园社区开展研究，如果将更大范围的区域或者城市看成一个整体，不仅计算的复杂程度要大很多，各个系统之间的级联效应也将更加不可忽视。尽管如此该文献所建立的定量评估方法提供了对于评估城市或者宏观社区抗震韧性的一个可行框架和思路。

对于具体工程结构，已有学者对城市基础设施管网系统（电力，供水，燃气，交通等）和工程结构（桥梁、建筑等）等的韧性进行了相关研究。电网、供水、燃气和交通等网络系统其韧性评估的基本框架是相似的，都涉及到网络连通性这一概念，局部破坏会相互影响、并影响到整体的性能恢复。李亚等（2016）根据 Bruneau 等提出的韧性定量评估方法对城市供水系统的韧性进行了评估；李倩等（2019）结合国内外相关研究成果，对供水系统地震韧性的评价方法做了系统综述。对于供电网状系统，孙江玉等（2018）对已有的地震灾害下电网性能研究进行了系统综述，目前，我国燃气管网抗震韧性相关研究较为薄弱，虽然交通、供水和电力系统等均有一定的研究成果，但是考虑维度较为单一，结合具体城市和工程实例的分析成果较少，和国外在该领域的研究差距较大。

将韧性概念应用到相应的单体工程结构上，能够在灾后保障生命安全的前提下，实现工程结构震后的快速并降低成本的震后恢复。从而尽可能降低震后灾害损失和影响，保证功能不中断或尽快恢复。周颖等（2019）从设防目标、规范标准、结构体系、设计方法、性能指标以及工程应用等方面阐述可恢复功能结构的特点及其与传统抗震结构的区别。韩建平等（2018）基于功能恢复能力的概念，建立了结构体系的地震损失模型，实现自复位结构体系的抗震性能分析即定量评估；吕西林等（2019）对可恢复功能防震结构进行了总结，并致力于提出更多的可恢复功能防震结构新体系并形成统一的设计规范；戴君武团队（宁晓晴、戴君武，2017）对地震可恢复性的评价方法进行梳理总结，对地震可恢复性以及相关联的非结构系统性态抗震研究发展方向提出了建议。目前，我国在工程结构领域的可恢复研究较多，目前已形成一定的研究体系和评价标准，但是对于工程实例仍然缺少应用和验证。且由于我国国情复杂地域广阔，国内韧性研究仍未形成权威统一的定量评价指标体系。基于不同工程系统，建立适用于我国国情的韧性定量评估方法及评价体系，对我国的灾后分析、设施恢复重建，具有重要的参考价值。

7.2　抗震韧性城市设计地震动输入

由于抗震韧性设计是基于性态抗震设计的进一步延续和拓展，确定抗震韧性城市的设计地震动应当重点关注以下几方面：①抗震韧性设防标准及设防目标；②面向韧性需求的单体重大工程地震动输入；③城市复杂场地和工程环境空间强地震动场。

7.2.1　抗震韧性设防标准及设防目标

《建筑抗震设计规范》（GB 50011—2010）中规定了三个设防水准，从小到大分别对应于多遇地震、基本地震和罕遇地震，相应的设防目标分别为不坏、可修和不倒，其他工程抗震设计规范亦基于工程重要性和灾害后果，提出了不同的设防水准和设防目标。现有的设防水准和设防目标主要以控制地震人员伤亡为主要目标，并没有考虑地震经济损失、功能丧失程度、恢复时间等对于城市抗震韧性水平至关重要的指标。《中国地震动参数区划图》（GB 18306—2015）在现有三个设防水准的基础上增加了极罕遇地震这一设防水准。

第一水准（多遇地震）对应于设计基准期 50 年，超越概率 63% 的地震动；第二水准（基本地震）对应于设计基准期 50 年，超越概率 10% 的地震动；第三水准（罕遇地震）对应于设计基准期 50 年，超越概率 2% 的地震动；第四水准（极罕遇地震）对应于设计基准期 50 年，超越概率 0.01% 的地震动。与四水准地震相对应的地震动设计参数见表 7.2 - 1、表 7.2 - 2。

表 7.2-1　四水准地震动水平地震影响系数最大值 α_{max}

地震水准	6 度	7 度	8 度	9 度
第一水准	0.04	0.08 (0.12)	0.16 (0.24)	0.32
第二水准	0.12	0.23 (0.34)	0.45 (0.68)	0.90
第三水准	0.28	0.50 (0.72)	0.90 (1.20)	1.40
第四水准	0.36	0.70 (1.00)	1.35 (2.00)	2.70

表 7.2-2　四水准地震动加速度时程曲线最大值（cm/s²）

地震水准	6 度	7 度	8 度	9 度
第一水准	18	35 (55)	70 (110)	140
第二水准	49	98 (147)	196 (294)	392
第三水准	125	220 (310)	400 (510)	620
第四水准	147	294 (441)	588 (882)	1176

　　采用四水准地震动的目的是提高可恢复功能结构的设计性能目标。《建筑抗震设计规范》（GB 50011—2010）以"小震不坏、中震可修、大震不倒"为性能目标，由于可恢复功能结构具有较传统抗震结构体系更优越的性能，因此对于可恢复功能结构的抗震性能目标宜由传统的"抗倒塌设计"向"可恢复功能设计"转变。因此，结合四水准地震动，对可恢复功能结构体系提出相应的四水准性能目标，即"小震及中震不坏、大震可更换/可修复、巨震不倒塌"。由表 7.2-3、表 7.2-4 可以看出，可恢复功能结构的抗震性能目标较传统抗震结构有显著提升。

表 7.2-3　四水准抗震设防目标

结构体系	抗震性能水准			
	第一水准	第二水准	第三水准	第四水准
传统结构	充分运行	基本运行	生命安全	—
可恢复功能结构	充分运行	充分运行	更换后可使用/修复后可使用	生命安全

表 7.2-4　四水准抗震性能定性描述

抗震性能水准	性能描述
充分运行	建筑的功能在地震时或震后能继续保持，结构构件与非结构构件可能有轻微的破坏，但建筑结构完好
基本运行	建筑的基本功能不受影响，结构的关键和重要部件以及室内物品未遭破坏，结构可能损坏，但经一般修理或不需要修理仍可继续使用

抗震性能水准	性能描述
更换后可使用	结构遭受一定损伤。损伤部位为可更换构件，更换后结构可快速恢复正常使用功能
修复后可使用	结构遭受一定损伤，使用功能受到一定影响，损伤和残余变形在可恢复范围内，花费合理的费用即可修复
生命安全	建筑的基本功能受到影响，主体结构有较重破坏但不影响承重，非结部件可能坠落，但不致伤人，生命安全能得到保障

　　抗震韧性城市的建设旨在实现城市系统性的抗震韧性，而不是追求不同工程的一致抗震韧性，这表明不同的城市工程可以依据其重要性赋予其不同的设防标准和设防目标，相应的研究需要从城市系统的角度出发考虑不同工程对城市功能的影响程度。因此，城市工程抗震韧性设防标准及设防目标的确定需要以城市系统功能为目标，并考虑不同工程对城市系统功能的影响程度。

7.2.2　单体重大工程结构抗震韧性地震动输入

　　本质上韧性工程和新一代性态工程对单体建筑的地震动输入基本要求或者说出发点是基本一致的，本书强调的危险一致性和参数完备性同样是面向韧性工程地震动输入的两大考虑要素，而且具有更重要的意义。

　　抗震规范目标谱指导下的地震动输入并不适合抗震韧性分析，这是因为现有的设防水准和设防目标并不以韧性指标作为出发点，而且宏观地区的抗震规范目标谱无法精细体现目标场址的地震动危险性特性，所以为目标重大工程抗震韧性提供与场址地震动危险性一致的地震动输入显得十分重要，这也是与新一代抗震韧性设防标准及设防目标相契合的重要研究内容。危险一致性是保证记录选取结果可以和概率地震危险性分析相衔接的前提，韧性工程比性态地震工程更加强调与地震危险性分析工作的衔接，更重视目标结构所在场址的地震动危险性特性，要求在地震需求建模层面上给出与目标场点危险性一致的记录选取结果，第六章所用到的记录选取方法和结构需求指标危险性曲线建模思路同样可以用在单体建筑结构抗震韧性评估上。

　　城市韧性工程更加侧重于地震作用之后保证建构筑物的功能能够正常使用或者快速恢复，确定地震动控制性参数时考虑建构筑物的功能是需要重点关注的问题。参数完备性除了保证结构响应准确估计和结果鲁棒外，也是抗震韧性评价的重要基础。现在的重大建筑工程都是由复杂系统构成，不能仅仅由单个结构响应指标（如层间位移角、底部剪力等）来刻画其功能损失情况。如对于结构保持正常功能非常重要的非结构构件，并不适合都采用最大层间位移角来刻画其损伤情况，参考美国 HAZUS 规范，将影响建筑结构的主要非结构构件可以分为位移敏感型（drift-sensitive）非结构构件（如填充墙等）和加速度敏感型（acceleration-sensitive）非结构构件（如建筑机电设备等），对于后者采用最大楼面加速度就是更为推荐的工程需求指标。当抗震韧性分析需要综合分析多个非结构构件和结构构件的破坏情况以及恢复能力时，需要同时评估多指标下的结构与非结构构件地震易损性，进而全面评估建筑在给定地震强度下功能退化的程度与概率。除了引入多维性能极限理论，采用逻辑树综合判断等手段外，能够同时考虑多个地震动 *IM* 指标的地震动输入方案在单体结构韧性分析中也显得更加重要，考虑单个 *IM* 指标的传统强震动记录选取方案在这种情况下局限性会进一步放大。此外，广义 *IM* 指标不仅仅包含体现频谱成分的 *IM* 指标（如加速度谱、峰值加速度、谱烈度等），对于考虑地震动累积能量效应以及脉冲特征的 *IM* 指标同样也包含其中。以速度脉冲地震动为例，如本书前面章节所述，其对于中、长周期结构（大跨桥梁）可能产生比较大的破坏性作用，而且近断层地震动含有的高频成分和长周期脉冲同样会对减震结构、隔震结构等造成传统隔震设计之外的考验。隔震结构是单体结构抗震韧性实现的主要手段与装置，由于隔震体系使结构的自振周期增大，一方面保护了结构免受高频和高峰值加速度的破坏，另一方面长周期地震动将会增加隔震结构的响应。随着隔震结构的推广，近断层地震动速度脉冲对隔震结构影响研究越来越受到更多国内外学者的广泛关注。而对应的地震动输入方案如果还是仅仅采用集集地震等少数的大震脉冲记录进行分析无疑是远远无法适应抗震韧性对隔震结构的要求的，通过将脉冲周期，*PGV* 等与脉冲特征相关的 *IM* 指标提炼出来作为地震动选取依据是解决这一问题的根本。因此，同时综合评估在目标危险性水平下多个 *IM* 指标下的结构响应成为了抗震韧性的重要需求，兼顾地震动危险一致性与参数完备性的广义 *IM* 指标记录选取方案在该问题上有广阔的运用前景。

此外，随着城市工程的不断大型化、密集化，各种动力特性迥异的建构筑物共存于相对狭小的城市空间，地震动控制性参数的研究中考虑不同建、构筑物动力特性以及相互影响是下一步研究的重点，对于地震动输入来说在危险一致性与参数完备性的基础上提出了更高层次的要求。

7.2.3　城市复杂场地空间地震动场构建

由于许多巨型、大型城市常常处于复杂场地中，城市抗震韧性的研究需要构建相应复杂场地的地震动场。强地震动场的建立涉及震源机制、地震波在复杂介质中的传播、局部场地条件影响三方面的一系列基本问题。地震动空间地震动场构建分为统计尺度和物理尺度等两个层次。

统计尺度下的地震动场构建是指通过实测强震动记录观测数据，建立考虑震源、传播、局部场地效应地震动预测模型方程。可以快速预估目标场址在特定震级下的地震动强度参数。据不完全统计，1964～2019 年国际上正式发表的基于观测数据经验方法或模拟方法建立的 GMPE 约有近千个，这些预测方程主要集中于强地震动观测记录充足的美国西部、日本、环地中海等地区。目前最先进的地震动预测方程是美国太平洋地震工程中心（PEER）2003 年开始研发的 NGA 项目。我国地震动预测方程的研究始于 20 世纪 80 年代，利用我国部分区域（例如：云南、四川等）或者特定地震序列（例如：汶川地震等）的有限强震动观测记录或测震记录建立了 GMPE，中国地震局在编制全国地震动参数区划图的工作中采用烈度转换方法构建了分区的 GMPE。近 10 年我国西部地区已累积了 12000 余组强震动观测数据，相应预测方程的研究也在陆续开展中。

以生命线燃气管网系统抗震韧性研究中的地震动输入环节为例。传统大多采用《中国地震动参数区划图》或 GB 50032—2003《室外给水排水和燃气热力工程抗震设计规范》中规定的地震动参数对城市的地震动参数进行宏观估计，并且采用 PGV 与 PGA 的统计近似关系对场地 PGV 进行换算。但是这种评估方式除了刻画当地场址地震动危险性特征过于粗糙外，由于城市燃气管网系统相较单一设施来说其研究尺度一般在数百甚至上千平方千米，最关键的缺陷是无法体现燃气管网系统不同位置的地震动差异与不确定性，对于燃气管网的韧性量化计算来说是极大的障碍。2014 年，Simona Esposito 等在进行燃气管网的地震风险评估时，提出了采用地面运动预测方程（GMPE）来评估意大利中部阿奎拉市的燃气管网各位置的地震动强度。可以较好刻画某次地震发生时不同位置的地震动差异性与不确定性。笔者所在团队以华北某城市为算例，基于地震动预测方程（GMPE）作为输入依据，通过蒙特卡罗模拟方法给出了考虑地震动不确定性的城市燃气管网连通性评估和韧性量化指标计算方法，在目标震级下，基于地震动预测方程（GMPE）确定燃气管网各点的输入地震动强度指标（峰值加速度 PGA 和峰值速度 PGV），同时采用正态分布抽样来模拟随机误差变量的分布以体现不确定性。在接下来每一次蒙特卡罗模拟中均重复该过程。在大量的蒙特卡罗模拟次数下，计算结果较好体现了不同震级下燃气管网的连通性损失情况，同时可以确定对连通易损性贡献较大的重要源点。通过对比发现，考虑地震动的不确定性后，该市燃气管网在不同震级下连通性能超过某破坏状态的概率比不考虑地震动不确定性的结果偏大。该研究表明地震动不确定性在地震动场构建中是应当引起重视的一个重要环节。7.3 节给出了完整的城市燃气管网韧性三维度量化评估算例。

除了地震动自身的不确定性外，另一个需要考虑的就是第五章广义条件目标谱中强调的各个 IM 指标的危险一致性。对于由多个子系统构成的复杂空间系统（管网，城市等）而言，各个子系统地震响应的主要控制 IM 指标是存在差异的。还以燃气管网系统为例说明该问题，燃气管网功能的正常实现需要调压站和管线都正常运行，对于调压站而言，其控制 IM 是 PGA，但是对于输气管线响应起控制作用的是峰值速度 PGV。那么在构建地震动空间输入时，同样应当引入条件 IM 指标的概念，以保证对于同一地点，不同子系统的控制 IM 是在同一地震危险性水平下相容的。当确定了目标地震动危险性水平后，第五章所提到的广义条件目标谱可以有效通过地震动预测方程和各个 IM 指标之间的相关系数预测方程构建目标区域的空间 IM 联合概率分布。

物理尺度下的地震动场构建是指通过建立震源和地震动传播介质的数理模型，实现已知（未知）的强震动记录时程模拟。和 GMPE 相比，其包含的震源和传播路径信息更加丰富，对于再现房屋建筑震害，研究现代建筑的破坏机理具有关键的参考作用，也是超高、超限等大型重要建筑时程分析的必须要求，是全链条地震效应重构和仿真的重要基础与输入。目前国内外主要采用震源运动学模型用于工程强震动记录输入模拟，包括确定性和随机性方法两种。其中，随机有限断层法针对目标场址可能发生的未来大地震，基于发震构造用经验公式随机确定大地震断层长度、宽度、地震矩和滑动分布等参数的概率分布，能够较好地反映高频地震动的随机性，模拟近场和大震高频成分地震动效果较好。随着活动断层探测技术不断向着高密度、高精度、大规模、大数据体等方向发展，包括陆域大吨位主动源活断层探测、海域气枪震源活断层探测、机载 LiDAR 活断层探察、活断层定年系统等，近十几年国际上利用有限断层模型开展地震动场模拟和预测的相关技术已经较为成熟，在美国南加州地震中心开发的 Cybershake 平台，USGS 的 Shakemap 系统中均有应用。目前我国主要城市已经积累了较为丰富的活动断层探测资料和相关研究成果，如中国地震局地质研究所开发的"全国活动断层展示系统"等，这些资料为我国开展近场地震动模拟提供了重要的基础数据。

目前相关研究主要集中于弹性复杂场地的地震动场的建立，非线性范围的研究则一直进展有限，主要受限于复杂场地特性探测数据的匮乏以及超大规模数值模拟所需的计算机容量和计算效率。城市大量建构筑物的存在极大地改变了原有自由场地条件下的地震动特征，基于自由场地记录统计得到的规律是否适用于城市工程还不得而知。城市工程环境下强震动特征的研究主要基于数值模拟和强震观测记录进行。数值模拟方面，将城市场地与各种建构筑物作为一个载体，通过数值方法研究地震动的传播、自由场地的地震反应以及城市建构筑物存在情况下场地的地震反应，从而获得工程环境对城市大尺度场地地震动场的影响规律，目前研究主要集中于弹性场地条件，真实的非线性场地的研究是未来的研究趋势。有必要研究复杂地形（山脉、河流等）、地质构造（隧道、断裂带等）、断层结构中的地震波传播规律，实现平坦场地和复杂地形场地的大规模地震动场数值模拟作为重大工程地震反应分析的地震动输入。还有就是基于强震观测记录进行统计分析方面的研究，如利用我国大陆地区凉城台阵、台湾地区 LSST 和 SMART 台阵记录，研究地震动的空间变化特性，给出不同场地类别的三维相干函数模型，利用实测强震动记录构建工程场地多点地震动场；以震源—传播路径—局部场地反应物理机制为基础，建立以地震动非平稳特性空间变化规律为基础的多点地震动场相关性描述模型和生成。还有就是通过在大型建构筑物及其附近自由场地安装地震动台站，分析比较自由场地记录与大型建构筑物监测数据的差异，研究并揭示大型建构筑物存在对地震动场的影响，这方面研究更适用于探究工程环境对局部场地效应的影响。

7.3 城市燃气管网韧性评估算例

为了量化评估城市燃气管网系统的抗震韧性，并充分考虑地震动输入、管网连通性能评估，以及修复过程三个方面的不确定性，本章提出了技术维度、组织维度、社会维度下的燃气管网抗震韧性定量评估流程。首先，衔接地震动预测方程（GMPE）输入，基于蒙特卡罗模拟对燃气管网连通性进行计算。进而通过随机模拟修复资源分配求得燃气管网在每次模拟破坏工况下的实时修复进程。最后给出三维度下的性能恢复曲线，并计算对应的震后性能、修复速率和恢复力等指标。重复该步骤 N 次，即可依据 N 个计算结果作为样本进行上述指标的期望估计，以及计算各个性能水平恢复时间的概率分布。基于上述流程以我国华北某城市燃气管网作为实例进行抗震韧性定量评估。

7.3.1 基于 GMPE 的燃气管网空间地震动强度分布

如上一节所述，由于城市燃气管网系统相较单一设施来说其研究尺度一般在数百甚至上千平方千米，其连通易损性分析的关键是要合理评估管网系统不同位置的地震动强度（如峰值加速度、峰值速度等），并且需要考虑地震动自身的不确定性。如果以该地某一历史地震或者目标活跃断层的位置作为假想震源，则该城市燃气管网各节点的地震动强度可以根据适用于该城市或区域的地震动预测方程进行评估计算。

我国强震观测数据由于起步较晚积累有限，目前全国大部分地区仍不足以用强震动记录数据直接回归得到地震动预测方程，目前包括 GB 18306—2015《中国地震动参数区划图》在内的中国 GMPE 研究仍主要采用转换方法建立分区预测方程，即在我国各区烈度衰减关系的基础上，选择强震动记录丰富的美国西部作为参考，通过转换得到适用我国的各分区地震动预测方程。由于以烈度衰减关系作为基础，转换方法得到的地震动预测方程通常采用长短轴椭圆模型。

本章采用了目前地震安全性评价工程中广泛使用的霍俊荣地震动土层预测方程进行计算，长、短轴采用的预测方程模型如下：

$$\lg Y = C_1 + C_2 M + C_4 \cdot \lg [R + C_5 \cdot \exp(C_6 \cdot M)] + \varepsilon \qquad (7.3-1)$$

式中，Y 为目标地震强度指标（本章中为 PGA 和 PGV）；M 为面波震级；R 为震中距；C_1、C_2、C_4、C_5、C_6 为回归分析得到的参数；ε 为体现不确定性的随机误差变量，呈均值为 0，标准差为 $\sigma_{\lg Y}$ 的正态分布。

由图 7.3-1 的某次地震动算例可知，地震动预测方程给出的其实是一定范围的地震动强度指标预测区间，体现实际地震动观测值的不确定性。对数强度指标预测值加减一倍对数标准差表征了 16~84 分位值的预测区间。

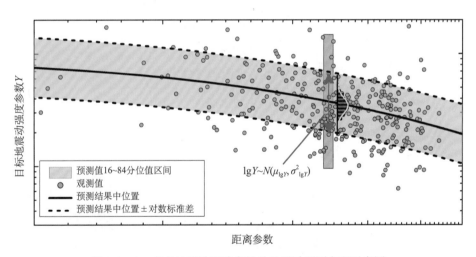

图 7.3-1　考虑地震动不确定性的地震动预测方程示意图

7.3.2　城市燃气管网三维度抗震韧性定量评估方法

科学合理地考虑地震风险评估中各环节的不确定性是地震风险评估结果可靠的基础。在燃气管网抗震韧性评估过程中：首先，由于燃气管网系统覆盖范围较广，地震动强度评估中需要考虑不同位置处地震动的差异与不确定性。其次，对于宏观的燃气管网系统来说，衡量其性能的是整体的连通性，但是由于关键源点或者管线等可能出现的震后破坏或失效，其连通性状态也会出现较大波动和不确定性。最后，在修复过程中，修复资源的分配及破损管线修复的顺序并不是唯一的，不同修复策略均会对结果有较大影响。以上过程中的不确定性会层层传递和累积，造成定量衡量城市燃气管网抗震韧性十分困难。

本书将城市燃气管网抗震韧性量化评估过程分为：管网破坏状态评估、恢复过程模拟以及抗震韧性评估三个环节。下面首先定义燃气管网三维度抗震韧性性能函数；再分别阐述抗震韧性评估过程中三个环节及各不确定性模拟方法；最后给出城市燃气管网三维度抗震韧性量化评估流程。要实现城市燃气管网的三维度抗震韧性量化评估，首先需要选择适合每一维度物理意义的性能函数。经济维度的抗震韧性评价已经不单单是工程领域问题，涉及较复杂的经济核算及恢复策略，限于篇幅本章不做研究。

生命线系统抗震韧性的技术与组织维度一般从系统层面定义，而社会维度从更加宏观的社区（城市）层面定义。对于燃气系统，震后管网连通性可以衡量燃气管网震后的供气服务能力与通气用户的比例，可以作为燃气管网抗震韧性组织维度的衡量标准。最后给出城市燃气管网三维度下的性能函数如表 7.3-1 所示。值得注意的是，虽然技术与组织维度均从系统层面定义，都是燃气管网自身性能的体现。但是技术维度是指燃气管网各单元物理性能的破坏，而组织维度不仅取决于单元物理破坏的程度，还取决于各单元组成的整体拓扑结构。同时相比于技术维度，组织维度还反映了网络的冗余程度，其恢复效率能够更好的反映出政府决策者的组织协调、应急部署能力。

表 7.3-1　燃气管网不同维度性能函数

韧性维度	性能函数	衡量原则	物理意义
技术维度	$Q(t) = w_1 \cdot n_s/N_s + w_2 \cdot n_p/N_p$　　(1)	地震前后未失效门站（管线）数的比例	反映了燃气管网单元物理性能变化过程
组织维度	$Q(t) = \dfrac{n^{\mathrm{pos}}}{N^{\mathrm{pre}}}$　　(2)	地震前后通气用户的比例	反映了燃气管网的连通性能的变化过程
社会维度	$Q(t) = \dfrac{\sum\limits_{i=1}^{n^{\mathrm{pos}}} w_i \cdot n_i}{\sum\limits_{i=1}^{N^{\mathrm{pre}}} w_i \cdot n_i}$　　(3)	地震前后受影响人口的比例	反映了燃气管网作为社会基础设施对整个社会人口的影响变化过程

注：式（1）中，N_s、n_s 分别为地震前后未失效门站数；N_p、n_p 分别为地震前后未失效管线数；w_1、w_2 为门站与管线重要性因子，$w_1 + w_2 = 1$，w_1、w_2 的大小可由相关政府决策人员根据实际情况取值，本章暂各取 0.5。

式（2）中，N^{pre}、n^{pos} 地震作用前后，可以接收到燃气的用户数量。

式（3）中，w_i 代表用户 i 重要性程度的系数（如医院、学校、重要交通枢纽等 w 取为 1.5，普通用户取值 1）；n_i 为用户 i 所覆盖的人口密度。

1. 燃气管网破坏状态评估

首先，以燃气管网所在区域的某一历史地震或者目标活跃断层的位置作为假想震源，通过联立求解长、短轴地震动土层预测方程得到该市燃气管网各节点的 PGA、PGV 单次模拟值，其中用服从正态分布的随机数模拟地震动预测方程中的不确定性（随机误差）（宗成才等，2021a）。进行 N 次蒙特卡罗模拟，得到考虑地震动不确定性的不同地震动输入工况。

在每一次模拟中，燃气管网门站失效概率与埋地管线的平均震害率也均不相同，采取各单元产生随机数的方式模拟网络各单元的失效，生成新的受损网络，计算每一次模拟工况下的燃气管网震后连通性状况。再根据表 7.3 - 1 中性能函数的定义，求出对应的不同维度的性能下降值。由于某根埋地管线的破裂数对修复时间有影响，因此抗震韧性评估时埋地管线的失效应模拟出相应的破裂数，采用 Wang et al. (2010) 建议的方法：

埋地管线的破坏可以假定为沿管线服从参数为 R_f （管线平均震害率）的泊松分布，每根埋地管线从管线接口到第一处破裂点或连续两处破裂点的间距 D_j 服从参数为 R_f 的指数分布：

$$D_j = -\frac{1}{R_f}\ln U \qquad (7.3 - 2)$$

式中，U 为服从 0~1 上均匀分布的随机变量。对于长度为 L 的管线，变量 D_1、D_2、$\cdots$、D_n 根据上式随机生成，直到 $\sum_{j=1}^{n} D_j > L$，$n-1$ 为管道最大破裂数，当 $D_1 \leqslant L$ 时，定义燃气管线在震后失效。

2. 恢复过程随机模拟

N 次模拟工况下的燃气管网破坏状态不尽相同，与之对应的是 N 个不同的性能恢复过程，本章采取先门站再管线的修复顺序，其中门站的修复时间可以结合实际建筑类型等情况设定为固定天数，下面重点讨论不确定性较大的管线修复时间与修复顺序。

恢复过程暂不考虑重新埋设管线的情况，仅考虑对破裂管线进行修复。如果缺乏当地关于抢修效率的足够资料，HAZUS-MH-MR4 中假设震后抢修管线时间服从正态分布：一个完整的施工组抢修渗漏、接口破坏类型的破裂点所需时间服从 $N \sim (6h, 3h)$，抢修断裂破坏类型的破裂点所需时间服从 $N \sim (12h, 6h)$，依据该分布可以对修复时间进行随机抽样模拟。管道修复顺序可以采用随机策略，即对各条破损管道抢修顺序是随机生成的，比较符合震后无序的状态；也可以采用阈值法对某区域进行优先排查和检修。可以假设每个施工组每天的抢修工作时间为 12h，非抢占式修复。根据实际情况预先设定好施工组的数量，对修复时间和修复顺序进行随机抽样，即可计算得到燃气管网某次模拟工况下的三维度性能实时恢复的进程，既可绘制出该次模拟下三维度的性能恢复曲线 $Q(t)$，如图 7.3 - 2 所示。

7.3.3　韧性评估指标计算

图 7.3 - 2 中的纵坐标 $Q(t)$ 代表时间 t 时的燃气管网性能。当 $Q(t) = 0$ 时代表整个燃气管网该维度性能彻底瘫痪，$Q(t) = 100\%$ 代表性能水平恢复至震前。地震发生时刻（t_0）和修复中某一时刻（t_R）的燃气管网性能水平分别用 $Q(t_0)$ 和 $Q(t_R)$ 表示。在力学和数学领域中恢复力的概念用来描述系统吸收外部变化和扰动，维持预定功能的能力，我们将其引申于本章的抗震韧性评价中。首先计算性能恢复函数在 t_0 到 t_R 时刻之间的积分 $\int_{t_0}^{t_R} Q(t) \mathrm{d}t$，

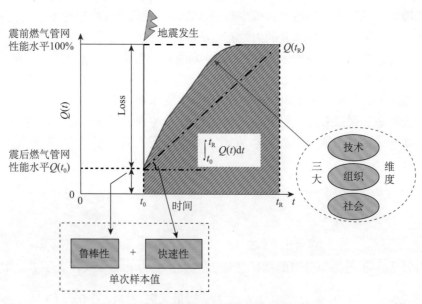

图 7.3-2　单次模拟燃气管网恢复曲线示意图

再计算燃气管网正常运行时的性能函数 $N(t)$ 在相同修复时间段的积分 $\int_{t_0}^{t_R} N(t)\,dt$，二者相比即得到了体系恢复力的大小。这里假设燃气管网正常运行时性能水平维持 100% 不变，且性能恢复水平最多达到震前水平。则恢复力可用式（7.3-3）简化表示，可以看到恢复力的本质就是性能恢复函数与时间轴围成面积与修复时间段的比值。恢复力是对整个燃气管网系统性能恢复能力进行评价的一个综合量度指标，可以对任意修复时间，任意状态下的燃气管网抗震韧性进行评价。

$$R = \frac{\int_{t_0}^{t_R} Q(t)\,dt}{\int_{t_0}^{t_R} N(t)\,dt} = \frac{\int_{t_0}^{t_R} Q(t)\,dt}{(t_R - t_0)} \tag{7.3-3}$$

作为韧性量化评估的两个具体指标：鲁棒性指标和快速性指标，我们定义了震后性能和修复速率两个指标分别反映燃气管网震后的性能残余值以及震后的性能恢复速率，具体的定义和计算公式如表 7.3-2 所示。

表 7.3-2　燃气管网不同韧性指标计算方法

指标名称	韧性指标	计算公式	物理意义
震后性能	鲁棒性	$Q(t_0)$	地震发生时刻 (t_0) 的燃气管网性能水平
修复速率	快速性	$v = (Q(t_R) - Q(t_0))/(t_R - t_0)$	燃气管网性能水平的恢复速率

　　单次模拟过程中的恢复力及鲁棒性、快速性指标结果，并不能刻画燃气管网的抗震韧性。重复 N 次模拟工况，可得到 N 条性能恢复曲线组成的曲线簇。分别计算每条性能恢复曲线的恢复力、震后性能和修复速率。通过对多次模拟工况下的上述指标求均值与标准差，即可得到相应指标的期望估计值与离散性。

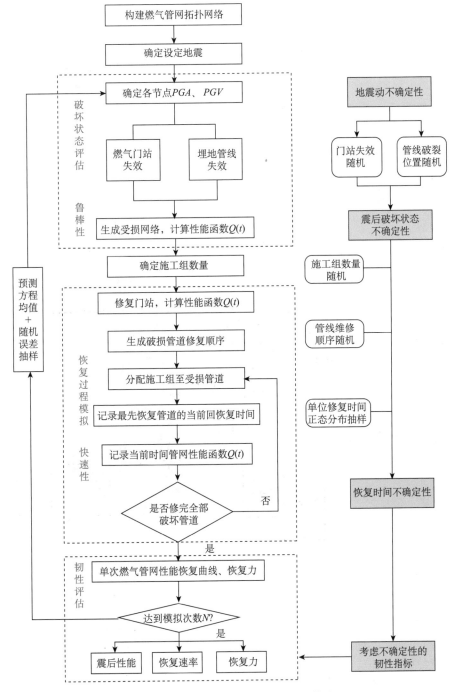

图 7.3－3　城市燃气管网抗震韧性评估流程

将三个维度恢复力（或者某一具体指标）均值加权相加，便可以得到综合了物理单元、供气服务能力以及社会影响三方面的城市燃气管网抗震韧性的整体评价，其中不同维度的权重可以根据政府决策者权衡各维度的重要性而定。至此，整个燃气管网系统三维度下的抗震韧性量化评估流程完成（宗成才，2021b）。

7.3.4　燃气管网三维度抗震韧性定量评估实例

本节选取了中国华北某城市部分燃气管网作为算例，应用上文的抗震韧性评估流程对该市燃气管网的技术维度、组织维度、社会维度进行抗震韧性评估，其中各用户节点覆盖人口密度依据该市人口密度分布图确定。

1. 燃气管网拓扑建模

对该市的燃气管网进行拓扑网络的构建，如图 7.3-4 所示。其中共 9 个燃气门站，110个用户。门站编号分别为：3、85、117、157、170、178、254、297、299。共 306 个节点、326 条边，燃气管道总长 1037.1km。本章以该市历史发生过破坏性地震的某个活断层为假想震源所在断层（图 7.3-4），其长轴方向依据所在活动断层走向确定，设定地震震级为 8级。由于工程场地勘测钻孔资料的缺失，本章暂不考虑燃气管网所在地区的场地类型差异。

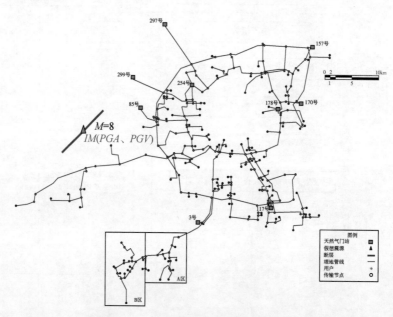

图 7.3-4　该市燃气管网简化网络图

2. 抗震韧性定量评估结果

燃气管线在震后以渗漏、接口破坏最为常见，而在液化区或断层附近管体断裂破坏也较为突出。由该市的地质勘测资料可知，A 区、B 区是地震崩塌高发区，假设震后 A 区、B 区管线为断裂破坏，其他区域均为渗漏破坏。本章假设该市具有 3 个完整的施工组，按照先门站再管线的顺序进行修复，管线修复顺序采取随机策略。假设门站的修复时间为三天，这样假设一是比较符合实际情况，二是可以将门站与管线分别修复对体系性能的提升度体现出来。

图 7.3 - 5 是某次模拟下，燃气管网三维度性能恢复曲线，它是针对某种震害工况下，恢复进程的模拟。从图中可以看到：该次震害下，地震后该市燃气管网的技术维度、组织维度、社会维度性能分别下降到了约为震前水平的 73%、47%、52%，组织维度的鲁棒性最差。当三天后 85 号、254 号、297 号、299 号四个在震后失效的燃气门站被修复后，三维度性能分别提升到了约 95%、63%、72%。随后三个施工组进行管线修复，共花费 13 天时间将该市燃气管线系统三维度性能恢复至震前水平。需要注意的是，图中红圈范围显示修复某段或者某几段管线对同是基于连通性的组织维度和社会维度的性能提升程度并不一致，也即不同管线对不同维度的重要程度是不同的。该结果也警示决策者，在地震发生后，要权衡不同维度的重要性，选择对某维度重要程度更大的管线优先修复。

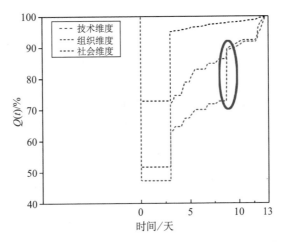

图 7.3 - 5 该市燃气管网单次模拟下三维度性能恢复曲线

该市燃气管网 500 次模拟结果下的恢复曲线如图 7.3 - 6 所示，图中给出了均值曲线和加减一倍标准差的分布结果。从图中可以看出单次模拟下的燃气管网技术维度恢复曲线大致呈直线型上升，最后管道修复过程中的均值性能恢复曲线也基本呈线性，这主要是因为技术维度依据的是地震前后未失效门站（管线）数的比例，受修复资源的分配方式影响较小，在修复资源一定时，基本与时间是线性关系。而组织与社会维度的恢复曲线由于是基于管网连通性计算的，受修复顺序与资源分配影响较大，单次恢复曲线呈阶梯状，其均值恢复曲线呈先线性上升，后曲线上升的趋势，在本章实际案例中，大致在震后 12 天左右，燃气管网在这两个维度下的性能恢复速率出现显著下降。

计算该市燃气管网技术，组织以及社会维度下 500 次模拟结果下震后性能，完全恢复时体系恢复力以及修复速率，并计算三者的期望值，该市燃气管网在该次设定地震作用下，三维度下震后性能水平约为 70%、32% 和 34%，说明技术维度下的鲁棒性最强，而与管网连通性相关的组织与社会维度的鲁棒性最差。这说明如果不考虑网络连通性，仅仅简单依据地震前后未失效门站（管线）数比例，对实际的震后灾害后果是较为低估的。而通过修复速率

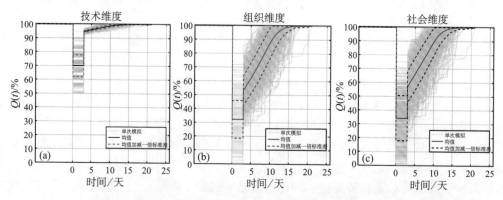

图 7.3-6　该市燃气管网三维度性能恢复曲线

指标可以看出,该市在震后技术维度性能每天恢复大约 2%,其他两维度性能每天恢复约 5%。最后得到的技术维度下的恢复力期望值约为 0.9,比其余两个维度接近 0.7 的恢复力期望要大很多。以上指标的计算结果对比说明考虑燃气管网的连通性,从多个维度客观量化评价抗震韧性的重要性。

　　结果表明:燃气管网三维度下的震后残余性能大致服从正态分布,组织维度与社会维度达到震前 75%、90%、100% 性能水平的恢复时间大致服从对数正态分布。技术维度计算结果不考虑管网连通性,所得到的恢复曲线接近线性,可能低估了实际的管网性能降低水平;而考虑了管网连通性的组织与社会维度计算结果更符合客观实际,恢复曲线受修复顺序和资源分配影响较大。本研究所建议的城市燃气管网抗震韧性定量评估流程综合考虑震后各环节不确定性,可为燃气管网震后韧性概率评估提供参考,同时也可将该评估流程推广至其他生命线网络系统中。

7.4　总结与展望

　　本章将城市抗震韧性与地震动输入研究工作做了梳理和总结,并针对相关问题和下一阶段的研究重点进行了展望:

　　(1) 给出了韧性量化评估的七要素:鲁棒性、可靠性、快速性、恢复时长、恢复程度、恢复策略和级联效应。将现有的韧性定量评估方法通过是否考虑不确定性分为两类。确定性方法根据系统性能与韧性之间建立了量化的公式,它的优点是可以根据公式计算出系统的韧性值,且利于给出指导实际工程和决策的具体数值,十分有利于成果的实际应用与工程推广。而考虑不确定性的方法更多考虑的是系统发生中断的概率对韧性的影响,而难以给出确定的结果,有利于从宏观的角度了解系统的韧性冗余度,这两类方法的应用侧重不同。此外,由于我国幅员辽阔,南北地区包括城市之间的经济发展水平差异较大,不同研究对象下的社区韧性评价指标和指标权重均应体现自身的特点,针对不同发展水平城市,不同类型社区的特点进行划分,并构建对应的评价体系是较有意义的工作。现有的韧性定量评估方法若想应用于工程实际,必须因地制宜,结合系统特点和行为,基于实际算例进行计算,这些是目前我国韧性研究的难点和重点。

（2）抗震韧性设计作为基于性态抗震设计的进一步延续和拓展，本章从三个方面对抗震韧性城市的地震动输入应当注意的问题做了阐述：①现有的设防水准和设防目标主要以控制地震人员伤亡为主要目标，并没有考虑地震经济损失、功能丧失程度、恢复时间等对于城市抗震韧性水平至关重要的指标。适应抗震韧性设计需求的设防标准及设防目标作为指导地震动输入的依据需要进一步完善。②面向韧性需求的单体重大工程地震动输入更加强调地震动输入的危险一致性和参数完备性，不仅重视目标结构所在场址的地震动危险性特性，而且更加侧重于地震作用之后保证建构筑物的功能能够正常使用或者快速恢复，确定地震动输入和控制参数时应综合考虑对建构筑物功能的影响。③对于位于复杂场地的巨型、大型城市，城市抗震韧性的研究需要构建相应复杂场地的地震动场。本章从统计尺度和物理尺度介绍了地震动强地震动场建立的思路与方法。

（3）以城市燃气管网系统的抗震韧性量化评估为例，充分考虑地震动输入，管网连通性能评估，以及修复过程三个方面的不确定性，提出了技术维度、组织维度、社会维度下的燃气管网抗震韧性定量评估流程。通过衔接地震动预测方程（GMPE）输入，以我国华北某城市燃气管网作为实例展示了考虑地震动输入不确定性的完整韧性量化评估流程。

参考文献

毕熙荣、冀昆、宗成才、张晓瑞、温瑞智，2020，工程抗震韧性定量评估方法研究进展综述［J］，地震研究，43（3）：1~14

方东平、李全旺、李楠、王飞、刘影、顾栋炼、孙楚津、潘胜杰、侯冠杰、汪飞、陆新征，2020，社区地震安全韧性评估系统及应用示范［J］，工程力学，37（10）：28~44

韩建平、付志君、李一明，2018，基于性能的自复位钢框架震后功能恢复能力量化分析［J］，土木工程学报，51（S2）：110~115

李倩、郭恩栋、李玉芹、刘志斌，2019，供水系统地震韧性评价关键问题分析［J］，灾害学，34（02）：83~88

李亚、翟国方、顾福妹，2016，城市基础设施韧性的定量评估方法研究综述［J］，城市发展研究，23（06）：113~122

刘洋、林均岐、刘金龙、林庆利，2017，RC梁桥震后可恢复性评价方法研究［J］，灾害学，32（04）：224~229

陆新征、曾翔、许镇、杨哲飚、程庆乐、谢昭波、熊琛，2017，建设地震韧性城市所面临的挑战［J］，城市与减灾，（04）：29~34

吕西林、武大洋、周颖，2019，可恢复功能防震结构研究进展［J］，建筑结构学报，40（02）：1~15

宁晓晴、戴君武，2017，地震可恢复性与非结构系统性态抗震研究略述［J］，地震工程与工程振动，37（3）：85~92

齐世雄、王秀丽、邵成成、王智冬、朱承治，2019，计及弹性恢复的区域综合能源系统多目标优化调度［J］，中国电力，52（06）：19~26

孙江玉、刘创、欧阳敏、吕大刚，2018，地震灾害下电网性能研究综述——以弹性视角为主［J］，自然灾害学报，27（02）：14~23

吴吉东、李宁、周扬，2013，灾害恢复度量框架——Katrina飓风灾后恢复应用案例［J］，自然灾害学报，22（04）：60~66

翟长海、刘文、谢礼立，2018，城市抗震韧性评估研究进展［J］，建筑结构学报，39（09）：1~9

周侃、刘宝印、樊杰，2019，汶川 M_S8.0 地震极重灾区的经济韧性测度及恢复效率［J］，地理学报，74（10）：2078~2091

周颖、吴浩、顾安琪，2019，地震工程：从抗震、减隔震到可恢复性［J］，工程力学，36（06）：1~12

宗成才、冀昆、毕熙荣等，2021a，衔接 GMPE 的城市燃气管网连通易损性分析［J］，哈尔滨工业大学学报，53（6）：待刊

宗成才、冀昆、温瑞智等，2021b，城市燃气管网三维度抗震韧性定量评估方法［J］，工程力学，38（02）：146~156

Bruneau M, Chang S E, Eguchi R T et al. , 2003, A framework to quantitatively assess and enhance the science the seismic resilience of communities［J］, Earthquake Spectra, 19（4）：733-752

Bruneau M and Reinhorn A, 2006, Overview of the Resilience Concept［C］, Proceeding of 8th National Seismic Conference, San Francisco, No. 2040

Chang S E and Shinozuka M, 2004, Measuring improvements in the disaster resilience of communities［J］, Earthquake Spectra, 20（3）：739-755

Franchin P and Cavalieri F, 2015, Probabilistic assessment of civil infrastructure resilience to earthquakes［J］, Computer-Aided Civil and Infrastructure Engineering, 30（7）：583-600

Henry D and Ramirez-Marquez J E, 2012, Generic metrics and quantitative approaches for system resilience as a function of time［J］, Reliability Engineering & System Safety, 99（3）：114-122

Orwin K H and Wardle D A, 2004, New indices for quantifying the resistance and resilience of soil biota to exogenous disturbances［J］, Soil Biology & Biochemistry, 36（11）：1907-1912

Ouyang M, Duenas-Osorio L, Min X, 2012, A three-stage resilience analysis framework for urban infrastructure systems［J］, Structural Safety, 36-37：23-31

Wang Y, Au S-K, Fu Q, 2010, Seismic risk assessment and mitigation of water supply systems［J］, Earthquake Spectra, 26（1）：257-274

Whitson J C and Ramirez-Marquez J E, 2009, Resiliency as a component importance measure in network reliability［J］, Reliability Engineering & System Safety, 94（10）：1685-1693

Youn B D, Hu C, Wang P, 2011, Resilience-Driven System Design of Complex Engineered Systems［J］, Journal of Mechanical Design, 133（10）：10-11

Zobel C W and Khansa L, 2014, Characterizing multi-event disaster resilience［J］, Computers & Operations Research, 42（2）：83-94

附录 I 我国各类现行抗震规范目标谱及 记录选取条款

本附录对我国现行的一些抗震设计规范的抗震要求进行介绍与对比。选取的规范包括：《建筑抗震设计规范》（GB 50011—2010）、《城市桥梁抗震设计规范》（CJJ 166—2011）、《水电工程水工建筑物抗震设计规范》（NB 35047—2015）、《石油化工构筑物抗震设计规范》（SH 3147—2014）、《构筑物抗震设计规范》（GB 50191—2012）、《公路工程抗震规范》（JTG B02—2013）以及《石油化工钢制设备抗震设计规范》（GB 50761—2012）。以上规范基本覆盖了我国大部分建筑结构，能够反映我国不同建筑结构的抗震特性与抗震要求。

不同建筑结构的抗震要求是不同的，我国各类抗震设计规范在规定结构的抗震设计地震动输入选取依据是规范规定的地震影响系数曲线，即目标谱。而不同的抗震设计规范由于结构特性的差异，它们的目标谱计算周期是不同的。因此，本章根据不同的计算周期长度，将我国各类抗震设计规范分为三类，分别是短周期规范、中长周期规范与长周期规范，具体见表 I.0-1。

表 I.0-1 抗震设计规范分类

规范分类	规范名称	计算周期/s
短周期规范	水电工程水工建筑抗震设计规范	3
中长周期规范	建筑抗震设计规范	6~10
	城市桥梁抗震设计规范	
	石油化工构筑物抗震设计规范	
	构筑物抗震设计规范	
	公路工程抗震设计规范	
长周期规范	石油化工钢制设备抗震设计规范	15

从表 I.0-1 可以看出，我国大部分抗震设计规范的计算周期都在 6~10s，只有少部分规范由于建筑结构与材料的特殊性，其目标谱计算周期或短或长，如《水电工程水工建筑抗震设计规范》为 3s，而《石油化工钢制设备抗震设计规范》长达 15s。

I.1 短周期规范

短周期规范只有《水电工程水工建筑抗震设计规范》，它的目标谱计算周期为 3s。我国现行的《水电工程水工建筑物抗震设计规范》为 2015 年 4 月 2 号国家能源局发布的 NB 35047—2015，代替 DL 5073—2000。此规范的制定方针是以预防为主，使修建的水电工程水工建筑物在经过抗震设计后，能够减轻地震破坏，防止其发生次生灾害。此规范适用于设防烈度 6~9 度区域内所有规定的水电工程水工建筑物的抗震设计。一般的水工建筑物只需按照此规范规定的抗震设计要求进行抗震设计就可以，但是对于抗震设防烈度比较高的区域内的重大壅水建筑物，需要请专家对其进行专门的安全评价，确定其抗震设计的要求。水工建筑物的工程场地设计地震动峰值加速度应按照我国现行的《中国地震动参数区划图》确定，且应根据其重要性和工程场地基本烈度确定其抗震设防类别，如表 Ⅰ.1-1 所示。

表 Ⅰ.1-1　水工建筑物工程抗震设防类别

工程抗震设防类别	建筑物级别	场地地震基本烈度
甲	1（壅水和重要泄水）	≥Ⅵ
乙	1（非壅水）、2（壅水）	
非壅水	2（非壅水）、3	≥Ⅶ
丁	4、5	

根据对水工建筑物的抗震设计是否有利，此规范将场地划分为四类，分别是：有利地段、一般地段、不利地段和危险地段。建筑场地的类别划分为五类，见本书第二章。水工建筑物由于其工程结构的特性及材料的特性，在进行地震作用计算和抗震设计时，一般情况下不用考虑竖向地震的作用。除了抗震设防类别为甲类的工程，其设计反应谱需要根据安全性评价来确定其采用的场地相关设计反应谱外，其他工程应采用标准规范目标谱。此规范规定的其他水工建筑物的规范设计谱与其他建筑物抗震设计规范有很大差别，首先，水工建筑物阻尼比在设计谱中没有体现，其次，此规范的设计谱的周期只需计算到 3.0s，这与大型水工建筑的结构特性与材料特性是相符合的。具体水工建筑物抗震规范影响地震系数曲线定义如图 Ⅰ.1-1 所示。

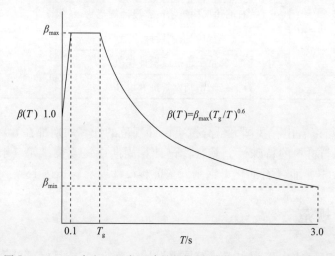

图 Ⅰ.1-1　《水电工程水工建筑物抗震规范》影响地震系数曲线

从图Ⅰ.1-1可以看出，无论是哪一种水工建筑物，目标谱曲线都是从$1g$开始的，与水工建筑的本身特性和场地特性是无关的。其中β_{max}是各类水工建筑物的标准设计反应谱的最大值的代表值，其取值按表Ⅰ.1-2规定选取。

表Ⅰ.1-2　规范目标谱最大值代表值β_{max}

建筑物类型	土石坝	重力坝	拱坝	其他
β_{max}	1.60	2.00	2.50	2.25

其中，β_{min}（规范目标谱的下限值代表值）不应小于β_{max}的0.2倍。图Ⅰ.1-1中的T_g为场地特征周期，按照表Ⅰ.1-3取值。

表Ⅰ.1-3　特征周期

特征周期分区	场地类别				
	I_0	I_1	Ⅱ	Ⅲ	Ⅳ
0.35s	0.20	0.25	0.35	0.45	0.65
0.40s	0.25	0.30	0.40	0.55	0.75
0.45s	0.30	0.30	0.45	0.65	0.90

依据表Ⅰ.1-3可计算出不同类型的水工建筑物在不同场地下的规范目标谱。按照不同水工建筑物按照不同的工程抗震设防类别，《水电工程水工建筑物抗震设计规范》给出了不同的地震作用效应计算方法，如动力法、拟静力法等等。在进行动力计算时，各类水工建筑物阻尼比的取值如表Ⅰ.1-4所示。

表Ⅰ.1-4　各类水工建筑物阻尼比

建筑物类型	土石坝	重力坝	拱坝	其他
阻尼比	20%	10%	5%	7%

当水电工程水工建筑物采用时程分析法进行抗震验算时，至少要使用谱匹配法生成3组人造强震动记录作为设计地震动时程。其中目标谱的最大值的代表值β_{max}应为$2.5g$。

Ⅰ.2　中长周期规范

本节选取的中长周期规范为《建筑抗震设计规范》《城市桥梁抗震设计规范》《石油化工构筑物抗震设计规范》《构筑物抗震设计规范》以及《公路工程抗震规范》（桥梁）。这几类规范计算周期长度差别不大，且目标谱的计算公式也很相似。

Ⅰ.2.1　《建筑抗震设计规范》

　　《建筑抗震设计规范》在各类抗震设计规范中属于非常重要的一类规范，它的应用范围最广。我国现行的《建筑抗震设计规范》为中华人民共和国住房和城乡建设部在 2010 年 5 月 31 日发布的 GB 50011—2010。此规范要求建筑物进行抗震设计的设防目标总结为"小震不坏，中震可修，大震不倒"，并强制要求依据现行《中国地震动参数区划图》 （GB 18306—2015）规定的地震动基本烈度，且在抗震设防烈度为 6 度及以上的地区，建筑物必须进行抗震设计。不同建筑物抗震设防应按照现行国家标准《建筑工程抗震设防分类标准》 （GB 50223）确定其抗震设防类别及设防标准，如表Ⅰ.2-1 所示。

表Ⅰ.2-1　不同建筑物类别及抗震设防标准要求

设防类别	建筑物类别	抗震设防标准要求
特殊设防类 （甲类）	特殊或者对公共安全及其重要的建筑，或者当发生地震时，可能产生严重灾难的建筑	按照建筑工程所在地设烈度确定地震作用，且发生罕遇地震时，不对生命安全造成威胁，建筑物不倒塌
重点设防类 （乙类）	生命线建筑，可能造成人们生命财产安全等后果的建筑	按照建筑工程所在地设防烈度提高一度确定地震作用，并且按照此要求加强措施，当烈度达到 9 度时，应该按照更高的要求加强措施
标准设防类 （丙类）	除甲类、乙类、丁类以外的建筑	按照建筑工程所在地设防烈度提高一度确定地震作用，并且按照此要求加强措施，当烈度达到 9 度时，应该按照更高的要求加强措施
适度设防类 （丁类）	相对于其他建筑不重要的建筑，或者使用人员较少的建筑，发生灾害不产生严重的后果，可以降低要求的建筑	可以降低要求进行抗震设防，但是不能低于 6 度

　　我国现行的《建筑抗震设计规范》根据我国目前的经济条件和科技现状，对不同类型或使用功能不同的建筑的抗震设计进行区别对待，并且将其分为表Ⅰ.1-1 中的不同类别加以区分，这样做的目的是控制经济和建筑抗震安全的平衡，使其最大化地增加建筑物的经济性和安全性。在我国的抗震设计规范中，一般都是使用设计基本地震加速度来表征建筑物所在地区遭受的地震影响。

　　特别地，学校、医院等人员密集场所建设工程一旦遭遇地震破坏，将会造成严重的人员伤亡，而且，学校和医院在抗震救灾中还承担着相当大一部分职责，比如学校可以作为应急避难场所，医院则承担着救死扶伤的职责。因此，根据中国地震局文件《关于学校、医院等人员密集场所建设工程抗震设防要求确定原则的通知》有关要求规定，学校和医院的抗震设计要求应该相应提高，但是它们的分区值不变。这样做的目的就是使学校和医院能够有较强的抵御震害能力。具体调整值如表Ⅰ.2-2 所示。

表 I.2-2 学校、医院地震动峰值加速度调整表

原地震动峰值加速度区	<0.05g	0.05g	0.10g	0.15g	0.20g	0.30g	≥0.40g
提高后地震动峰值加速度	0.05g	0.10g	0.15g	0.20g	0.30g	0.40g	不作调整

《建筑抗震设计规范》规定，在选择建筑场地时，将场地划分为对建筑有利地段、一般地段、不利地段和危险地段四类，这与《水电工程水工建筑物抗震设计规范》所规定的是一致的。建筑场地的类别划分为五类，见本书第二章。建筑结构弹塑性时程分析是现在预测工程结构地震响应最精确的抗震计算分析方法。《建筑抗震设计规范》规定了一些需要进行时程分析法补充计算的建筑结构：特别不规则的建筑、甲类建筑和表 I.2-3 所列高度范围的高层建筑。

表 I.2-3 采用时程分析的房屋高度范围

烈度、场地类别	房屋高度范围/m
8 度 I、II 类场地和 7 度	>100
8 度 III、IV 类场地	>80
9 度	>60

《建筑抗震设计规范》规定，当建筑结构需要进行时程分析法进行抗震设计计算时，可以采用天然强震动记录和人造记录输入结构进行计算，但是记录选取需要符合一定条件：满足场地条件和设计地震分组。同时，人造地震动记录不得超过总数的 1/3。对于所选取的地震动记录加速度时程最大值，应符合表 I.2-4 规定。

表 I.2-4 时程分析时地震动加速度时程最大值

地震影响	6 度	7 度		8 度		9 度
多遇地震	18	35	55	70	110	140
罕遇地震	125	220	310	400	510	620

《建筑抗震设计规范》所规定的目标谱如图 I.2-1 所示。

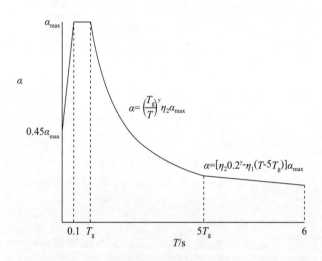

图 I.2-1　《建筑抗震设计规范》地震影响系数曲线

其中，α 为地震影响系数曲线；γ 是曲线下降段衰减系数，当阻尼比为 0.05 时，其值为 0.9；T_g 为场地特征周期，按照表 I.2-5 取值。当计算罕遇地震作用时，场地特征周期应该增加 0.05s；$\alpha_{\max}$ 为水平地震影响系数最大值，按照表 I.2-6 取值。

表 I.2-5　场地特征周期

设计地震分组	场地类别				
	I_0	I_1	II	III	IV
第一组	0.20	0.25	0.35	0.45	0.65
第二组	0.25	0.30	0.40	0.55	0.75
第三组	0.30	0.35	0.45	0.65	0.90

表 I.2-6　水平地震影响系数最大值

地震影响	6 度	7 度		8 度		9 度
多遇地震	0.04	0.08	0.12	0.16	0.24	0.32
设防地震	0.12	0.23	0.34	0.45	0.68	0.90
罕遇地震	0.28	0.50	0.72	0.90	1.20	1.40

I . 2 . 2　　《城市桥梁抗震设计规范》

我国现行的《城市桥梁抗震设计规范》为中华人民共和国住房和城乡建设部在 2011 年发布的 CJJ 166—2011。此规范适用于城市地区设防烈度 6~9 度地区的梁式桥或拱桥（跨度不超过 150m）。此规范规定的桥址处地震基本烈度数值和《建筑抗震设计规范》相同，也是由现行《中国地震动参数区划图》得到的。规范将城市桥梁分为四类，分类依据是按照不同的桥梁类型和重要度，具体参见表 I . 2 - 7。

表 I . 2 - 7　城市桥梁抗震设防分类表

桥梁抗震设防分类	桥梁类型
甲	悬索桥、斜拉桥以及大跨度拱桥
乙	除甲类以外交通枢纽位置的桥梁和城市快速路上的桥梁
丙	城市主干路和轨道交通桥梁
丁	除甲乙和丙类以外的其他桥梁

《城市桥梁抗震设计规范》采用两级抗震设防，在 E1 地震和 E2 地震作用下，各类城市桥梁抗震设防标准应符合表 I . 2 - 8 规定。

表 I . 2 - 8　城市桥梁抗震设防标准表

桥梁抗震设防分类	E1 地震作用		E2 地震作用	
	震后使用要求	损伤状态	震后使用要求	损伤状态
甲	立即使用	弹性范围内，基本无损伤	不需修复或简单修复后可继续使用	局部轻微损伤
乙	立即使用	弹性范围内，基本无损伤	抢修后可恢复使用，永久性修复后恢复运营功能	有限损伤
丙	立即使用	弹性范围内，基本无损伤	经临时加固可供紧急救援车辆使用	无严重结构损伤
丁	立即使用	弹性范围内，基本无损伤	/	不致倒塌

与《建筑抗震设计规范》规定的地震影响不同，此规范将地震作用分为 E1 地震和 E2 地震两类，其重现期分别为 475 和 2500 年。此规范对于地震影响的水平地震动峰值加速度 A 的取值有如下规定：由于甲类桥梁的震后使用要求较高，且甲类桥梁属于较重要的桥梁类型，因此甲类桥梁的水平地震动峰值加速度必须要由安评的结果确定。其他桥梁应按照现行地震动参数区划图规定的地震动峰值加速度，并乘以下表的调整系数得到其 A 值。调整系数表如表 I . 2 - 9。

表 I. 2-9   各类桥梁 E1 和 E2 地震调整系数表

抗震设防分类	E1 地震作用				E2 地震作用			
	6	7	8	9	6	7	8	9
乙类	0.61	0.61	0.61	0.61	/	2.2 (2.05)	2.0 (1.7)	1.55
丙类	0.46	0.46	0.46	0.46	/	2.2 (2.05)	2.0 (1.7)	1.55
丁类	0.35	0.35	0.35	0.35	/	/	/	/

各类桥梁调整后的 A 值，如表 I. 2-10、表 I. 2-11。

表 I. 2-10   E1 地震作用下乙丙丁类桥梁 A 值表

抗震设防分类	E1 地震作用					
	6	7		8		9
乙类	0.03	0.06	0.09	0.12	0.18	0.24
丙类	0.02	0.05	0.07	0.09	0.14	0.18
丁类	0.018	0.04	0.05	0.07	0.11	0.14

表 I. 2-11   E2 地震作用下乙丙丁类桥梁 A 值表

抗震设防分类	E2 地震作用					
	6	7		8		9
乙类	/	0.22	0.38	0.4	0.51	0.62
丙类	/	0.22	0.38	0.4	0.51	0.62
丁类	/	/	/	/	/	/

根据乙、丙、丁类桥梁场地地震基本烈度和桥梁结构的抗震设防分类，此规范规定的抗震设计方法应分为表 I. 2-12 中几类。

表 I. 2-12   乙丙丁类桥梁抗震设计方法表

方法分类	抗震设计方法
A 类	应进行 E1 和 E2 地震作用下的抗震分析和抗震验算，并应满足满足规定的桥梁抗震体系以及相关构造和抗震措施的要求
B 类	应进行 E1 地震作用下的抗震分析和抗震验算，并满足构造和措施要求
C 类	满足构造和措施要求，不需进行抗震分析和验算

从表Ⅰ.2-12可以看出城市桥梁按照A类B类方法抗震设计方法进行抗震设计时，需要进行抗震分析和抗震验算。根据不同桥梁类型以及不同的场地地震基本烈度的不同，需要选用不同的抗震设计方法，乙类、丙类和丁类桥梁的抗震设计方法按表Ⅰ.2-13选用。

表Ⅰ.2-13 桥梁抗震设计方法选用表

抗震设防分类基本烈度	乙	丙	丁
6	B	C	C
7、8、9	A	A	B

城市桥梁的桥址选择应根据工程地质的勘察结果和专项的水文、工程地质的调查结果。与《建筑抗震设计规范》和《水电工程水工建筑物抗震设计规范》不同的是，城市桥梁的桥址仅分为三类，分别是对城市桥梁抗震有利地段、不利地段和危险地段。此规范将场地划分为四类，如表Ⅰ.2-13所示。

表Ⅰ.2-14 场地类别的划分

等效剪切波速（m/s）	场地类别			
	Ⅰ类	Ⅱ类	Ⅲ类	Ⅳ类
$V_{se}>500$	0m	/	/	/
$500 \geqslant V_{se}>250$	<5m	≥5m	/	/
$250 \geqslant V_{se}>140$	<3m	3~50m	>50m	/
$V_{se} \leqslant 140$	<3m	3~15m	16~80m	>80m

不同场地的特征周期如表Ⅰ.2-15所示。

表Ⅰ.2-15 场地特征周期

分区	场地类别			
	Ⅰ	Ⅱ	Ⅲ	Ⅳ
1区	0.25	0.35	0.45	0.65
2区	0.30	0.40	0.55	0.75
3区	0.35	0.45	0.65	0.90

特别注意的是在计算8度和9度E2地震作用时，场地特征周期值宜增加0.05s。

对于甲类桥梁，地震作用应该按照工程场地安全评价确定。其他桥梁则只需根据此规范确定不同类型桥梁在不同场地条件及不同地震分组下的地震作用，采用目标谱和设计地震动时程来表征。规范规定的目标谱如图Ⅰ.2-2所示。

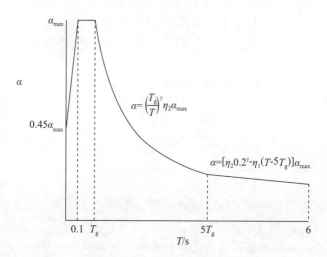

图 I.2-2　《城市桥梁抗震设计规范》水平地震影响系数曲线

　　《城市桥梁抗震设计规范》的目标谱计算公式和《建筑抗震设计规范》的是一样的。若结构阻尼比为 5%，那么参数 $\gamma = 0.9$，$\eta_1 = 0.02$，$\eta_2 = 1$。T_g 为场地特征周期，见表 I.2-15。$\alpha_{max} = 2.25A$，A 为上文规定的水平地震动峰值加速度

　　《城市桥梁抗震设计规范》对抗震分析的设计地震动时程做出了明确的规定。基本原则是：若已进行地震安评，则按照安评的结果确定设计地震动。其他情况则应该按照此规范规定的目标谱拟合出与目标谱匹配的设计地震动时程。也可以用符合初选条件的天然强震动记录，通过时域或频域方法调整，使其反应谱与规范设计目标谱相匹配的人造地震动加速度时程。此规范规定的可进行时程分析的结构如下：

　　（1）在 E2 地震作用下的大跨度连续梁或连续钢构桥。

　　（2）6 跨及以上一联主跨超过 90m 的连续桥梁。

　　（3）复杂立交工程、斜桥和非规则曲线桥。

I.2.3　《构筑物抗震设计规范》和《石油化工构筑物抗震设计规范》

　　我国现行的《构筑物抗震设计规范》和《石油化工构筑物抗震设计规范》都属于构筑物类，所以抗震设防要求和抗震计算要求都是相同的，因此本附录将这两类规范放在一起介绍。

　　我国现行的《构筑物抗震设计规范》为中华人民共和国住房和城乡建设部在 2012 年 5 月 28 日发布的 GB 50191—2012。此规范适用的构筑物为设防烈度为 6 度及以上的地区。构筑物抗震设计基本原则遵循建筑抗震设计的基本原则。构筑物遭受地震影响，采用的表征参数与《建筑抗震设计规范》相同，具体可参见《建筑抗震设计规范》的介绍。构筑物的抗震设防分类及设防标准按照我国现行的《建筑工程抗震设防分类标准》（GB 50223）分类。按照《构筑物抗震设计规范》规定，乙丙丁类构筑物在 6 度设防烈度区可以仅依靠构造措施设防，不需进行地震作用计算。除了《建筑工程抗震设防类别》规定的抗震设防标准，

当构筑物可以进行构造措施进行抗震设防时，还有以下补充：当场地类别为一类场地时，甲类和乙类构筑物可以按照工程地址区域设防烈度采取构造措施进行抗震设防。且丙类构筑可以依据原设防烈度降低一度进行构造措施设防。但是在6度地区不能降低要求。当场地类别为三、四类场地时，各类构筑物应该在原有的设防烈度的基础上，增加一度进行构造措施的抗震设防。构筑物的场地类别也是分为四大类，其中一类场地分为两个小类别。其划分和命名都是和《建筑抗震设计规范》相同。《构筑物抗震设计规范》建议了多种构筑物抗震计算方法，如底部剪力法、振型分解反应谱法和时程分析法等。简单结构、质量和刚度分布均匀的构筑物可采用底部剪力法和振型分解反应谱法。甲类构筑物和特别不规则的构筑物需要采用时程分析法进行补充计算。在采用时程分析法时，应选用不少于2组天然强震动记录和1组人造记录。所选取的强震动记录应该与目标谱匹配。

我国现行的《石油化工构筑物抗震设计规范》为中华人民共和国工业和信息化部在2014年7月8日发布的SH 3147—2014，代替SH/T 3174—2004，此规范适用于适用于抗震设防烈度为6~9度地区的石油化工构筑物的抗震设计，但是不适用于管道本身作为受力构件和其他跨江河的大型跨越管架。按照《石油化工建（构）筑物抗震设防分类标准》（GB 50453—2008）对于石油化工构筑物的设防分类，根据其分类原则：地震破坏造成的损失及影响大小、结构使用功能恢复的难易程度和结构单元的重要性，按其使用功能的重要性将构筑物划分为甲乙丙丁四类。表Ⅰ.2-16为石油化工构筑物抗震设防分类及其设防标准要求。

Ⅰ.2-16　石油化工构筑物抗震设防类别及设防要求

设防分类	建筑物定义	设防标准
甲	特别重要或有特殊要求的构筑物和可能发生严重次生灾害的构筑物	本地区抗震设防烈度提高一度要求
乙	地震时使用功能不能中断或者可能发生严重次生灾害的构筑物	本地区抗震设防烈度提高一度要求
丙	除甲乙丁以外的构筑物	符合本地区抗震设防烈度要求
丁	抗震次要构筑物	宜符合本地区要求，可适当降低一度要求

从表Ⅰ.2-16可以看出，此规范的设防分类和现行的《构筑物抗震设计规范》是相似的，设防标准也是一样的。抗震设计设防要求中规定6度以上的地区，石油化工构筑物必须进行抗震设计。抗震设防烈度和设计基本地震加速度取值的关系同样是按照《中国地震动参数区划图》来表征的，同其他抗震设计规范是一样的，可参考前文规范中的规定。场地类别的划分原则与《构筑物抗震设计规范》相同，一般情况下，至少在石油化工构筑物结构单元的两个主轴方向上分别计算水平地震作用并进行抗震验算。8、9度烈度区，大跨结构、高耸结构、长悬臂结构等构筑物，应计入竖向地震作用。此规范建议了一些地震作用计算方法，比如底部剪力法、振型分解反应谱法、时程分析法等等。其中，甲类构筑物和本规范规定的其他构筑物，在采用时程分析法时，应选用不少于2组天然强震动记录和1组人造记录。所选取的强震动记录应该与目标谱匹配。

以上两类构筑物抗震设计规范的地震影响曲线计算公式及参数定义是一样的，如图 I.2-3 所示。其中，T_g 为场地特征周期，与《建筑抗震设计规范》相同。在计算罕遇地震作用时特征周期值应该增加 0.05s。α_{max} 为水平地震影响系数最大值，根据不同地震设防烈度和不同地震作用取值，如表 I.2-17 所示。

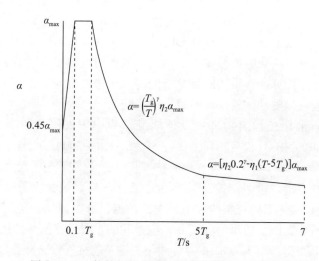

图 I.2-3　构筑物抗震设计规范地震影响系数曲线

表 I.2-17　构筑物水平地震作用影响系数最大值（g）

抗震设防烈度	6	7		8		9
多遇地震	0.04	0.08	0.12	0.16	0.24	0.32
设防地震	0.11	0.23	0.34	0.45	0.68	0.90
罕遇地震	0.28	0.50	0.72	0.90	1.20	1.40

构筑物规定的计算地震影响系数曲线计算到 7s，超过 7s 的构筑物，影响系数应该专门研究。由于计算周期比较长，为了防止计算为负值，当计算的地震影响系数小于 $0.12\alpha_{max}$ 时，应该取 $0.12\alpha_{max}$。当结构阻尼比为 5% 时，$\eta_1 = 0.02$，$\eta_2 = 1$，$\gamma = 0.9$。当阻尼比不为 5% 时，按照公式另行计算。

I.2.4　《公路工程抗震规范》

我国现行的《公路工程抗震规范》是中华人民共和国交通运输部在 2013 年 12 月 10 号发布的 JTG B02—2013。此规范适用于所有公路工程构筑物的抗震设计。不需要进行地震安评的公路工程构筑物，需按照我国现行的《中国地震动参数区划图》进行抗震设防。当某地区的地震动峰值加速度大于 $0.4g$ 时，该地区的公路工程构筑物的抗震设计需要进行专门的研究才能确定其抗震设计要求。此规范规定是 E1 地震作用指的是重现期为 475 年的地震作用，E2 地震作用指的是重现期为 2000 年的地震作用。在《公路工程抗震规范》中，公路桥梁作为其中最重要的构筑物，它的抗震设计与抗震验算十分重要，因此本节主要介绍公路桥梁的抗震要求。公路工程桥梁的抗震设防类别和设防标准如表Ⅰ.2-18所示。

表Ⅰ.2-18　公路工程桥梁抗震设防分类和设防标准表

桥梁抗震设防类别	桥梁特征	E1 地震设防目标	E2 地震设防目标
A 类	单跨超过 150m 的特大桥	不受损或者不需修复可使用	轻微损伤，修复后可使用
B 类	单跨不超多 150m 的高速公路一级公路上的桥梁，单跨不超过 150m 的二级公路上的特大桥、大桥	不受损或者不需修复可使用	不倒塌或产生严重结构损伤经临时加固后可应急使用
C 类	二级公路上的中桥、小桥，单跨不超过 150m 的三四级公路上的特大桥、大桥		
D 类	三四级公路上的中桥、小桥	不受损或者不需修复可使用	/

公路工程桥梁的设防烈度不仅仅与场地的基本地震烈度有关，还与桥梁的抗震设防类别有关。公路工程桥梁的抗震设防烈度表应按表Ⅰ.2-19取值。

表Ⅰ.2-19　公路工程桥梁设防烈度

地震基本烈度		6	7		8		9
对应设计基本峰值加速度		≥0.05g	0.10g	0.15g	0.20g	0.30g	≥0.40g
桥梁类别	A 类	7	8	8	9	专门研究	
	B 类	7	8	8	9	9	≥9
	C 类	6	7	7	8	8	9
	D 类	6	7	7	8	8	9

公路工程桥梁的地震基本烈度和水平、竖向设计基本地震动峰值加速度 A_h 和 A_v 的关系如表Ⅰ.2-20所示。

表Ⅰ.2-20　基本烈度与水平、竖直向设计基本地震动峰值加速度关系

地震基本烈度	6	7		8		9
水平向 A_h	≥0.05g	0.10g	0.15g	0.20g	0.30g	≥0.40g
竖直向 A_v	0	0		0.10g	0.17g	0.25g

　　此规范规定的工程场地类别按照场地土剪切波速和场地土覆盖厚度分为四类，与城市桥梁抗震设计规范的分类是相同的。公路工程桥梁的抗震设计，在选取设计地震动时程时，同样是用规范规定的地震影响曲线即目标谱作为标准来选取的，地震影响曲线如图 I.2-4 所示。其中，$\alpha_{max} = 2.25C_i C_s C_d A_h$，式中，$C_i$ 为桥梁抗震重要性修正系数，按表 I.2-21 取值；C_s 是场地系数，按照表 I.2-22 取值；C_d 是阻尼调整系数，当结构阻尼比为 5% 时，$C_d = 1$；场地特征周期 T_g 按照表 3-22 取值。桥梁抗震重要性修正系数 C_i 取值见表 I.2-21。

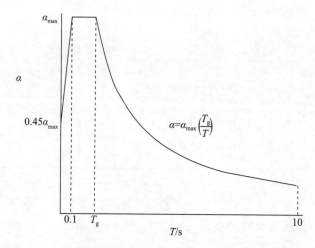

图 I.2-4　公路工程（桥梁）抗震设计规范地震影响系数曲线

表 I.2-21　桥梁抗震重要性修正系数

桥梁抗震设防类别	E1 地震作用	E2 地震作用
A 类	1.0	1.7
B 类	0.43（0.5）	1.3（1.7）
C 类	0.34	1.0
D 类	0.23	/

　　高速公路和一级公路上单跨跨径不超过 150m 的大桥、特大桥的重要性修正系数取 B 类括号内值。场地系数见表 I.2-22。

表 I.2-22 场地系数表

场地类别	设计基本峰值加速度					
	0.05g	0.10g	0.15g	0.20g	0.30g	≥0.40g
I	1.2	1.0	0.9	0.9	0.9	0.9
II	1.0	1.0	1.0	1.0	1.0	1.0
III	1.1	1.3	1.2	1.2	1.0	1.0
IV	1.2	1.4	1.3	1.3	1.0	1.0

为了方便计算各类桥梁在不同场地的设计加速度反应谱，我们假设 $\beta_{max} = 2.25 C_i C_d A_h$，由于 β_{max} 与场地类别无关，因此这样统计可以方便计算。最终 $\alpha_{max} = C_s \beta_{max}$。各类桥梁在不同地震作用下的 β_{max} 值如表 I.2-23 所示。

表 I.2-23 不同类别桥梁不同地震作用下的 β_{max} 值

A 类桥梁不同地震作用下的 β_{max} 值

地震基本烈度	6	7		8	9
E1 地震作用	0.34	0.45	0.68	0.90	专门研究
E2 地震作用	0.57	0.77	1.15	1.53	

B 类桥梁不同地震作用下的 β_{max} 值

地震基本烈度	6	7		8		9
E1 地震作用	0.15	0.19	0.29	0.39	0.39	0.44
E2 地震作用	0.44	0.59	0.88	1.17	1.17	1.32

C 类桥梁不同地震作用下的 β_{max} 值

地震基本烈度	6	7		8		9
E1 地震作用	0.04	0.08	0.11	0.15	0.23	0.31
E2 地震作用	0.11	0.23	0.34	0.45	0.68	0.90

D 类桥梁不同地震作用下的 β_{max} 值

地震基本烈度	6	7		8		9
E1 地震作用	0.03	0.05	0.08	0.10	0.16	0.21
E2 地震作用	/					

此规范规定的目标谱只适用于单跨跨径不超过 150m 的钢筋混凝土和预应力混凝土桥梁、圬工或钢筋混凝土拱桥的抗震设计。此规范没有规定要求所选取的强震动记录必须为天然强震动记录。城市桥梁抗震设计规范与《公路工程抗震规范》将地震影响 E2 地震的定义不同，其中城市桥梁抗震设计规范将 E2 地震定义为重现期为 2500 年的地震，而《公路工程抗震规范》将 E2 地震定义为重现期为 2000 年的地震。

1.3　长周期规范

我国现行的《石油化工钢制设备抗震设计规范》是中华人民共和国住房城乡建设部在 2012 年那月 28 日发布的 GB 50761—2012。此规范适用于抗震设防烈度为 6~9 度或者设计基本地震加速度为 $0.05g~0.40g$ 地区的石油化工装置的抗震设计。石油化工钢制设备在抗震设计时，按其重要度可以分为表 I.3-1 中几类。

表 I.3-1　石油化工钢制设备抗震设计分类及重要度系数

重要度分类	设备特性	重要度系数
第一类	包括储水罐和除第二第三类以外的设备	0.9
第二类	容积≥100m³ 的卧式设备，和公称容积≥1000m³ 且小于 30000m³ 的立式圆筒储罐，加热炉高度为 20~80m 的直立设备	1
第三类	公称容积≥30000m³ 的立式圆筒储罐和高度大于 80m 的群座式直立设备	1.1

石油化工钢制设备的设防烈度和设计基本地震加速度对应表与场地特征周期表和《建筑抗震设计规范》相同。石油化工钢制设备在计算地震作用和抗震验算时，多数情况下只需计算水平方向的地震作用，并进行水平方向的抗震验算。但是在设防烈度为 8、9 度地区，对于高径比大于 5 且高度大于 20m 的直立设备和加热炉落地烟囱，应计算竖向地震作用并应进行抗震验算；安装在构架上的卧式设备、支腿式直立设备，应考虑设备所在构架的地震放大作用。《石油化工钢制设备抗震设计规范》提供了多种计算设备地震作用的计算方法，并规定设计基本地震动加速度大于等于 $0.30g$ 且高度大于 120m、高径比大于 25 的直立设备和 150000m³ 以上的超大型储油罐宜采用时程分析法进行补充计算。在采用时程分析法时，应选用不少于 2 组天然强震动记录和 1 组人造记录。所选取的强震动记录应该与目标谱匹配。时程分析法所用的强震动记录的加速度时程最大值和《建筑抗震设计规范》是相同的。石油化工钢制设备的设计反应谱同样适用地震影响系数来表征的，设备的地震影响系数曲线与抗震设防烈度、设计地震分组、场地类别、设备自振周期以及阻尼比有关，具体计算如图 I.3-1 所示。

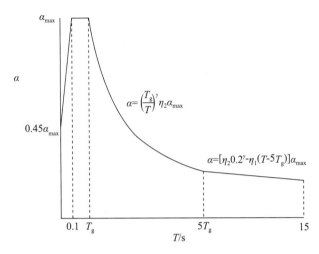

图 Ⅰ.3-1 石油化工钢制设备抗震设计规范地震影响系数曲线

从图 Ⅰ.3-1 中可以看出，石油化工钢制设备地震影响曲线的计算方式和计算公式是和《建筑抗震设计规范》是相同的，不过石油化工钢制设备，由于材料特性和结构特性，需要将地震影响曲线计算到 15s。式中的参数取值也是和《建筑抗震设计规范》是相同的。由于计算周期过长，为了防止地震影响系数曲线为负数，当水平地震影响系数小于 $0.05\eta_2\alpha_{max}$ 时，应取 $0.05\eta_2\alpha_{max}$。α_{max} 的取值如表 Ⅰ.3-2 所示。

表 Ⅰ.3-2 水平地震作用影响系数最大值 α_{max}

抗震设防烈度	6	7		8		9
多遇地震	0.04	0.08	0.12	0.16	0.24	0.32
设防地震	0.11	0.23	0.34	0.45	0.68	0.90
罕遇地震	0.28	0.50	0.72	0.90	1.20	1.40

附录Ⅱ 我国加速度反应谱相关系数矩阵

表Ⅱ-1 谱加速度标准差系数相关系数 M1 组 ($5.5 \leqslant M_s < 6$)

T/s	0.01	0.02	0.05	0.07	0.1	0.2	0.3	0.5	0.7	1	1.5	1.7	2
0.01	1.000	1.000	0.947	0.908	0.912	0.882	0.807	0.609	0.539	0.445	0.391	0.390	0.365
0.02	1.000	1.000	0.952	0.914	0.916	0.877	0.801	0.600	0.531	0.437	0.384	0.383	0.358
0.05	0.947	0.952	1.000	0.958	0.913	0.776	0.690	0.467	0.401	0.316	0.267	0.270	0.256
0.07	0.908	0.914	0.958	1.000	0.928	0.727	0.624	0.377	0.302	0.215	0.178	0.180	0.166
0.1	0.912	0.916	0.913	0.928	1.000	0.746	0.626	0.402	0.337	0.255	0.227	0.229	0.209
0.2	0.882	0.877	0.776	0.727	0.746	1.000	0.875	0.688	0.600	0.509	0.456	0.452	0.421
0.3	0.807	0.801	0.690	0.624	0.626	0.875	1.000	0.806	0.699	0.599	0.539	0.526	0.502
0.5	0.609	0.600	0.467	0.377	0.402	0.688	0.806	1.000	0.906	0.822	0.747	0.730	0.708
0.7	0.539	0.531	0.401	0.302	0.337	0.600	0.699	0.906	1.000	0.920	0.853	0.837	0.810
1	0.445	0.437	0.316	0.215	0.255	0.509	0.599	0.822	0.920	1.000	0.931	0.917	0.892
1.5	0.391	0.384	0.267	0.178	0.227	0.456	0.539	0.747	0.853	0.931	1.000	0.981	0.952
1.7	0.390	0.383	0.270	0.180	0.229	0.452	0.526	0.730	0.837	0.917	0.981	1.000	0.974
2	0.365	0.358	0.256	0.166	0.209	0.421	0.502	0.708	0.810	0.892	0.952	0.974	1.000

表Ⅱ-2 谱加速度标准差系数相关系数 M2 组 （6.0≤M_S<6.5）

T/s	0.01	0.02	0.05	0.07	0.1	0.2	0.3	0.5	0.7	1	1.5	1.7	2
0.01	1.000	1.000	0.969	0.945	0.946	0.910	0.872	0.716	0.495	0.299	0.132	0.107	0.067
0.02	1.000	1.000	0.972	0.948	0.949	0.909	0.869	0.710	0.487	0.290	0.124	0.099	0.059
0.05	0.969	0.972	1.000	0.972	0.954	0.878	0.813	0.611	0.369	0.161	0.004	-0.014	-0.048
0.07	0.945	0.948	0.972	1.000	0.969	0.869	0.783	0.556	0.292	0.081	-0.076	-0.100	-0.132
0.1	0.946	0.949	0.954	0.969	1.000	0.888	0.786	0.569	0.305	0.086	-0.077	-0.104	-0.140
0.2	0.910	0.909	0.878	0.869	0.888	1.000	0.898	0.685	0.429	0.196	-0.009	-0.031	-0.070
0.3	0.872	0.869	0.813	0.783	0.786	0.898	1.000	0.819	0.578	0.366	0.164	0.141	0.102
0.5	0.716	0.710	0.611	0.556	0.569	0.685	0.819	1.000	0.842	0.652	0.444	0.413	0.369
0.7	0.495	0.487	0.369	0.292	0.305	0.429	0.578	0.842	1.000	0.865	0.688	0.667	0.632
1	0.299	0.290	0.161	0.081	0.086	0.196	0.366	0.652	0.865	1.000	0.867	0.843	0.811
1.5	0.132	0.124	0.004	-0.076	-0.077	-0.009	0.164	0.444	0.688	0.867	1.000	0.972	0.935
1.7	0.107	0.099	-0.014	-0.100	-0.104	-0.031	0.141	0.413	0.667	0.843	0.972	1.000	0.969
2	0.067	0.059	-0.048	-0.132	-0.140	-0.070	0.102	0.369	0.632	0.811	0.935	0.969	1.000

表Ⅱ-3 谱加速度标准差系数相关系数 M3 组 （6.5≤M_S≤7）

T/s	0.01	0.02	0.05	0.07	0.1	0.2	0.3	0.5	0.7	1	1.5	1.7	2
0.01	1.000	1.000	0.977	0.945	0.941	0.928	0.889	0.766	0.635	0.569	0.497	0.458	0.418
0.02	1.000	1.000	0.979	0.949	0.943	0.927	0.886	0.762	0.630	0.563	0.492	0.453	0.412
0.05	0.977	0.979	1.000	0.979	0.954	0.892	0.832	0.696	0.549	0.482	0.413	0.372	0.329
0.07	0.945	0.949	0.979	1.000	0.964	0.876	0.788	0.621	0.468	0.410	0.339	0.299	0.255
0.1	0.941	0.943	0.954	0.964	1.000	0.891	0.782	0.597	0.452	0.398	0.338	0.299	0.264
0.2	0.928	0.927	0.892	0.876	0.891	1.000	0.876	0.681	0.537	0.481	0.425	0.394	0.366
0.3	0.889	0.886	0.832	0.788	0.782	0.876	1.000	0.817	0.687	0.599	0.552	0.529	0.491
0.5	0.766	0.762	0.696	0.621	0.597	0.681	0.817	1.000	0.887	0.769	0.686	0.661	0.619
0.7	0.635	0.630	0.549	0.468	0.452	0.537	0.687	0.887	1.000	0.883	0.788	0.764	0.722
1	0.569	0.563	0.482	0.410	0.398	0.481	0.599	0.769	0.883	1.000	0.890	0.870	0.833
1.5	0.497	0.492	0.413	0.339	0.338	0.425	0.552	0.686	0.788	0.890	1.000	0.969	0.924
1.7	0.458	0.453	0.372	0.299	0.299	0.394	0.529	0.661	0.764	0.870	0.969	1.000	0.950
2	0.418	0.412	0.329	0.255	0.264	0.366	0.491	0.619	0.722	0.833	0.924	0.950	1.000

表 II - 4　谱加速度标准差系数相关系数 5.5≤M_s≤7.0

T/s	0.01	0.02	0.05	0.07	0.1	0.2	0.3	0.5	0.7	1	1.5	1.7	2
0.01	1.000	1.000	0.962	0.929	0.930	0.902	0.845	0.677	0.550	0.437	0.346	0.330	0.295
0.02	1.000	1.000	0.966	0.934	0.933	0.900	0.840	0.670	0.543	0.430	0.339	0.323	0.289
0.05	0.962	0.966	1.000	0.968	0.937	0.838	0.760	0.564	0.429	0.317	0.230	0.216	0.188
0.07	0.929	0.934	0.968	1.000	0.951	0.812	0.711	0.489	0.341	0.229	0.146	0.131	0.103
0.1	0.930	0.933	0.937	0.951	1.000	0.832	0.712	0.498	0.355	0.243	0.165	0.149	0.120
0.2	0.902	0.900	0.838	0.812	0.832	1.000	0.881	0.683	0.534	0.411	0.311	0.299	0.266
0.3	0.845	0.840	0.760	0.711	0.712	0.881	1.000	0.812	0.663	0.536	0.441	0.426	0.394
0.5	0.677	0.670	0.564	0.489	0.498	0.683	0.812	1.000	0.886	0.767	0.654	0.635	0.602
0.7	0.550	0.543	0.429	0.341	0.355	0.534	0.663	0.886	1.000	0.897	0.796	0.778	0.745
1	0.437	0.430	0.317	0.229	0.243	0.411	0.536	0.767	0.897	1.000	0.904	0.886	0.856
1.5	0.346	0.339	0.230	0.146	0.165	0.311	0.441	0.654	0.796	0.904	1.000	0.976	0.941
1.7	0.330	0.323	0.216	0.131	0.149	0.299	0.426	0.635	0.778	0.886	0.976	1.000	0.967
2	0.295	0.289	0.188	0.103	0.120	0.266	0.394	0.602	0.745	0.856	0.941	0.967	1.000

附录Ⅲ 我国主要地震信息及震源机制

No.	发震时间	记录数量（选取数量）	震中纬度（°N）	震中经度（°E）	深度（km）	M_W	断层长度（km）	断层宽度（km）	长比	宽比	走向（°）	倾角（°）	滑动（°）	断层类型	参考文献
1	07.06.03 05:34:56	22 (17)	23.030	101.050	5	6.4	45.0	20.0	0.5	0.5	152	54	166	Strike-Slip	张勇等 (2008)
2	07.07.20 18:06:51	21 (0)	42.916	82.300	28	5.3					249	83	1	Strike-Slip	李莹甄等 (2008)
3	08.08.30 16:30:53	28 (22)	26.200	101.900	10	5.7	39.0	19.0	0.5	0.5	185	83	5	Strike-Slip	龙锋等 (2010)
4	08.11.10 09:21:59	17 (0)	37.530	95.885	16.7	6.3	16.5	6.9	0.5	0.5	116	57	—	Reverse	王乐洋等 (2013)
5	09.06.30 02:03:52	9 (0)	31.460	103.960	24	5.3					71	67	108	Reverse	
6	09.07.09 19:19:14	65 (51)	25.600	101.030	6	5.7					295	76	-174	Strike-Slip	秦双龙等 (2012)
7	09.08.28 09:52:07	12 (6)	37.600	95.900	10	6.3					101	60	83	Reverse	

续表

No.	发震时间	记录数量（选取数量）	震中纬度（°N）	震中经度（°E）	深度（km）	M_W	断层长度（km）	断层宽度（km）	长比	宽比	走向（°）	倾角（°）	滑动（°）	断层类型	参考文献
8	09.08.31 18：15：29	13（7）	37.740	95.980	7	5.8					98	57	90	Reverse	
9	10.04.14 07：49：42	5（0）	33.220	96.590	14	6.8	50.0	25.0	0.2	0.6	119	83	17	Strike-Slip	张勇等（2010）
10	11.04.10 17：02：42	8（8）	31.280	100.800	10	5.2					313	70	−6	Strike-Slip	魏娅玲等（2016）
11	11.06.08 09：53：23	15（8）	42.950	88.300	10	5.0					279	35	124	Reverse-Oblique	韩立波和蒋长胜（2012）
12	11.06.20 18：16：50	11（11）	25.050	98.690	10	5.0					140	73	148	Strike-Slip	高和徐（2015）
13	11.08.09 19：50：17	20（18）	25.000	98.700	11	5.1					340	90	−165	Strike-Slip	高洋和徐彦（2015）
14	11.11.01 05：58：15	32（26）	32.600	105.300	6	5.0					79	50	108	Reverse	
15	11.11.01 08：21：28	8（0）	43.600	82.450	28	5.5					87	64	90	Reverse	
16	12.03.09 06：50：07	21（0）	39.450	81.350	30	5.9					132	46	128	Reverse-Oblique	

续表

No.	发震时间	记录数量（选取数量）	震中纬度（°N）	震中经度（°E）	深度（km）	M_w	断层长度（km）	断层宽度（km）	长比	宽比	走向（°）	倾角（°）	滑动（°）	断层类型	参考文献
17	12.05.03 18：19：36	5（5）	40.580	98.620	12	5.2					78	82	-26	Strike-Slip	张辉和王熠熙（2012）
18	12.06.15 05：51：26	13（9）	42.170	84.220	10	5.3					249	44	75	Reverse	
19	12.06.24 15：59：34	9（8）	27.710	100.690	11	5.3					302	55	-141	Normal-oblique	曾祥方等（2013）
20	12.06.30 05：07：32	33（17）	43.420	84.740	7	6.3	20.0	5.0	0.5	0.5	293	62	152	Strike-Slip	秦刘冰等（2014）
21	12.09.07 12：16：30	25（22）	27.560	104.030	14	5.3					243	62	149	Strike-Slip	吕坚等（2013）
22	13.03.03 13：41：16	24（22）	25.930	99.720	9	5.5					158	43	-99	Normal	赵和付（2014）
23	13.03.29 13：01：07	28（23）	43.400	86.800	10	5.4					167	51	-177	Strike-Slip	
24	13.04.17 09：45：54	24（24）	25.900	99.750	10	5.0					157	44	-102	Normal	赵小艳和付虹（2014）
25	13.04.20 08：02：46	120（41）	30.308	102.888	10.2	6.7	66.0	35.0	0.5	0.5	205	39	89	Reverse-Oblique	王卫民等（2013）

续表

No.	发震时间	记录数量(选取数量)	震中纬度(°N)	震中经度(°E)	深度(km)	M_{w}	断层长度(km)	断层宽度(km)	长比	宽比	走向(°)	倾角(°)	滑动(°)	断层类型	参考文献
26	13.07.22 07:45:57	64(31)	34.540	104.189	7.4	5.9	32.2	16.5	0.5	0.5	301	64	70	Strike-Slip	孙蒙等(2015)
27	13.08.31 08:04:17	6(6)	28.150	99.350	10	5.7					97	42	−95	Normal	
28	13.09.20 05:37:01	40(36)	37.730	101.530	15	5.1					126	34	42	Reverse-Oblique	姚家骏(2015)
29	14.05.24 14:49:21	7(0)	24.980	97.830	12	5.5					326 / 153	72 / 90	−174 / 171	Strike-Slip* / Strike-Slip*	许力生等(2014)
30	14.05.30 09:20:13	9(5)	25.020	97.800	12	5.7					176	84	−173	Strike-Slip	许力生等(2014) / 赵旭等(2014)
31	14.07.09 05:52:00	24(18)	39.310	78.230	10	5.0					359	74	−177	Strike-Slip	
32	14.08.03 16:30:20	74(37)	27.110	103.330	11	6.1	30.0 / 30.0	15.0 / 15.0	0.6 / 0.6	0.8 / 0.8	345 / 75	90 / 70	−20 / −180	Strike-Slip / Strike-Slip	刘成利等(2014)
33	14.08.17 06:07:58	30(20)	28.120	103.510	7	5.1					317	78	5	Strike-Slip	
34	14.10.01 09:23:27	16(13)	28.380	102.740	10	5.1					352	79	29	Strike-Slip	易桂喜等(2016)

续表

No.	发震时间	记录数量（选取数量）	震中纬度（°N）	震中经度（°E）	深度（km）	M_w	断层长度（km）	断层宽度（km）	长比	宽比	走向（°）	倾角（°）	滑动（°）	断层类型	参考文献
35	14.10.02 23:56:34	6 (0)	36.420	97.790	10	5.0					279	48	81	Reverse	马玉虎等 (2015)
36	14.10.07 21:49:39	39 (23)	23.382	100.470	17.2	6.2	17.2	0.5	0.5	0.5	149	78	177	Strike-Slip	陈浩和陈晓非 (2016)
37	14.11.22 16:55:00	54 (28)	30.290	101.680	10	5.9	30.0	4.0	0.5	0.5	143	82	−9	Strike-Slip	易桂喜等 (2015)
38	14.11.25 23:19:07	31 (23)	30.200	101.750	16	5.6					151	83	−6	Strike-Slip	易桂喜等 (2015)
39	14.12.06 02:43:45	18 (14)	23.320	100.490	10	5.6					346	81	162	Strike-Slip	
40	14.12.06 18:20:01	24 (19)	23.330	100.500	10	5.5					339	71	173	Strike-Slip	
41	15.01.14 13:21:00	33 (0)	29.300	103.200	20	4.6					350	46	107	Reverse	
42	15.02.22 14:42:57	7 (7)	44.110	85.670	10	5.0					114	56	110	Reverse	
43	15.03.01 18:24:40	15 (9)	23.500	98.940	11	5.3	10.0	3.0	0.5	0.5	66	69	10	Strike-Slip	徐甫坤等 (2015)

续表

No.	发震时间	记录数量（选取数量）	震中纬度（°N）	震中经度（°E）	深度（km）	M_W	断层长度（km）	断层宽度（km）	长比	宽比	走向（°）	倾角（°）	滑动（°）	断层类型	参考文献
44	15.04.15 15：39：00	39（22）	39.760	106.370	10	5.3					160 / 253	80 / 75	165 / 10	Strike-Slip* / Strike-Slip*	郝美仙等（2015）
45	15.07.03 09：07：47	39（20）	37.560	78.150	12	6.5	28.0	35.0	0.6	0.8	114	25	97	Reverse	Wen et al.（2016）
46	15.10.30 19：26：39	21（20）	25.040	99.440	10	4.9					35	51	−64	Normal	
47	15.11.23 05：02：42	5（5）	38.010	100.390	10	5.2					109	57	15	Strike-Slip	

注：①*表示有两个可能的发震断层节面，无法通过附近断层走向或者余震分布判断。

②参考文献：

陈浩、陈晓非，2016，2014年10月7日云南景谷M_W6.2地震震源机制解反演和重定位[J]，地球物理学进展，31（04）：1413~1418

高洋、徐彦，2015，2011年腾冲中强冲列震源机制解和发震构造研究，震灾防御技术，10（增刊）：712~723

韩立波、蒋长胜，2012，2011年6月8日新疆托克逊M_S5.3地震震源机制反演[J]，地震学报，34（03）：415~422+426

郝美仙、张帆、尹战军，2015，阿拉善左旗M_S5.8级地震数字化波形记录特征和震源机制解[J]，高原地震，27（04）：6~10

李莹甄、夏爱国、高歌，2008，2007年7月20日新疆特克斯5.9级地震及震前部分地震学前兆异常[J]，中国地震，24（04）：370~378

刘成利、郑勇、熊熊、付芮、单斌、习法启，2014，利用区域宽频带数据反演鲁甸M_S6.5级地震震源破裂过程[J]，地球物理学报，57（09）：3028~3037

龙锋、张永久、闻学泽、倪四道、张致伟，2010，2008年8月30日攀枝花—会理6.1级地震序列M_L≥4.0级事件的震源机制解[J]，地震学报，53（12）：

吕坚、郑全芬、肖健、谢祖军、曾新福、黎斌、董非非，2013，2012年9月7日云南彝良M_S5.7、M_S5.6地震发震构造及其预测意义[J]，地球物理学报，56（08）：2645~2654

马玉虎、姚家骏、王培玲、刘文邦，2015，2014年10月青海乌兰M_S5.1地震发震构造及其测定意义[J]，高原地震，27（03）：1~6

秦刘冰、陈伟文、靳平、廖丽霞，2012，2012年新疆新源M_S6.6地震震源参数精确确定[J]，地球物理学进展，29（05）：2051~2059

秦双龙、张建国、王卫民、何建坤，2015，2009年云南姚安6.0级地震震源机制与发震构造的分析研究[J]，内陆地震，26（01）：52~61

孙蒙、王卫民、王翀、温扬茂，2015，2013年7月22日甘肃岷县—漳县M_S6.6地震震源破裂过程[J]，地球物理学报，58（06）：1909~1918

王乐洋、许才军、温扬茂，2013，利用STLN和InSAR数据反演2008年青海大柴旦M_W6.3地震断层参数[J]，测绘学报，42（02）：168~176

王卫民、郝金来、姚振兴，2013，2013 年 4 月 20 日四川芦山地震震源破裂过程反演初步结果 [J]，地球物理学报，56（04）：1412~1417

魏娅玲、程静馥、吴微微，2016，多方法研究四川炉霍 M_S5.3 地震震源机制解 [J]，四川地震，（01）：12~16

徐甫坤、刘自凤、孙楠、和嘉吉、赵小艳，2015，2015 年云南沧源 M_S5.5 地震序列分布与演化特征 [J]，地震研究，38（03）：333~340

许力生、严川、张旭、付虹、李春来、郭祥云，2014，2014 年盈江双震的破裂历史 [J]，地球物理学报，57（10）：3270~3284

姚家骏，2015，2013 年陇南—门源交界 M_S5.1 地震重新定位，震源机制及发震构造研究 [J]，地震工程学报，37（04）：1077~1081+1094

易桂喜、闻学泽、梁明剑、王思维，2015，2014 年 11 月 22 日康定 M6.3 地震序列发震构造分析 [J]，地球物理学报，58（04）：1205~1219

易桂喜、龙锋、赵敏、官悦、张致伟、乔慧珍，2016，2014 年 10 月 1 日越西 M5.0 地震震源机制与发震构造分析 [J]，地震地质，38（04）：1124~1136

曾祥方、韩立波、倪四道、石耀霖，2013，2012 年 6 月 24 日宁蒗—盐源 M_S5.7 地震震源参数研究 [J]，地震，33（04）：196~206

张辉、王熅熙，2012，2012 年 5 月 3 日金塔—阿拉善盟 5.4 级地震震源机制解 [J]，西北地震学报，34（02）：205~206

张勇、许力生、陈运泰，2010，2010 年 4 月 14 日青海玉树地震破裂过程快速反演 [J]，地震学报，32（03）：361~365

张勇、许力生、陈运泰、冯万鹏、杜海林，2008，2007 年云南宁洱 M_S6.4 地震震源过程 [J]，中国科学（D 辑：地球科学），（06）：683~692

赵小艳、付虹，2014，2013 年洱源 M_S5.5 和 M_S5.0 地震发震构造识别 [J]，地震学报，36（04）：640~652

赵旭、黄志斌、房立华，2014，2014 年云南盈江 M_S6.1 地震震源机制研究 [J]，中国地震，30（03）：462~473

Wen Y，Xu C，Liu Y & Jiang G，2016，Deformation and source parameters of the 2015 M_W6.5 earthquake in Pishan，western China，from Sentinel-1A and ALOS-2 data. Remote sensing，8（2），134

附录 IV　我国部分台站位置及 V_{S30} 估计值

台站编码	东经 (°)	北纬 (°)	V_{S30} (m/s)	估计方法	台站编码	东经 (°)	北纬 (°)	V_{S30} (m/s)	估计方法	台站编码	东经 (°)	北纬 (°)	V_{S30} (m/s)	估计方法
053JGT	100.6	23.2	760	6	062YUM	97.6	39.8	555	6	062GLX	102.9	37.5	330	6
053JMH	100.9	21.9	425	6	065AGE	83.0	42.0	555	6	062HHT	103.1	37.7	330	6
053JMY	100.9	22.1	425	6	065EBT	83.8	41.8	370	5	062HOX	102.4	38.0	330	6
053JPW	101.1	22.5	293	2	065HLK	85.9	41.7	210	6	062HSY	102.9	37.4	425	6
053JYZ	100.7	23.5	330	6	065KEC	85.5	41.9	370	5	062HUC	101.8	37.9	425	6
053JZX	101.0	23.3	430	2	065KUC	83.0	41.7	330	6	062HXI	102.6	37.4	555	6
053LFB	99.8	22.9	236	5	065LNZ	84.3	41.5	210	6	062HYS	102.9	38.4	270	6
053MDL	100.1	21.7	760	6	065LOT	84.3	41.8	370	5	062HYZ	102.5	37.4	760	6
053MMM	100.1	22.2	385	2	065SYA	82.8	41.2	370	5	062JDN	102.7	38.1	270	6
053MMP	101.3	21.5	425	6	065YXA	84.6	42.0	370	5	062JSH	102.6	38.0	330	6
053PDH	100.9	23.0	348	2	051MLN	101.3	27.9	370	5	062MSH	102.7	37.7	425	6
053PMX	101.2	23.1	425	6	051YYL	100.9	27.7	370	5	062QYU	102.8	37.9	270	6
053SBN	102.6	23.7	555	6	053LLP	100.1	27.1	760	6	062SIS	102.9	37.6	330	6
053SLS	101.0	22.8	555	6	053NHQ	100.8	27.4	760	6	062SUW	103.1	38.6	210	6
053SML	100.7	22.6	471	2	053NLT	100.8	27.3	425	2	062TUM	103.1	37.6	425	6
053SSM	100.6	22.5	393	2	053XXZ	99.8	27.6	555	6	062WJJ	103.0	37.8	270	6
053XYW	102.1	23.9	555	6	065CDY	84.9	42.0	330	6	062XDT	103.2	37.3	555	6

续表

台站编码	东经(°)	北纬(°)	V_{S30}(m/s)	估计方法	台站编码	东经(°)	北纬(°)	V_{S30}(m/s)	估计方法	台站编码	东经(°)	北纬(°)	V_{S30}(m/s)	估计方法
051MYL	102.1	26.9	555	6	065DSZ	84.9	44.3	425	6	062XQT	102.9	37.5	330	6
051MYS	102.0	26.8	327	1	065EJT	85.7	41.8	210	6	062XSH	102.7	38.1	270	6
051PZD	101.8	26.3	690	6	065KTU	84.9	44.4	425	6	062YCZ	102.6	38.1	330	6
051PZF	101.4	26.6	628	3	065MNS	86.2	44.3	330	6	062YXB	102.7	38.0	296	2
051PZJ	101.8	26.6	555	6	065QBK	84.1	41.9	330	6	062ZLU	102.7	37.5	555	6
053BTH	100.5	25.8	425	6	065SAW	85.6	44.3	330	6	063EBO	100.9	38.0	425	6
053BWL	102.7	25.0	210	6	065SCH	85.7	43.9	690	6	063GOH	100.6	36.3	425	6
053DCT	103.2	26.1	760	6	065SHZ	86.0	44.3	330	6	063GUD	101.4	36.0	306	1
053DTD	103.1	26.2	760	6	065TEK	84.2	41.9	270	6	063HUY	101.2	36.7	425	6
053FDC	102.6	25.0	555	6	065WMK	84.4	44.2	555	6	063HUZ	102.0	36.8	555	6
053HTG	102.8	25.0	425	6	065YJT	84.8	44.9	236	5	063MEY	101.6	37.4	425	6
053KNX	102.8	24.9	330	6	065YST	85.4	44.7	270	6	063PIA	102.1	36.5	425	6
053LDZ	100.2	26.9	330	6	065YYG	85.1	42.0	330	6	063QSZ	101.4	37.5	555	6
053LGD	102.7	25.1	425	6	051BTT	102.8	27.5	296	1	063XIM	102.0	37.3	690	6
053LJH	100.0	26.8	236	5	051HLB	102.3	27.0	373	3	063XIN	101.7	36.6	330	6
053QWZ	102.7	25.0	210	6	051MBD	103.5	28.8	645	1	053BSL	99.2	25.1	330	6
053TWT	102.8	25.0	425	6	051NNH	102.9	27.0	305	2	053LLX	98.7	24.6	318	2
053WZJ	100.0	25.5	760	6	051NNL	102.7	27.1	339	1	053STP	99.0	24.8	555	6
053XML	102.8	25.0	425	6	051PGB	102.6	27.3	690	6	053THS	98.5	25.2	425	6
053YQN	100.6	26.3	555	6	051SWH	103.6	29.3	370	5	053TRH	98.4	25.0	555	6
053YRH	101.0	26.5	236	5	053DGX	103.9	27.7	690	6	065AKS	76.4	39.5	270	6
053YSC	102.7	25.1	330	6	053DJL	104.0	28.0	311	2	065ALL	76.3	39.1	210	6
053BWG	102.7	25.0	210	6	053DSS	103.9	27.9	760	6	065GDL	76.6	39.8	370	5

续表

台站编码	东经(°)	北纬(°)	V_{S30}(m/s)	估计方法	台站编码	东经(°)	北纬(°)	V_{S30}(m/s)	估计方法	台站编码	东经(°)	北纬(°)	V_{S30}(m/s)	估计方法
053CB1	102.7	25.1	425	6	053HYC	103.5	26.8	555	6	065GLK	77.0	39.8	370	5
053CBG	102.7	25.0	210	6	053LDS	103.6	27.2	206	2	065HQC	76.4	39.8	555	6
053CMX	102.7	25.1	330	6	053LDX	103.5	27.2	310	1	065JAS	76.8	39.2	236	5
053DFD	100.1	25.9	760	6	053QJT	102.9	26.9	690	6	065JZC	77.6	39.7	370	5
053DFG	102.7	25.0	210	6	053QJX	103.2	26.8	290	2	065KEP	79.0	40.5	270	6
053DFY	100.3	25.6	236	5	053QQC	103.2	26.9	236	5	065MLA	78.2	39.5	210	6
053DHD	100.3	25.7	222	2	053YLT	104.0	27.6	760	6	065QQK	77.7	39.3	210	6
053DSL	101.0	25.9	418	2	053YML	103.6	27.6	425	6	065SBY	77.8	39.3	210	6
053DWQ	100.1	25.8	760	6	053YSZ	103.7	27.9	537	1	065SRT	77.1	39.2	370	5
053DZF	100.3	25.6	236	5	053ZJA	103.8	27.5	281	2	065WLG	77.3	39.7	370	5
053ELK	102.7	25.0	210	6	053ZJT	103.7	27.3	330	6	065XKR	77.4	39.8	425	6
053EQH	99.8	26.1	760	6	053BWY	99.3	25.4	370	5	065XTL	76.6	39.5	370	5
053FJC	102.7	25.0	210	6	053ENJ	100.0	26.3	356	2	065YBZ	76.6	39.3	210	6
053GSX	102.7	25.1	425	6	053EYS	100.1	26.0	210	6	065YPH	76.8	39.2	210	6
053GSZ	102.7	25.0	210	6	053HSG	100.2	26.4	555	6	051BTD	102.8	27.7	368	1
053HQX	100.2	26.6	210	6	053JCD	99.9	26.5	425	6	051DCN	102.2	27.4	295	1
053HTJ	102.7	25.0	395	2	053JCS	99.8	26.3	690	6	051GXT	104.7	28.4	236	5
053JKY	102.6	24.7	425	6	053WNZ	100.3	25.2	555	6	051HDQ	102.8	26.7	423	3
053JQD	102.8	25.1	330	6	053XHD	100.7	25.6	425	6	051HDX	102.7	26.8	376	3
053JSX	99.8	26.3	690	6	065CSD	87.5	43.7	330	6	051HLD	102.2	26.7	471	3
053JYC	99.8	26.5	425	6	065DWP	87.5	43.9	425	6	051HLY	102.3	27.1	411	3
053LBL	102.8	25.1	425	6	065ETY	87.6	43.8	330	6	051NNS	102.6	27.2	316	1
053LGX	102.7	25.1	270	6	065FCH	86.7	44.5	236	5	051PGD	102.5	27.4	555	6

续表

台站编码	东经(°)	北纬(°)	V_{S30}(m/s)	估计方法	台站编码	东经(°)	北纬(°)	V_{S30}(m/s)	估计方法	台站编码	东经(°)	北纬(°)	V_{S30}(m/s)	估计方法
053LWC	102.7	25.0	210	6	065HTB	86.9	44.2	330	6	051PGQ	102.5	27.5	290	1
053LZY	102.7	24.9	210	6	065QEG	86.5	43.9	425	6	051PZT	101.5	26.7	463	3
053QCC	102.7	25.1	425	6	065QSH	86.1	43.9	425	6	051ZJQ	102.8	28.0	379	1
053SBY	102.8	25.1	425	6	065SGZ	87.5	43.8	425	6	053DAW	103.3	25.9	690	6
053SRD	102.7	25.0	210	6	065SLY	87.6	43.8	330	6	053DFZ	103.0	26.0	425	6
053SXY	102.6	25.1	425	6	065SPC	87.3	43.9	330	6	053DTB	103.0	26.4	555	6
053TXT	102.7	25.1	425	6	065STZ	86.8	44.0	425	6	053HZH	103.6	25.6	425	6
053TYC	102.6	25.0	555	6	065TSD	86.3	41.8	555	6	053HZX	103.3	26.4	760	6
053TYG	102.7	25.1	425	6	065WHL	87.6	43.9	425	6	053LDC	103.6	27.2	370	5
053XQD	100.7	25.6	236	5	065WJG	87.4	43.9	425	6	053SJX	103.9	28.6	628	1
053XXB	100.5	25.6	760	6	065XND	87.6	43.8	330	6	053XDS	103.1	25.4	555	6
053YBD	99.7	25.5	555	6	065YQT	86.1	44.6	210	6	053XXF	103.2	25.3	555	6
053YBX	100.0	25.7	236	5	053BBJ	100.5	25.7	370	5	051EMS	103.4	29.6	354	2
053YCH	100.7	26.5	370	5	053CPT	99.8	25.9	425	6	051LBD	103.6	28.3	391	1
053YDL	102.7	25.1	425	6	053EYT	99.6	26.1	555	6	051LSQ	103.9	29.2	330	6
053YLD	100.8	26.6	425	6	053LTT	99.8	26.0	690	6	051MBQ	103.7	28.8	370	5
053YPJ	100.6	26.0	425	6	053XSD	99.8	26.0	690	6	051MCL	103.7	29.0	453	1
053YPX	99.5	25.5	555	6	053XSX	99.7	26.0	555	6	051YBT	104.6	28.7	330	1
053XXY	102.7	25.1	425	6	051AXT	104.4	31.5	376	1	051YBY	104.6	29.0	483	1
063CEH	95.2	36.5	236	5	051BXD	102.8	30.4	638	1	053YHX	103.9	28.3	690	6
063DCD	95.4	37.9	303	2	051BXM	102.7	30.4	760	6	053YPE	104.2	28.2	575	1
063DGL	95.5	36.3	690	6	051BXY	102.9	30.5	332	1	053YST	103.6	28.2	760	6
063DLH	97.4	37.4	425	6	051BXZ	102.9	30.5	394	1	051MNF	102.2	28.4	555	6

续表

台站编码	东经(°)	北纬(°)	V_{S30}(m/s)	估计方法	台站编码	东经(°)	北纬(°)	V_{S30}(m/s)	估计方法	台站编码	东经(°)	北纬(°)	V_{S30}(m/s)	估计方法
063LEH	94.0	38.4	270	6	051CDZ	104.1	30.6	324	1	051SML	102.3	29.0	380	1
063XTS	95.6	37.3	555	6	051DJZ	103.6	31.0	555	6	051SMX	102.3	29.3	343	1
063GEM	94.9	36.4	270	6	051GLQ	102.8	29.0	690	6	051XDG	102.4	28.3	379	1
063HTT	96.7	37.5	555	6	051HSS	103.4	31.9	370	5	051YXX	102.5	28.7	342	1
051DFB	101.5	30.5	555	6	051HYQ	102.6	29.6	362	1	0512ZJ	102.6	27.9	380	1
051DFZ	100.1	31.0	760	6	051HYT	103.4	29.9	477	1	053CNX	99.6	24.8	370	5
051GZD	100.0	31.6	425	6	051HYW	102.9	29.2	442	1	053EHN	102.2	24.1	690	6
051LHD	100.4	31.6	760	6	051HYY	102.4	29.6	475	1	053JDD	100.9	22.4	425	6
051LHT	100.7	31.4	387	1	051KDG	101.6	30.0	303	1	053JGX	100.6	23.2	760	6
0511LHW	100.3	31.6	690	6	051KDT	102.0	30.0	628	1	053JJH	101.9	22.6	690	6
051LHY	100.6	31.5	690	6	051KDX	101.5	30.0	555	6	053JYP	100.4	23.4	425	6
051LHZ	100.8	31.3	760	6	051KDZ	102.2	30.1	760	6	053LCX	99.9	22.5	555	6
065CDX	87.5	43.9	425	6	051LBH	103.8	28.4	391	1	053MHX	100.4	22.0	330	6
065CYZ	87.6	43.7	236	5	051LDG	102.2	29.8	760	6	053NRM	101.2	23.2	690	6
065DZD	87.6	43.8	330	6	051LDJ	102.2	29.7	338	1	053NRT	101.1	23.0	370	5
065DZJ	87.6	43.9	425	6	051LDL	102.2	29.8	349	1	053NRX	101.1	23.1	555	6
065HYC	87.6	43.7	425	6	051LSF	102.9	30.0	517	1	053PRD	101.0	22.7	425	6
065JGX	87.6	43.9	425	6	051MNA	102.2	28.6	563	1	053PRX	101.0	22.8	555	6
065WZD	87.6	43.8	330	6	051MNC	102.2	28.6	490	1	053SMM	100.9	22.7	555	6
065YFX	87.3	43.6	330	6	051MNH	102.1	28.5	371	1	051DFT	101.1	31.0	555	6
053BST	99.2	25.1	270	6	051MNJ	102.2	28.5	450	1	051HYP	102.8	29.2	760	6
053CNT	99.6	24.8	555	6	051MNT	102.2	28.5	425	6	051JLN	101.7	28.8	451	1
053DHL	98.3	24.8	370	5	051MNW	102.3	28.8	555	6	051JLT	101.5	29.0	337	1

续表

台站编码	东经(°)	北纬(°)	V_{S30}(m/s)	估计方法
053HST	98.5	25.2	425	6
053JCZ	98.1	24.7	370	5
053LLT	98.7	24.6	370	5
053RHT	98.4	25.0	370	5
053SDT	99.2	24.7	555	6
053TPX	99.0	24.8	760	6
053WYX	99.3	25.4	370	5
053YJX	97.9	24.7	330	6
053DLZ	100.3	25.6	425	6
053FYT	100.3	25.6	425	6
053GGZ	98.7	25.0	690	6
053LHS	97.9	24.8	760	6
053WSN	100.3	25.2	555	6
053YPT	99.5	25.5	555	6
053YXJ	100.2	25.7	270	6
051BCB	104.2	31.8	270	2
051CXQ	105.9	31.7	542	1
051GYQ	105.8	32.4	330	6
051GYZ	106.1	32.6	366	1
051JGS	105.5	32.3	370	5
051JYC	105.0	32.0	430	1
051JYH	104.6	31.8	323	1
051JYW	104.8	31.9	459	3

台站编码	东经(°)	北纬(°)	V_{S30}(m/s)	估计方法
051PJD	103.4	30.2	390	1
051PJW	103.7	30.3	338	1
051PXZ	103.8	30.9	418	1
051SFB	104.0	31.3	379	1
051TQL	102.4	29.9	526	1
051XDM	102.3	28.4	417	1
051XJD	102.4	31.0	370	1
051XJW	102.6	31.0	760	6
051YAD	103.0	30.0	240	3
051YAL	102.8	29.9	535	1
051YAM	103.1	30.1	600	1
051JZZ	103.9	33.3	511	1
062BAS	103.5	35.3	318	1
062BYX	104.4	33.4	760	6
062DIB	103.2	34.1	690	6
062GLA	103.9	36.3	229	1
062GXT	103.9	36.3	262	1
062HEP	104.0	36.0	238	1
062JIA	104.1	36.0	425	6
062KLE	103.7	35.4	376	1
062LBL	102.5	35.2	555	6
062LJB	103.7	36.1	373	1
062LTA	103.4	34.7	526	1

台站编码	东经(°)	北纬(°)	V_{S30}(m/s)	估计方法
051LDS	102.2	29.9	414	1
051LHX	100.8	31.3	760	6
051LSH	102.9	30.1	649	1
051LXM	102.8	31.7	326	1
051LXS	102.9	31.5	341	1
051SMK	102.1	29.4	416	1
051SMW	102.2	29.4	305	1
053JHT	100.8	22.0	330	6
053MFC	100.4	23.4	425	6
053MLZ	100.7	23.7	760	6
053ESH	102.2	24.1	690	6
053JHD	100.9	22.4	425	6
065AJH	85.4	44.4	330	6
065BTG	85.4	44.1	425	6
065SWX	85.6	44.3	330	6
053LDM	100.5	23.7	425	6
053LDY	100.4	23.4	425	6
053SDX	99.2	24.7	425	6
015BYM	106.7	39.9	452	2
015BYT	105.7	38.8	425	6
015DKT	107.0	40.3	242	6
015JLT	105.8	39.8	242	1
015LHT	107.6	40.9	210	6

续表

台站编码	东经(°)	北纬(°)	V_{S30} (m/s)	估计方法	台站编码	东经(°)	北纬(°)	V_{S30} (m/s)	估计方法	台站编码	东经(°)	北纬(°)	V_{S30} (m/s)	估计方法
051JYZ	104.7	31.8	454	2	062LXT	103.3	35.6	555	6	015SHT	107.0	41.0	230	1
051JZB	104.1	33.3	354	1	062JZK	103.9	34.1	760	6	015WHT	106.8	39.4	330	6
051JZG	104.3	33.1	326	1	062NWC	106.2	34.7	555	6	064BFN	106.4	39.0	242	1
051JZW	104.2	33.0	457	1	062PAN	103.3	36.2	343	1	064DWK	106.4	39.0	645	1
051JZY	104.3	33.2	341	1	062SCC	105.6	34.9	555	6	064HSN	106.5	38.3	242	1
051PWD	104.5	32.4	507	2	062SHW	104.5	33.7	419	1	064HYZ	106.9	39.0	330	6
051PWM	104.5	32.6	376	1	062TSH	105.9	34.5	443	1	064JON	106.5	39.1	760	6
051PWP	104.7	32.1	502	2	062WST	105.1	34.7	690	6	064JSN	106.2	38.7	235	2
051QCD	105.2	32.6	386	3	062WZZ	104.1	35.0	760	6	064LTN	106.2	38.5	229	1
051QCS	105.1	32.4	370	5	062XGY	103.8	36.0	425	6	064PJB	106.0	38.4	239	2
061FEX	106.5	33.9	690	6	062XKZ	104.0	35.5	425	6	064PLO	106.5	38.9	242	1
061GUP	105.7	32.8	555	6	062YLG	103.7	35.0	513	3	064QJC	106.4	38.8	242	1
061GUZ	105.8	33.3	555	6	062ZHQ	104.4	34.8	638	1	064RJG	106.1	39.0	555	6
061KUC	106.3	33.0	555	6	062ZJC	104.2	35.8	425	6	064TLE	106.7	38.8	229	1
061LUY	106.2	33.3	555	6	062ZPU	103.7	35.8	456	3	064XKZ	105.9	38.6	760	6
061YPG	106.0	33.0	555	6	064XIJ	105.4	35.6	417	1	064YFU	106.5	38.7	235	2
061YZB	105.9	32.9	425	6	051DYS	99.5	28.4	555	6	064ZYG	106.7	39.3	690	6
062TCH	104.4	34.1	397	1	051DYZ	99.3	28.2	760	6	053DLY	100.2	25.7	270	6
062JTA	98.9	40.0	270	6	062CCX	102.9	37.9	270	6	053JCJ	99.9	26.5	760	6
062SHT	98.8	39.7	270	6	062DAL	102.7	38.0	210	6	063ARU	100.4	38.1	555	6
062XID	98.4	39.7	330	6	062DIN	103.0	37.5	425	6	063QIL	100.2	38.2	555	6

注：V_{S30}估计方法：

Type1：V_{S30}直接从 NGA-West 数据库获得；Type2：V_{S30}采用 V_{S20}插值公式（Yu et al., 2016）；Type3：V_{S30}采用文献 Yu et al.（2016）中的结果；

Type5：V_{S30}采用 HV 谱比法的结果（Ji et al., 2017）；Type6：V_{S30}采用地形经验方法（Wald et al., 2007）。